净化基因

DIRTY GENES

A BREAKTHROUGH PROGRAM TO TREAT
THE ROOT CAUSE OF ILLNESS AND OPTIMIZE YOUR HEALTH

[美] 本 · 林奇（Ben Lynch）著
闫晓婧 译

中信出版集团 | 北京

图书在版编目（CIP）数据

净化基因 /（美）本·林奇著；闫晓婧译．— 北京：中信出版社，2020.4

书名原文：Dirty Genes

ISBN 978-7-5217-1511-8

Ⅰ．①净… Ⅱ．①本… ②闫… Ⅲ．①基因－理论 Ⅳ．① Q343.1

中国版本图书馆 CIP 数据核字（2020）第 024727 号

净化基因

著　　者：[美]本·林奇
译　　者：闫晓婧
出版发行：中信出版集团股份有限公司
（北京市朝阳区惠新东街甲 4 号富盛大厦 2 座　邮编　100029）
承 印 者：三河市中晟雅豪印务有限公司

开　　本：880mm×1230mm　1/32　　印　　张：14　　字　　数：402 千字
版　　次：2020 年 4 月第 1 版　　印　　次：2020 年 4 月第 1 次印刷
京权图字：01-2020-0689　　广告经营许可证：京朝工商广字第 8087 号
书　　号：ISBN 978-7-5217-1511-8
定　　价：65.00 元

本书献给已故的雷切尔·克兰兹女士，是她带来了这本书，虽然她未能亲眼见证本书的出版。她不辞辛苦地通过书籍改善了数百万人的健康状况。如果没有她在组织、创造、编写、制定战略以及团结合作方面的巨大贡献，那么迄今为止关于健康的书籍将会少很多。为了这一事业，她全力以赴。没有人能够如此深刻、如此无私且默默无闻地影响众多人的生命。如果没有她，就没有本书。在本书的写作过程中，她不停地激励我、指导我、推动我、挑战我、鼓励我。

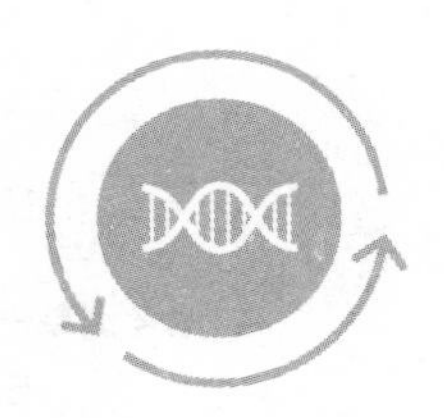

目录

目　录

第三部分
净化基因的方法

引　言
基因决定不了命运

这是 2007 年一个平常的日子，我有半个小时的闲暇时光，决定看美国公共广播公司的节目《新星》(*Nova*)，当期主题为“两只小鼠的故事”。

该节目向我们介绍了两只遗传背景相同，看起来却完全不一样的小鼠。这两只小鼠均来自对肥胖、心血管疾病和癌症具有强烈遗传倾向的种群。然而，其中一只略瘦且健康，另一只则超重且容易患病。虽然它们都有患上重大疾病和超重的遗传基因，但实际上有一只是不健康的。

研究人员揭开了其中的奥秘。正如我看到的那样，这种可以控制我们的基因遗传、创造健康而非疾病的神秘而强大的能力之源，正是甲基化——一种在我们体内发生的生物化学过程。通过甲基化修饰一些基因，我们就能够“关闭”某些肥胖和疾病的遗传表现。

在节目中，这一惊人的壮举是如何在小鼠身上实现的呢？在这一实验中仅仅是通过调节饮食来实现的。当实验组中的小鼠还在子宫内时，研究人员就在母体的饮食中添加了甲基化供体（一种支持甲基化过程的营养素），而对照组中则没有。这一正确的操作“关闭”了小鼠体内的某些“肮脏基因”并重塑了它们的遗传命运。[1]

这种将基因打开和关闭的过程被称为“表观遗传学”。自2007年以来，我们就了解到，可以通过饮食、营养品、睡眠、减轻压力和减少接触环境毒素（食物、水、空气和产品中的毒素）来改变我们的遗传命运。利用正确的工具，我们可以战胜具有遗传倾向的疾病并创造全新的健康生活。这些疾病包括焦虑、多动症、出生缺陷、癌症、痴呆症、抑郁症、心脏病、失眠和肥胖症等。

我记得，当节目接近尾声时我是多么惊讶。我用手猛拍桌子，大喊道：“就是这样，这就是我想做的！”从那时起，我开始痴迷于这一问题。与大多数科学家和医生的观点相反，我们的遗传命运并不是一成不变的，它可以被编辑、重写、更改。我们只需要知道如何去做即可。

因此，我的任务就是识别我们体内的肮脏基因，并制定净化它们的方法，用健康取代疾病，让所有人都能发挥遗传潜力。我可以很高兴地告诉大家，经过十余年的学习和研究，以及成功地治疗来自世界各地的患者，我开发并完善了净化肮脏基因的方法，它可以优化你的健康与生活。

如何才能保持健康

一直以来，我都对身体如何保持健康这一问题感到着迷，而且我一生中大部分时间都在研究如何帮助人们保持健康。读本科时，我学习了细胞和分子生物学。之后，我成为一名自然疗法医生——一位依靠自然方法恢复平衡和优化健康的科学实践者。当与患者合作时，我意识到我还需要成为环境医学专家，即发现环境中的化学物质如何破坏我们的健康，以及我们可以做些什么来给身体排毒。

能够将我所有不同的研究成果整合在一起的是表观遗传学领域：多种因素可以影响基因的表达。一直以来，我们都知道基因有多么强大。但是我惊奇地发现，我们不必臣服于DNA（脱氧核糖核酸），相反，我们可以利用它来实现健康——要是我们知道怎么做就好了。

遗传学中最重要的部分是一种叫作SNPs（单核苷酸多态性）的变异。截至目前，在人类基因组中鉴定了大约1 000万个SNPs，每个人都有超过100万个SNPs。

绝大多数SNPs似乎不会对我们产生太大影响，它们仅代表各个基因的轻微变异或异常，而且据我所知，这些变异对我们的身体机能运作方式似乎也没有太大影响。

然而，有些SNPs却会对我们的健康和个性产生巨大的影响。例如，MTHFR（亚甲基四氢叶酸还原酶）基因中的SNPs可能导致许多健康问题——易怒、强迫症、出生缺陷和癌症。（请注意，我指的是“可能”，并不是“一定会”。本书其他地方同理。）另外，COMT（儿茶酚氧位甲基转移酶）基因中的SNPs可导致沉迷工作、睡眠问题、经前期综合征、更年期问题、癌症，以及精力充沛、热情、精神饱满等。（许多 SNPs 既有消极的一面，也有积极的一面。）

当我的患者们通过我们的共同努力，发现他们的 SNPs 至少部分造成了这些问题时，多年来困扰他们的健康问题突然变得有了意义。随着患者了解到他们可以通过改变饮食和生活方式来重塑他们基因的行为，那些看似棘手的问题也变得可以控制。

当我发现自己至少有三个重要的 SNPs 位点时，我也有过那种感觉。我终于理解了自己为什么如此专注和坚定——有些人可能会说是痴迷！我也明白了为什么自己会在一瞬间突然变得烦躁，为什么对某些化学物质和烟气反应如此强烈。明白其中的奥秘是一种解脱，这不仅让我第一次了解到这些东西对我有意义，而且有一套可靠的解决方案。当你阅读本书时，你也将有令人兴奋的发现。

重要的是，了解自己的 SNPs 使我能够掌控自己的健康状况，最终可以用正确的饮食和生活方式来支持我的身体和大脑。在我的生命中，我第一次感觉到自己正在发挥极大的潜能。

希望我的患者都有相同的经历，每个人都能达到那样高的水平。因此，我开始制定净化肮脏基因的方法，例如应该吃什么东西、哪些补品有用，以及如何形成一种“优良基因”的生活方式。希望我们能够像有表观遗传学理论帮助的小鼠一样，无论拥有什么样的基因，都能活得光彩和健康。我知道，如果能够深入钻研，我们肯定会找到答案。

十年后的今天，我可以很自豪地说“我做到了”。但是关于表观遗传学的研究才刚刚开始，还有很多东西需要学习，我们每天都有新的发现。我每周花大部分时间做自己的科研项目，而另一部分时间都在阅读我同事的研究成果。不止一个人在这个领域中互相沟通交流，这是个好消息。再过十年，我相信人类将有能力以我们无法想象的方式掌控自己的健康。

尽管如此，你还是想从今天开始就保持健康，而不是在一两年甚至十年之后才开始。因此，我除了做科学研究外，还与成千上万的患者和数百名医生一起合作，学习如何将所有的科学问题转化为一个实用的、可访问的程序，以使任何人无论多忙都能够随手可得。此外，我在学术会议上做报告，在网上发布视频，维护博客，频繁接触医生、健康专家、科学家以及一些非专业人士。

我可以很自豪地说，在包括克里斯·克雷塞尔、伊莎贝拉·温茨、艾伦·克里斯蒂安松、彼得·奥斯本和凯莉·布罗根等全美知名医生和畅销书作家中，我是表观遗传学研究的关键人物。事实上，我希望自己不是信息的主要来源，这一理论知识应该是普遍和广泛的，每个医生办公室都应有的基本方法。这已成为我的新目标，也是我写本书的原因——教每一个感兴趣的人如何净化自己的肮脏基因，并提高自己的身体健康水平。

肮脏基因是否会给你造成如下困扰

大脑与情绪问题

- 注意缺陷多动障碍 / 多动症
- 焦虑
- 脑雾
- 抑郁
- 疲劳
- 失眠
- 易怒
- 健忘

癌症

- 乳腺癌
- 卵巢癌
- 胃癌

心血管系统疾病

- 动脉粥样硬化
- 心脏病
- 高血压
- 中风
- 甘油三酯偏高

女性激素问题

- 更年期综合征
- 月经问题——痉挛、出血过多、情绪和认知障碍
- 月经性头痛
- 经前期综合征

生育和怀孕问题

- 怀孕困难
- 容易流产
- 出生缺陷风险增加

腺体和器官疾病

- 脂肪肝和其他肝功能异常
- 胆结石
- 肠道菌群失调
- 甲状腺功能异常

代谢问题

- 爱吃甜食与碳水化合物
- 肥胖和体重超标

肮脏基因让你容易生病吗

你可能听说过，基因会影响健康。医生肯定告诉过你，由于家族遗传性，你可能容易患心脏病、抑郁症、焦虑症等疾病。

大多数时候，这个消息使人感到沮丧。他们告诉我：“我很害怕，我的基因一片混乱，因此我只能尽力而为。”

但事实绝不是这样的！

经过对异常基因多年的研究，并且成功治疗了包括我和我的家人在内的数千名患者，我为你提供一个激动人心的新方法——一种行之有效的方法，它可以清除你的遗传缺陷，并创造更健康的基因，让你充满生机，更有朝气。

因此，请允许我响亮而且明确地告诉你：基因决定不了命运！

但是或许你像大多数人一样曾被告知，基因能够决定你的命运，从受孕时起，你就继承了一个“总体蓝图”的特征，而且这些特征从出生到死亡一直都是一成不变的。从这个角度上讲，你的基因就是一个严格的审判者，可以宣判无期徒刑。

你的基因似乎在说：“让我们给这个女人带来抑郁症，这是她从她的母亲那里得到的；让她患上心脏病，因为她的父亲也有这种疾病；让她从她的祖母那里得到害羞且焦虑的个性怎么样？这就差不多了。不如我们再添加一些东西——没有临床意义的轻度多动症，让她像她的两个叔叔一样，总是很难集中精力。大功告成！女士，祝你好运！请享受我们为你安排的命运，因为你完全无力改变它！”

这听上去太惨了，对吗？幸运的是，这都是错误的。你的遗传命运并非一成不变，相反，它们更像是在云端存放着的文档，你可以随时随地对其进行编辑和修改。每当你喝苏打水、晚上只睡四个小时、使用含有化工原料的洗发水、在工作中压力很大时，你都是在将文档中的消极部分放大；每当你吃一些有机的绿叶蔬菜、睡个好觉、使用不含化工原料的洗发水、与朋友开怀大笑聊天或做瑜伽时，你都是在扩大文档中积极正面的部分，同时将负面的部分缩小，甚至缩小到根本不存在。

你的基因并没有制定法律，而是在与你协商。它们甚至并不单独发声，而是像一个委员会，有时彼此之间也会产生分歧。

委员会中的某些成员很严厉，它们不断地喊着“心脏病”“抑郁症”“丧失信心”等，如果你不知道与它们一起工作的正确方法，那么这些嘈杂并且刺耳的声音可能会统治你的一天。

但是如果你知道如何与“基因委员会”协同合作，那么你就能够获得更好的结果——这就是本书将改变你的生活的原因。你可以调低那些负面的声音甚至将它们完全关闭，同时你也可以调高正面的声音，例如“稳定的情绪”“健康的心脏”“充满自信”等。

亲爱的读者，请准备好净化那些肮脏基因吧——这正是你必须要做的。在本书中，你将了解如何充分利用自己的遗传资源，这对现在和以后的生活都很重要。

肮脏基因的常见症状

- 关节或肌肉疼痛
- 胃酸反流或烧心
- 痤疮
- 过敏反应
- 愤怒或有攻击倾向
- 焦虑
- 注意力障碍
- 高血糖或低血糖
- 脑雾
- 手脚冰冷
- 便秘
- 偏爱碳水化合物和糖
- 抑郁
- 腹泻
- 躁狂
- 易疲劳

- 纤维肌痛
- 食物不耐受
- 胆石症
- 水肿
- 头痛或偏头痛
- 心跳加速
- 消化不良
- 失眠
- 易怒
- 皮肤瘙痒
- 更年期综合征
- 情绪波动
- 流鼻血
- 体重超标
- 强迫症
- 反应过度的惊吓反射
- 经前期综合征
- 多囊卵巢综合征
- 酒糟鼻
- 鼻塞或流鼻涕
- 盗汗

- 无法解释的临床症状，总感觉不舒服
- 工作狂

医生不会告诉你的那些事儿

如果你出现了上述症状，医生或许会告诉你，“你没有生病”。或者是你已经有了治疗这些症状的药物，例如抗生素、止痛药、抗酸药、抗抑郁药、抗焦虑药等，但是你并没有过多地关注引起这些症状的潜在问题。

幸运的是，也许你找到了自然疗法医生、专科/综合性的医学博士、整骨医生、专业护士、营养师、脊椎按摩师或者其他保健专业医师，他们通过调整饮食、生活方式等自然方法帮助你恢复了健康。即便如此，假如你还是不了解自己的肮脏基因（这是困扰你的许多疾病的根源），那么你的治疗仍将是不完整的。

这是因为，表观遗传学——通过调控基因的表达来改善我们的生活方式和健康状况——是大多数医生并不了解的医学前沿领域。我是为数不多的知道如何将遗传学研究转化为可有效改善人类的健康状况的具体行动的人之一，因此许多顶尖的医疗保健专家来向我寻求培训和建议。这就是为什么我要花费大量的时间对传统的、自然疗法的医生和服务者进行讲课和咨询，吸收他人的研究成果，进行自己的科学研究，并帮助其他人恢复健康。

因此，本书中的建议是基于最新的科学研究成果。虽然我敢打赌，用不了多久，本书中提到的这类方案将被广泛传播并作为准则，但是现在大多数医疗保健提供者根本不了解这些信息。

同时也恭喜你，阅读本书可以让你引领潮流。一旦你了解了是什么导致基因变脏以及如何净化它们，你将比以往任何时候都感觉良好。

我是什么样的医生

我是一名自然疗法医生。自然疗法是一种基于科学的、通过自然方法来恢复健康的系统方法，其重点在于依靠自然手段来治疗产生症状的根本原因，而不仅仅是症状本身。自然手段包括调整饮食、改变生活方式、利用中草药、补品、远离化学物质、排毒，以及减轻或缓解压力等。越来越多的医生、护士和其他医疗保健提供者采用一种类似的方法，称为功能性或综合性医学，该方法也侧重于利用自然方法治疗疾病的根源。

我是如何净化肮脏基因的

我与肮脏基因的斗争过程漫长且艰难。我小时候认为挑战背后一定有某些东西，但是我不知道那具体是什么。

我情绪激动，容易钻牛角尖，在某一瞬间会勃然大怒，变得暴躁而且惆怅。我似乎比大多数人更感性，缺乏耐心，但也更加坚定。此外，我那时也容易胃痛。几年前，我血液中白细胞数量偏低，并且对化学物质和香烟非常敏感。

后来，我逐渐意识到，这些现象与特异的 SNPs 密切相关。我可以判断哪些食物可以吃，哪些食物需要避免，这有助于我增强这些特征的积极效应，同时减少甚至消除消极效应。同时我还发现，睡眠、压力和接触有毒物质等在 SNPs 对我的影响中发挥了重要作用，饮食和生活方式影响了我体内许多基因的表达。

同时，我很享受在俄勒冈州中部的家庭牧场上长大的少年时代，在那里我学会了努力工作、自我激励、欣赏自然和生命的周期循环。1995 年，我是华盛顿大学一名不安分的学生和运动员，并且有强烈的旅游癖好。为此我休学一年，背包旅行穿越南太平洋和东南亚。

这是一次奇妙的旅程！我在偏远的索莫索莫一个岛上过着简朴的生活，在澳大利亚内陆的一个 150 万英亩 * 的牧场上做一些新手工作。之后我到达印度，在那里与特蕾莎修女及其姐妹参加了志愿者活动。

有一天我病倒了。你知道，当一件事情的两个极端反复同时出现的时候，这种感觉很不好，尤其是当你正站在马路中间的一头毫无戒心的可怜骆驼旁边时。

---

* 1 英亩约为 0.4 公顷。——译者注

我仍然不确定我拥有什么。由于那里离正规的医疗中心很远，我别无选择，只能遵从当时的诊断和治疗。我唯一的选择是阿耶维达疗法——一种古老的印度传统医学，其重点是食物、中草药和生活方式，而不是工厂生产的药品。当它治愈了我时，我感受到了自然疗法的力量。

最终，我进入了巴斯蒂尔大学，那里有世界一流的自然疗法医学教育学院。但是在那之前有一段故事——我获得华盛顿大学细胞和分子生物学学士学位，参与哈士奇队的划船比赛，穷游了40多个国家，创办了一家高端的景观建筑公司，成功登顶雷尼尔山和贝克山。在巴斯蒂尔大学学习期间，我与各种自然疗法的医疗保健提供者一起工作，生活变得更加忙碌。我结了婚，育有三个儿子，经常旅行，开了一家新店，售卖营养品和其他产品以改善人们的健康。

讽刺的是，即使我学会了如何让其他人健康，我也还是会为自己感到担心。因为我的很多家人都患有癌症、酗酒或中风，所以这也是我的命运吗？我知道饮食和生活方式在使人保持健康方面可以发挥关键的作用，但是我仍不能停止思考这个难题的遗传根源。

2005年，我与一位专门从事环境医学的专家进行合作研究。他为受重金属和工业化学品毒性作用影响的病人研发出了有效的治疗方案。大多数患者在他的治疗下有所好转，但是也有些人没有改善，有些甚至病情恶化。

“你认为这与遗传有关吗？”我问他，“有些人的基因会令他们难以清除化学物质吗？”

这是一个耐人寻味的问题，我的导师没有给出答案。但是，当我在2007年看到“两只小鼠的故事”时，我意识到，基因和环境确实可以共同影响我们的健康。关键之处在于，首先要弄清楚我们的基因是如何变脏的，以及如何净化它们。

两年后，一位同事问我，什么自然方法可以帮助躁郁症患者。我本应该给出寻常的答案，但却没有。我已经离开学校几年了，或许错过了一些新的研究。

在电脑前待了三个小时之后，我感到惊讶。我发现躁郁症和MTHFR基因中的SNPs之间存在紧密联系，这一结果令人兴奋。但是更深入的研究表明，MTHFR基因的SNPs也与许多其他主要的健康问题有关，包括焦虑症、中风、心脏病、习惯性流产、抑郁症、阿尔茨海默病和癌症。

我怎么会不知道这么重要的事情呢？我必须进一步研究。我做的研究越多，MTHFR基因就显得越重要。

最终，我对自己和家人进行了测试分析。我惊奇地发现，不仅我的MTHFR基因上有许多SNPs，我的两个儿子也是如此。我猛然惊醒——我该如何保护我们的健康呢？

因此我又开始工作，开始学习更多与MTHFR基因有关的知识，在此过程中，我发现了许多其他肮脏的基因。在接下来的十几年中，我把自己的时间用来进行研究、学习、反复试验，来帮助我的患者净化肮脏的基因。最终，我制定了一套系统的方法来进行总体的“沉浸与净化：

前两周”（第十二章），并且学习了如何进行更集中的“污点净化：后两周”（第十五章）来解决特异的遗传问题。终于解脱了！我可以很健康。我的儿子们也可以很健康。我的患者，以及参加我为医师、营养师和其他卫生专业人员举办的研讨会的成千上万的人也如此。

你可以和你的家人一起在书中分享我的新发现。无论你是否进行过基因检测，甚至是否考虑过基因在健康中的作用，本书都可以帮助优化你的健康和生活状况。

基因是动态的

请记住，你的基因每时每刻都在处理与你健康相关的文档。它们可以用你喜欢的或者不喜欢的方式来编写，而且是不停地编写。不管你自己是否知道，对每个人来说都是如此。

例如，你的基因不断地告诉身体：“重建皮肤！”正如你知道的那样，如果你要去角质，皮肤将不断地死亡并被替换。因此，每时每刻你的基因都会添加内容到文档中，告诉你的身体继续进行修复。

如果你吃含糖量高的食物、睡眠不足或压力过大，你认为它们会写什么样的文件？答案也许是这样的：请给这个女人黯淡无光的皮肤加上大量的粉刺和酒糟鼻。反之，假如你给基因提供健康的饮食、充足的睡眠和放松的时间，你将看到另一种文件——拥有健康发光的皮肤，看起来至少年轻了 10 岁！你的基因直到死亡的那一天才会停止编写，但是它们编写的内容取决于你自己。

同样，你的基因也会不断产生有关肠道黏膜的文档，每七天修复和重建一次。如果你的饮食和生活规律合理，那么你将获得一份优良的文件：这个家伙的肠道保持强壮而且健康！如果你因不良的饮食习惯和生活方式而使基因混乱，那么你的文件可能会显示以下内容：“由于这个人给了我很多额外的工作，我不能集中精力修复他的肠道黏膜，而且他也没有提供我需要的工具和能量，因此，请给这个人一种脆弱的肠道黏膜——那种会使食物渗漏的肠壁。”请注意，所有的体重超标、免疫缺陷等问题可能会随之而来！

目前为止，我最喜欢的是关于思维的备忘录。这些指令包括神经递质——控制你的思想、情绪和情感的生物化学物质，例如血清素、多巴胺和去甲肾上腺素。每个人的大脑都在运行成千上万的生化反应，该过程出错的方式有无数种。你的目标是为基因提供任何所需的信息，以产生令人振奋的备忘录：白天使人保持敏锐、专注、平静和充满活力，晚上则使人保持放松平静，准备入睡。你不想要的备忘录包括健忘、沮丧、焦虑、烦躁、失眠、成瘾和脑雾。

是的，你的基因写下了生活的备忘录，但是它们写的内容很大程度上取决于你自己。

这听起来不错吧？那么让我们开始阅读一些有关我的患者的最激动人心的、最富启发性的成功故事。一旦你知道如何净化肮脏基因，成功也就离你不远了。

第一部分

你能控制自己的基因吗

1
净化你的肮脏基因

当我和凯莉刚开始进行我们的治疗时，她心烦意乱，满眼泪花，一只手拿着一团纸巾，另一只手不停地擦鼻涕。她的皮肤泛红而干燥，头发细软而油腻。在我做自我介绍之前，她突然说道："我真是一团糟！"

在交谈时，我发现凯莉对她的处境非常了解——让她难受的原因是化学制品。"但凡一点点油漆就让我喘不上气来，"她边用纸巾擦泪边说，"每次清洁厨房地板时，我的眼睛都会流泪。我甚至找不到自己能够使用的洗发水或洗手液。我曾经试图扔掉家里所有的东西，但每天我似乎对新的东西也会产生如此反应。我感觉自己快疯了——但我还没有，对吗？"

"不是这样的。"我向她保证。从她的症状来看，我敢打赌她体内至少有一个肮脏基因。更具体地说，我怀疑她的 GST（谷胱甘肽巯基转移酶）/GPX（谷胱甘肽过氧化物酶）基因中有一个或多个 SNPs。这些基因能够帮助我们利用谷胱甘肽——人体产生的关键排毒物质。假如没有谷胱甘肽，我们将需要很长一段时间来排除体内的毒素。如今我们的生活时时刻刻被毒素包围，化工原料和重金属越来越多地出现在我们周围的环境和一些日常用品中，例如，空气、水、洗发水、洗面奶、食物、洗洁精、洗衣液等。[1]

是的，你的基因将感谢你购买并只使用有机产品和绿色产品——这是一个很好的开始。但是你的身体还必须过滤掉一些无法避免的毒素。在你每天呼吸的 11 000 立方米空气、喝的 8 杯水以及吃掉的 4 磅*食物中，都或多或少含有目前已经注册的 1.29 亿种工业化学品中的一些。当你的 GST/GPX 基因变脏时，你几乎不可能将这些化学物质从体内过滤掉（因为如果不进行基因检测就很难分辨出这两个密切相关的基因中的哪一个是罪魁祸首，所以我经常将它们统称为 GST/GPX 基因）。如果你还有其他肮脏基因，则整个过程会更加困难。因此为了摆脱这些症状，凯莉不仅要购买有机食品，还要净化自己的基因。

贾马尔现在非常紧张，确实如此。他之所以来找我，是因为他的祖父和叔叔都在 50 多岁时因心脏病而去世。现在，贾马尔 56 岁的父亲也因为出现心血管问题而去看医生。

“我想了解我家人的状况，”贾马尔告诉我，“我感觉自己即将被判死刑，我不想成为下一个目标。”

---

* 1 磅约为 0.45 千克。——译者注

1. 净化你的肮脏基因

“不会的。”我向贾马尔保证，他绝对不会被判死刑。让我印象深刻的是，他如此积极主动地对自己的健康负责任。确实，从他家人中发现心血管疾病的数量来看，他很可能从出生时就带有肮脏的NOS3（一氧化氮合酶3）基因，而该基因在心脏功能和血液循环中发挥着重要作用。他的疾病家族史有力地证明了遗传缺陷是如何影响健康状况的。

遗传缺陷虽然可能影响健康，但不一定如此。营养和生活方式等各个方面都在影响着贾马尔和他的父亲，这些治疗方式远远超过了他们医生所提供的选择。

“你已经迈出了第一步，还有很多事情可以做，”我告诉他，“你只需要使用正确的方法。”

自从泰勒记事起，她就一直在与抑郁症做斗争。小时候，她情绪低落，常常感到沮丧。现在作为一名大学生，她也常在抑郁和焦虑中苦苦挣扎。

她告诉我，目前最严重的问题之一就是，每次上课发言或参加考试时她都会陷入僵局。当她放松时，她能回答上来一切问题，但是在压力之下，她感觉到大脑一片空白。

我意识到泰勒患有焦虑症，因为我在很多患者和我自己身上都看到了这种焦虑。我也意识到了那些情绪波动——平静的日子似乎再也不会回来。从她的症状中，我确定她正在面对一个肮脏的

MTHFR 基因。

“如果你的 MTHFR 基因脏了，它可能会在很多方面影响你的身心健康。”我告诉泰勒。因为 MTHFR 基因在人体最重要的生物过程之一——甲基化反应中发挥着关键作用，所以肮脏的 MTHFR 基因不仅会导致焦虑和沮丧，还会引发其他一系列症状，包括体重增加、头痛、疲劳和脑雾。净化肮脏的 MTHFR 基因是平衡情绪、改善体能和保持健康的关键步骤。

起初，泰勒对于生来就有一个肮脏的基因而感到很沮丧。“所以，我是什么，一个突变体？”她问我。但是当我向她解释，在这里列出的七个重要基因中，我们每个人都至少有一个肮脏的基因，而且“净化基因的方法”可以帮她将自己的关键基因净化时，她对克服抑郁症以及焦虑症的前景感到无比兴奋和期待。

凯莉、贾马尔和泰勒都在与肮脏的基因做斗争，这是导致他们健康问题的根本原因。如果你有上文中列出的任何症状，那么肮脏的基因也可能是你健康问题的根源。

肮脏基因如何影响你的健康

或许你和医生都不习惯将基因视为影响身体健康的一个活跃、动态的因素。相反，你的基因像是从父母那里传递过来的、一成不变的、不可避免的固定指令。

我希望你能改变这种观念。你应该将基因遗传视为日常健康活动的积极参与者，而不是认为它是一成不变的，就像祖先遗留下来的写在石板上的指令一样。现在，当你阅读本书时，身体中成千上万的基因正在向你的大脑、消化系统、皮肤、心脏、肝脏等器官发出指令。这些遗传指令影响着你生活和健康的方方面面，而你的基因则时刻都在将这些信号分发出去。每一次呼吸、每一次触碰、每一个想法，你都在为基因提供指令，而它们也会做出回应。

假如你吃了一顿丰盛的午餐，远远超出了你的身体承受能力——你的基因超载了，那么它们将在所有食物的负担下蹒跚前进，让你的新陈代谢慢下来。它们在基因的甲基化修饰过程中遇到了麻烦，而该过程至少在体内200种生化反应中发挥着关键作用，包括皮肤修复、消化过程、排毒过程、平和心态以及保持思路清晰。超量的午餐为我们的身体带来了挑战，因此数百种基因指令的给出方式会与以往不同，而且非常糟糕。你可能会设想自己那天晚上要少吃点儿来弥补这一伤害，但即便如此，这并不能弥补你在午餐时所承受的伤害，因为你那时没有给基因提供它们工作所需的条件。

又假如你昨晚通宵玩电子游戏、收发电子邮件或者观看自己喜欢的电视节目。现在闹钟响了，你几乎没有办法让自己按时起床。“这个周末我一定会弥补的。”你向自己保证说。或许你一定会这样做，但是尽管如此，你的基因仍活在当下，它们对不足的睡眠感到并不满意。它们所提供的指令会改变你的消化系统、情绪、新陈代谢和大脑，因此，现在你的身体健康状况就会随之发生变化，变得更糟糕。（注意是此时此刻，而不是你刚出生的时候。）

当然，如果大多数时候你能够做到均衡饮食，睡眠充足，少接触有毒物质并缓解压力，那么偶尔吃一顿大餐或熬一次夜并不会有太大的伤害。你的基因可能会在某一特定时间内改变其反应，但是你的身体很强壮并能很快恢复，足够应对更多的挑战。假如一个基因倒下了，则第二个基因会站起来。如果第二个基因也失灵了，那么第三个基因将接管这一切。你的身体有很多内置的备份程序，这非常了不起。

但是，如果你始终给予基因恶劣的工作条件，那么它们将会持续不断地发出糟糕的指令。这是为什么呢？因为每个备份基因都将一个接一个地推动下一个备份基因，在你不知情的情况下，太多的基因都在挣扎着。你的身体健康状况将会受到威胁，因此在很多情况下，医生将无法做更多的事情，而只能开一些药物来缓解你的症状。

我想要将更多更好的东西给你。我希望你能准确地给基因提供它们所需的一切条件，从而获得更好的健康状况。我希望能让你位于一线位置的基因尽可能地处于最佳的工作环境，从而将备份基因的负担降到最低。我希望你所有的基因都能完美地协同合作，让你的皮肤焕发光彩，让你拥有健康的体魄、充沛的精力和清晰敏锐的头脑。我希望你保持情绪稳定，保持热情，时刻准备出发，每晚都能进入深度睡眠，而且每天早晨醒来时都感觉很棒。如果你想让自己保持这样的状态，那么请注意：保持健康的最佳方法是全力支持你的基因。

两种类型的肮脏基因

你体内有两种类型的肮脏基因，它们都可以给你带来许多不良症状和疾病。

一种是“天生肮脏的基因”

“天生肮脏的基因”学名是“遗传多态性”，这是表示“遗传变异”的另一种方式。正如我在引言中提到的，这些基因也被称为SNPs。我们每个人都或多或少带有肮脏的基因，它们可能对你的身体和大脑产生影响。它们可以决定你是肥胖还是苗条，是迟钝呆滞还是精力充沛，是沮丧郁闷还是积极乐观，是焦虑急切还是平静镇定。

我们每个人体内大约有两万个基因。[2] 已知的SNPs超过1 000万种，[3] 每个人最多可以拥有120万种。但是，已知大约有4万种SNPs能够改变遗传功能。在本书中，我们将把注意力集中在会对健康产生最大影响的七个基因中的关键SNPs上。之所以选择这七个基因，是因为它们每一个都影响数百种其他的基因。如果这七个基因中的任何一个变脏了，那么可以肯定的是，你的其他基因也会随之变脏。

当我的患者们第一次发现自己出生时就带有 SNPs 时，他们中的许多人都为此感到沮丧。正如泰勒感觉她就像是一个突变体。但事实上，我们每个人都是突变体，也就是说，我们每个人都携带着不同的 SNPs。这只是人类宏伟的基因组多样性中的一部分，这使我们每个人都变得与众不同。

值得庆幸的是，一旦你知道自己体内有哪些 SNPs，你的健康问题就会变得更加有意义，而你的情绪问题也是如此。如果你患有偏头痛，每天晚上无法入睡，又或者易怒，那么 SNPs 可能就是这些问题的根源。SNPs 还会导致焦虑、抑郁、易怒、工作狂、强迫症、无法集中注意力、无法感到平静等一系列症状，而你从未意识到这些与遗传或者生物化学机理有关。当然 SNPs 也会有助于发挥优势的一面，例如精力充沛、精神振奋、充满热情、忠诚奉献、坚韧不拔和敏锐的洞察力等。

更好的消息是，你可以通过利用自己的 SNPs，提高优势，降低劣势。通过本书中的"净化基因的方法"，你可以改变生活方式、饮食习惯和周围环境，最大限度地发挥积极的方面，并消除消极的方面，因此，你曾经认为再正常不过的事情可能不是那样，这感觉多么奇妙！

另一种是“后天变脏的基因”

有时没有 SNPs 的基因会给你带来一些麻烦。这可能是因为你的基因并没有获得保持其最佳状态所需的营养物质、生活方式或周围环境，比如缺乏维生素、睡眠不足、化学物质过多、压力过大等。均衡的饮食习惯和健康的生活方式可能会让你的基因表现得与众不同。

“后天变脏的基因”学名是“基因的表达”：基因将根据你所处的环境、饮食、生活方式和心态来调整它的表达方式。根据基因的表达量以及表达方式的不同，你可以保持健康，感到精力充沛，让自己看起来闪闪发光；或者，你可能会被一连串不好的症状围绕，例如肥胖、焦虑、抑郁、痤疮、头痛、疲劳、关节酸痛、消化不良等。如果你的基因表现得足够肮脏，你甚至可能面临自身免疫性疾病、糖尿病、心脏病和癌症等更严重的疾病。

再强调一次，书中提到的“净化基因的方法”将为你提供帮助。如果你为基因提供所需的食物和生活方式，那么它们将发挥净化作用，而不是变脏，而且可以进一步优化你的健康状况、精神面貌和生活状态。

认识你的肮脏基因

以下是本书中提到的七个基因，我称之为“七大巨星”。我之所以选择它们，是因为它们很常见，而且有科学研究表明，它们对人的身体状况影响最大。如果这些基因变脏了，不管是“天生肮脏”还是“后天变脏”，那么其他基因的表达也会随之变得混乱。我们体内有一些肮脏的基因很难完全净化。而这七个基因通过改变饮食习惯和生活方式，很容易被净化。

天生肮脏的基因既有好的地方，也有不好的地方。这些基因可能让你面临一些让人讨厌的疾病，但它们也可能有助于塑造你的个性，让你充满力量。你的目标是通过调整饮食习惯、化学物质接触和生活方式来最大限度地提升它的益处，同时尽可能地减少它的弊端。

① MTHFR：调控甲基化反应的关键基因

该基因能够调控你的甲基化修饰能力，这是一个关键的过程，它会影响你的抗压能力、炎症反应、大脑化学反应、能量产生、免疫效应、排毒过程、抗氧化剂的产生、细胞修复和基因表达。

当 MTHFR 基因天生肮脏时：

优势：强壮、机敏、多产、专注、DNA 修复能力增强、患结肠癌的风险降低。[4]

劣势：抑郁、焦虑、自身免疫系统疾病、偏头痛、患胃癌的风险增加、[5] 自闭症、妊娠并发症、唐氏综合征、先天性缺陷和心血管疾病（如心脏病、中风和血栓形成）。

② COMT：该基因的 SNPs 能够决定你的注意力是否集中

COMT 基因及其 SNPs 在对情绪、注意力以及身体处理雌激素的方式方面发挥着重要的作用，并且是生理周期、子宫肌瘤和一些对雌激素敏感癌症的关键调控因子。

当 COMT 基因天生肮脏时：

优势：专注、精力充沛、机敏、精神饱满、容光焕发。

劣势：易怒、失眠、焦虑、纤维瘤、患雌激素敏感性癌症的风险增加、考试焦虑、神经紊乱、偏头痛、经前期综合征、急躁、易上瘾。

③ DAO：该基因的 SNPs 能够让你对某些食物及化学试剂过敏

当该基因变脏时，它会影响你对潜伏在各种食品和饮料中组胺的反应，而肠道中的某些细菌也会产生组胺，从而影响你对食物的过敏反应。

当 DAO 基因天生肮脏时：

优势：立即察觉到过敏原并抵触食物（因此在引起严重的不良反应之前，[6] 你可以避免吃这些食物）。

劣势：食物敏感、妊娠并发症、肠漏综合征、过敏反应强烈、易患自身免疫等更严重的疾病。

④ MAOA：调控情绪波动及对碳水化合物渴望的基因

该基因有助于控制你的多巴胺、去甲肾上腺素和血清素的水平：这些都是大脑中关键的化学物质，能够影响情绪、警觉性、精力、易成瘾、自信心和睡眠。

当 MAOA（单胺氧化酶 A）基因天生肮脏时：

优势：精力充沛、自信、专注、高效、喜悦。

劣势：情绪波动、对碳水化合物的渴望、易怒、头痛、失眠、成瘾。

⑤ GST/GPX：能够造成排毒困难的基因

肮脏的 GST/GPX 基因会影响人体清除化学物质的能力。

当 GST/GPX 基因天生肮脏时：

优势：立刻意识到潜在的有害化学物质（在它们有机会使你生病之前），提高对化学疗法的响应能力。

劣势：对潜在有害化学物质具有超敏性（从轻度的过敏症状到严重的自身免疫性疾病和癌症），DNA 损伤增加（增加了患癌症的风险）。

⑥ NOS3：可能导致心脏病的基因

NOS3 基因可以调控一氧化氮的产生，一氧化氮是影响心脏健康的主要因素，它参与血液流动和血管形成等过程。

当 NOS3 基因天生肮脏时：

优势：癌症期间血管生成减少，从而抑制癌症的扩散。

劣势：头痛、高血压、易患心脏病和心脏疾病、痴呆。

⑦ PEMT：能够调控细胞膜和肝脏的基因

该基因会影响人体产生磷脂酰胆碱的能力，磷脂酰胆碱是维持细胞膜、胆汁流动、肌肉健康和大脑发育所必需的化合物。

当 PEMT（磷脂酰乙醇 N- 甲基转移酶）基因天生肮脏时：

优势：有利于促进甲基化反应，化疗的效果更好。

劣势：胆囊疾病、小肠细菌过度生长、妊娠并发症、细胞膜脆弱、肌肉疼痛。

是什么让你的基因变得肮脏

即便七个关键基因中的任何一个都没有 SNPs，你仍可能会通过错误的饮食习惯和生活方式弄脏这些基因，导致它们无法顺利完成工作，例如营养代谢、平衡你大脑中的化学物质、修复受损的细胞等多项任务。接下来会发生什么呢？你的体重会增加，你会变得呆滞、沮丧、焦虑、易失去专注力，你的皮肤易形成粉刺，你还会头痛……肮脏基因的清单还会不断增加。

比如，如果你要服用全身性抗酸药，那么这可能会干扰许多主要基因，包括 MTHFR、MAOA 和 DAO。如果你服用二甲双胍（一种治疗糖尿病的常见药物），则会破坏 MAOA 和 DAO 基因的功能。避孕药、激素替代疗法，甚至生物同性质激素都会损伤你的 MTHFR 和 COMT 基因。

即便你不服用药物，饮食不规律、缺乏运动、运动过量、睡眠不足、环境毒素和日常压力也会干扰你基因的正确表达，而这些都是最常见的问题。长话短说，有很多因素可能会弄脏你的基因，而你的医生可能对此一无所知。

更糟糕的是，使单个基因变脏的所有因素也都会改变整个基因组的情况。因此，假如你摄入过多的糖分，那这就是一个问题。但是假如你也吃太多的碳水化合物，那么现在就有两个问题，它的影响效果更广泛、更复杂。此外，如果你睡眠不好，则可能造成更大的伤害。很快，这些状况就会产生累积效应，让问题更加严重。不是 $1+1+1+1=4$，而是 $1+1+1+1=50$。

这是为什么呢？因为所有的基因都在相互作用。当一个基因变得肮脏时，它就无法正常工作，因此就会有其他几个基因开始提供帮助，突然，它们也变脏了。而我们的身体并不是一组独立工作的隔间，它是一个了不起的互动系统，所以问题总是能够以惊人的速度传播和繁殖。

值得庆幸的是，健康也能够以惊人的速度传播和繁殖。当净化肮脏的基因时，你会觉得棒极了，这种感觉前所未有。你的情绪有所改善，而且一直困扰你的慢性肌肉疼痛会减轻；你的脑雾消失了，整个人重新获得了更多的能量；你的过敏症状消失了，体重也开始下降。

这就是我希望你能够净化基因的原因。一方面，如果有的基因天生干净但后来变脏了，那么净化它们将为你的生活带来巨大的推动力。另一方面，如果某些基因天生就是肮脏的，那么为它们正确地表达提供所需的一切支持可以为你带来不一样的世界。

基因变脏的原因

饮食

- 摄入过多的碳水化合物
- 摄入过多的糖分
- 摄入过多的蛋白质
- 蛋白质不足
- 健康的脂肪不足
- 维持基因正常工作所需的营养元素不足，例如维生素 B、维生素 C、铜和锌

运动

- 久坐不动
- 过度训练

- 电解质不足
- 脱水

睡眠

- 睡眠不足
- 晚睡晚起
- 睡眠不规律

环境毒素

- 肮脏的食物
- 肮脏的水源
- 肮脏的空气，包括室内空气
- 肮脏的产品，包括喷雾剂、清洁剂、化妆品、油漆、农药、除草剂

压力

- 身体压力：慢性病、慢性感染、食物不耐受或过敏、睡眠不足
- 心理压力：工作、家庭、亲人、生活中遇到的问题

有毒的日常环境

在第六章中，我们将集中讨论化学物质的作用。它们是让基因变脏的重要原因，现在我想先稍做解释。

我可以负责任地告诉你一个坏消息：我们周围的空气、水、食

物和日常用品中充斥着大量的工业化学药品。我们的身体无法承受如此多的化学物质，每个人的基因，无论出生时的状况是怎样的，在此重压下都摇摇欲坠。

但愿它就像将过滤器放在水龙头上或者坚持买杂货店的有机商品一样简单！但是每当收到销售收据时，你感觉到划过指尖的能够致癌的BPA（双酚A）涂层了吗？你对从压制实木家具中冒出的甲醛烟雾或地毯中有毒的全氟化合物感觉怎么样？你对办公室的打印机释放出的化学物质，荧光灯和电磁场对你的生物化学反应产生的不良影响，或者每天与你接触成千上万次的不同类型的塑料感觉怎么样？

如果每天仅暴露几次甚至二十几次，那么你的身体摆脱毒性时将会容易得多。但我们这里指的是每天暴露数百次甚至数千次，这些都是你的身体所无法承受的。试想一下已经注册的超过1.2亿种的工业化学品，大部分都散布在我们的空气中。每次呼吸，我们都像是在毒汤中沐浴，难怪你的基因在苦苦挣扎！

我可以告诉你如何净化变脏的基因。此外，我还可以告诉你如何为天生肮脏的基因提供更多的支持。但是有时候我感觉自己很可笑，疯狂地试图拯救一条有多处破洞，并且不停漏水的船。我一直在努力净化那些肮脏的基因，但我们的食物、空气、水和日常用品中的化学物质又让它们再次变脏。经过加工的食品和充满化学物质的环境，正在触发大量过去保持沉默的遗传基因重新表达，并导致正常运行的基因不能表达。

这就是为什么现在许多慢性疾病的发病率呈上升的趋势，例如肥胖、糖尿病、心脏病、过敏、自身免疫性疾病和癌症。100年前、50年前甚至20年前不会困扰你的天生肮脏的基因，现在却给你带来了麻烦，甚至连天生干净的基因也以惊人的速度变脏。更可怕的是，新生儿在出生的第一天体内就可能含有超过200种化学物质！[7]

因此我建议你吃有机食品，这样至少可以避免犯下更严重的错误；[8]我建议你过滤一下水，包括饮用、烹饪和沐浴的水；我不建议你将富含化学物质的产品用在皮肤上或头上；我建议你净化家里的空气，因为这里的空气通常比室外的空气更不好，这虽然有些奇怪，但却是事实；我建议你尽量为基因提供一切支持，包括深度睡眠、适合你的运动，以及减轻和缓解压力。

你必须为自己的健康负责，但如果你觉得面临着巨大的挑战，那这一切都是你自身造成的。

为期四周的基因净化计划

幸运的是，对我们来说，有一种方法可以支持基因运作，既可以清理天生肮脏的基因，也可以净化那些后天变脏的基因。在短短的四周内，你需要付出很大的努力才能将肮脏的基因净化干净。

第一步：为期两周的沉浸与净化

在此阶段，我们将对你的全部基因进行净化。

- 填写净化清单一（第四章）：你的哪些基因需要净化。你将完成一份调查问卷（包括症状和个性特点的清单），这能够告诉我们你的底线。该过程也可以帮助我们确定你哪些基因的功能不是处在最佳状态，无论它们是天生肮脏的基因还是后天变脏的基因。
- 按照计划步骤执行。你需要严格执行为期两周的计划，包括健康的饮食、充足的睡眠、减少接触有毒物质和缓解压力。该方法的这一部分对每个人都是相同的，因为这对于清除垃圾非常重要。就像如果你的牛仔裤被泥浆覆盖，并且还有一些零星的油渍污渍，那么我们必须先浸泡并洗掉所有的泥巴，然后才能将其余特定的污渍去除。"净化基因的方法"中"沉浸与净化"步骤的工作方式与此相似。在数十种美味食谱的支持下，你可以连续 14 天进行健康饮食、睡眠、锻炼、排毒和缓解压力。

第二步：为期两周的污点净化

在此阶段，我们将对可能天生肮脏的基因进行污点净化。

- 填写净化清单二（第十四章）：你的哪些基因需要深度净化。你将完成第二份调查问卷，从而确定哪些基因仍然不干净。它们可能天生就是肮脏的，也可能只是需要额外的支持。

- 按照计划步骤执行。此时我们将进行个性化处理。根据自己的净化清单，你可以继续执行“净化基因的方法”中的饮食和生活方式，并针对任何仍然肮脏的基因做出特定的调整，从而进行污点净化。

第三步：保持终身清洁

在你的一生中，请确保基因持续清洁，并密切关注那些肮脏的基因。

- 填写净化清单二：你的哪些基因需要深度净化。每隔 3～6 个月拿出第二份净化清单，对照它净化任何可能困扰你的肮脏基因。
- 按照计划步骤执行。保持你在为期四周的计划中学到的健康饮食和生活方式，并在需要时引入特殊的污点净化技术。

“净化基因的方法”：如何净化你的基因

以下是“净化基因的方法”—— 一个终身计划，可以在你优化健康时保持基因的清洁。虽然从该计划的第二步开始就可以定期添加“污点净化”的步骤，但这是一种保持健康饮食和生活方式的方法，将在你的余生中为基因提供最佳的支持。

1. 净化你的肮脏基因

本章概述了“净化基因的方法”，并对其做了简单的介绍，在后面的章节中，我们将更详细地讨论饮食、锻炼及其他组成部分。

饮食

- 摄入适量的蛋白质和健康的脂肪。
- 确保获得基因正常运作所需要的所有营养物质，例如维生素 B 和维生素 C、铜和锌。
- 减少摄入牛奶制品、麸质食物、多余的碳水化合物及糖类。
- 避免食用富含农药、除草剂、防腐剂或人工成分的食物。
- 避免食用发酵食品、剩菜或可能含有过多细菌的食物。
- 如果你容易过敏，请避免食用富含组胺的食物，例如：葡萄酒、奶酪、熏制或腌制的肉和鱼等。
- 适度进餐，只吃八分饱。
- 避免零食和夜宵。

锻炼

- 适度运动。
- 精力充沛时进行锻炼，感到疲倦时停止。不要筋疲力尽，也不要强迫自己。
- 在不影响睡眠质量的前提下进行锻炼。不要为了锻炼而牺牲睡眠时间，如果晚上锻炼让你难以入睡，那么请不要在晚上健身。

睡眠

- 将深度睡眠作为你的优先事项。

- 始终保持睡眠时间与大自然的昼夜节律相一致：晚上 10 点 30 分入睡，睡眠时长为 7~8 个小时。
- 睡前 1 小时避免看电子屏幕。
- 遮挡或关闭人造灯光，自然的月光最佳。

环境毒素

- 吃有机食品，避免食用“肮脏的”传统食物。
- 过滤用于饮用、烹饪和沐浴的水。
- 避免使用家用或者园艺用的化学品。
- 避免使用塑料容器盛放食物和水，尤其是 BPA 塑料，特别是在微波炉中时，最好用玻璃或不锈钢材质的东西储存和烹饪食物。
- 保持室内空气清洁，请注意，通常情况下室内空气比室外空气毒性更大。

压力

- 关注身体压力的来源：长期疾病、慢性感染、食物不耐受或过敏、睡眠不足。
- 减轻和缓解心理压力：与工作、家庭、亲人、生活有关的问题。

如果你进行了基因检测……

如果你进行了基因检测，并且想直接“修复”那些问题基因。相信我，请不要那样做。

1. 净化你的肮脏基因

如果你饮食规律，睡眠充足，可以避免接触毒素，并在陷入困境时能够缓解压力，那么天生肮脏的基因（你的 SNPs）可能不会给你带来麻烦。这感觉是不是很棒？

但是如果你没有保持最佳的饮食习惯和生活方式，那么即使没有 SNPs，你的许多基因也会表现得好像它们具有 SNPs 一样。真的如此吗？是的！没有特异的天生 SNPs，并不意味着你生活在干净的环境中！

这就是本书所说的“净化基因的方法”中最基础的部分——沉浸与净化你的全部基因。只有这样，当保持在此期间学到的饮食和生活方式时，你才有必要针对性地解决所有其余的问题。本书中“净化基因的方法”已帮助全世界数千人，我希望它也能对你有用。通过该方法，无论你进行了哪种基因检测，都将获得最佳效果。

基因检测的利与弊

我的许多患者通过 23andMe 和 Genos Research（都是基因检测公司）等公司进行了基因检测，获得了一些信息。这些信息有时会有所帮助，但结果常常令人感到困惑。例如，“摄取大量的维生素 X 以支持基因 A，完全避免维生素 X 从而支持基因 B，消耗适量的维生素 X 以支持基因 C”。你会如何遵循这样的建议？不幸的是，大多数医生对此也无能为力。

这就是我写本书的重要原因——这样你就可以在不需要检测的情况下净

化你的基因。如果有专业人员可以通过各种方式帮助你分类整理信息，那么请进行检测。此外，如果本书的“净化基因的方法”无法为你提供所需的帮助，那么可能需要专业人员为你提供进一步的解决方案。

但是在大多数情况下，你并不需要进行基因检测。你只需要遵守“净化基因的方法”，并多关注身体的变化，你的健康状况就会有所改善。一旦发现净化基因能够帮助你消除疲劳、失眠、烦躁、多动症、焦虑、沮丧、体重增加等问题，你就可以庆祝了！

为什么我们会有 SNPs

从某种角度来看，SNPs 是一种真正的痛苦。假如可以选择的话，谁会想拥有加重焦虑、偏执、入睡困难或对毒素敏感的基因呢？假如可以自主选择的话，为什么不总是选择 100%干净的基因呢？

但是正如我们看到的那样，肮脏的基因既有优点也有缺点。例如，MTHFR 基因中的 SNPs 可以使你极其专注于解决问题。[9] COMT 基因中的 SNPs 可以提供能量和精力，使你能够以一种饱满的精神面貌面对生活，这让许多缺乏活力的人羡慕不已。GST/GPX 和 DAO 基因中的 SNPs 会提醒你某些化学物质和食物会对身体造成灾难性的影响，从而让你做出更健康的长期选择。每个肮脏的基因都有其优点和缺点。

科学家们猜测，SNPs 不仅对个人有好处，对整个社会也有好处。试想一下早期群居人类，他们试图在森林或苔原上生存。让一个人对潜在的有毒食物反应特别强烈，并警告其他人远离这些食物，这不是很有用吗？你是否想要一个永不放弃的有强迫症的家伙，以使小组不放弃解决问题；或者想要一个在其他人都在睡觉的时候对危险声音格外警惕的女人？

科学家还猜测，SNPs 的进化是因为人类生活在各种不同的环境类型中。人类迁移到世界各地，我们的身体以精巧但非常重要的方式学会了适应各种环境，SNPs 可能就是该故事的一部分。

当然，今天你无论身在何处，都可以获取几乎所有类型的食物，并且你如果需要一些额外的支持，则可以从保健品商店来获取补充。你不必受限于祖先的生存环境，但是你确实需要了解如何应对与生俱来的 SNPs。幸运的是，有了正确的信息，你就可以支持所有肮脏的基因，无论它们将会为你带来什么。

成功案例：当你的基因变得干净后

我鼓励凯莉、贾马尔和泰勒参与上述为期四周的基因净化计划——一个关于饮食、生活方式和预防的全面综合计划，可以帮助你净化基因。他们都看到了希望，但是进度和方式不同。

例如，凯莉对该方法的“沉浸与净化”阶段反应非常好，但是她仍然受到了流鼻涕、肌肤不好、头发无光泽的困扰。显然，她肮脏的 GST/GPX 基因需要更多的支持。因此我们提供了以下方案。

- 我建议她按一定剂量服用谷胱甘肽脂质体（一种非处方药）：从少剂量开始，然后根据症状逐渐增加。这补充了她体内明显不足的重要抗氧化剂谷胱甘肽。
- 虽然凯莉家的所有水龙头上都装有过滤器，但由于成本的原因，她没有购买空气净化器。持续出现的症状使她意识到，自己可能受到家里肮脏空气的威胁——家具、地毯、炊具、煤气炉、床垫等家用产品产生的污浊空气。为了帮助她减少与污浊空气的接触，我建议她在烹饪时使用通风橱，并使用高烟点油。肮脏的水和肮脏的空气往往是我们接触最多的两种有问题的化学物质，它给我们的 GST/GPX 基因带来了沉重负担。
- 凯莉开始每周进行两次桑拿浴，以便可以“出汗”。（我喜欢桑拿浴，除了具有很好的缓解压力的作用外，它还可以帮助身体清除有害的化学物质。）

在进行了两周的“污点净化”后，凯莉的头发、皮肤和精力得到了极大的改善。又过了几周，她的鼻腔也变得通畅，身体开始变得健康起来。她逐渐可以与自己的基因和谐相处而不是与之抗争，一切都变得与众不同了。

贾马尔也从该方法的“沉浸与净化”过程中受益，但他也需要进行污点净化。他像凯莉一样服用了谷胱甘肽脂质体，以及一种名为PQQ（学名为吡咯并喹啉醌）的补品。我还建议他增加精氨酸的摄入量，精氨酸是一种协助NOS3基因编码的NOS3酶所需的营养物质。因此贾马尔开始在饮食中增加富含精氨酸的食物，例如，芝麻菜、培根、甜菜、小白菜、芹菜、大白菜、黄瓜、茴香、韭菜、芥菜、欧芹和豆瓣菜等。另外，他开始减肥，也许最重要的是，他终于能够不再认为自己的基因已经将他判处死刑。

他告诉我："现在我知道该怎么做，我觉得我可以与自己的基因一起和谐生存，而不必担心基因的所作所为。但是我仍然希望能够帮助我的父亲，也希望能告诉叔叔和祖父这个方法。"

泰勒的抑郁症以及情绪波动更加顽固。尽管经过两周的沉浸与净化，她感觉好些了，但仍然感觉平淡无味。

泰勒的MTHFR基因中的SNPs可以靠摄入大量的绿叶蔬菜（例如沙拉、羽衣甘蓝、甜菜等）来支持。但我知道抑郁会使她很难上进。我不想给她安排任何任务，比如做沙拉或者煮蔬菜等，这会给她带来更多的负担。因此，我改为每周给她补充两次甲基叶酸，这是叶酸/维生素B_9的一种活性形式（它也是甲基化过程必不可少的营养素，而且这种营养素是身体健康的基础）。我知道一旦她感觉好一些了，她就会有动力改变饮食习惯，然后我们就可以减少甚至取消作为补充的营养品。另外，我还让她服用姜黄素和PQQ，这两者都将支持她的MTHFR基因并促进健康的甲基化过程。

此外，我督促泰勒减少食用包装和加工食品，或者至少要检查标签上的叶酸含量。有时叶酸似乎无处不在，这是一种常见的添加剂。不幸的是，它会阻碍甲基叶酸通常会参与的途径。由于这些途径受阻，即使你的饮食和营养品中含有大量的甲基叶酸，身体也无法利用它们。

不出所料，坚持服用甲基叶酸并限制摄入叶酸几天后，泰勒感觉好些了。她的抑郁症状很快就消除了。在接下来的几周里，她开始制作更多的沙拉和吃更多的蔬菜，因此我们将她服用甲基叶酸的频率减少为每周一次。随着状况的不断改善，她也许可以完全取消营养品。

泰勒在最近一次谈话时告诉我："哇，感觉太不一样了！我感觉自己像换了一个人。"我自己可以看到，泰勒变得活泼、热情，与自己和平相处。通过这种方法为基因提供所需的一切支持，她开始了全新的生活。

发挥你的遗传潜力

凯莉、贾马尔和泰勒取得的成效，就是我想要的——通过使用"净化基因的方法"来发挥你的遗传潜能。我发现，该方法可以为许多患者服务，并且我已经教过许多医师和医疗保健工作者如何让患者使用该方法。这是保持健康的最快、最有效的方法，也是一项终身的方法，可以在优化健康的同时净化基因。我很高兴能与大家分享这个方法。

这个研究领域正在迅速扩大。我花了很多时间学习最新的研究成果，也很享受这一过程！当一位挣扎于习惯性流产的母亲在一次会议上向我展示她漂亮的宝宝时，或者当一个男人写信给我说这是他人生中第一次没有抑郁和焦虑的情绪时，这些都再次提醒我净化基因的重要性。

因此，让我们开始下一步吧！去学习一些遗传学的基础知识。它并不烦琐，只是一些可以帮助你变得更好的科学知识。

2
基因的秘密：科学课上没有教过你的那些事儿

当我和杰西开始我们的课程时，她很活泼而且缺乏耐心。

她告诉我："我的医生对我进行了测试，并在我的 MTHFR 基因中发现了 SNPs，我应该怎么办呢？"

"别着急，"我回答她，"你不仅有一个基因或一个 SNPs，还拥有成千上万的基因，也可能有成千上万的 SNPs。它们都在协同工作，我们不能只盯着一个 SNPs。我们要关注整体情况。"

杰西看上去很困惑。她说："我以为，假如有一个 SNPs，就应该为它找到合适的营养品。"

我摇了摇头："SNPs 的确很重要，利用某些营养品来处理这些 SNPs 可能会有所帮助。但是，某个单一的 SNPs 不足以成为导致你健康问题的唯一原因，因此仅仅依靠营养品是不够的。这种方法并不是'治疗该疾病的良药'。正如之前提到的，我们必须从整体上看待问题。"

你的动态基因

在引言中，我写道，你的基因每时每刻都在向身体发出指令。就像当你阅读这些文字时，基因会让你的新陈代谢加快或减慢，这有助于稳定你的精力和体重。它们会向大脑发出指令，以此来调节情绪和精神的焦点，从而确定你是感到焦虑还是镇定，沮丧还是乐观，专注还是分散。由于基因在不停地与大脑和身体“对话”，因此我们不能只关注对话的一小部分，而是要看对话的全部过程。

在本书中，我们将着眼于影响大脑和身体的七个关键基因。但是，还有更多的基因在你的健康中发挥着作用，而且所有的基因都在相互作用、相互影响，该过程非常快速而且是连续地发生，几乎不可能将它们分隔开来，这就是为什么你提出的任何解决方案都必须从大局考虑。

试想一下繁忙大都市中高峰时间段的交通状况。到处都是拥堵的汽车，你感到非常沮丧，因为你无法从城市的这端到达另一端，那么你的解决方案是什么呢？

假设你自发地组织了一个团体，并且让政府封锁了一条穿过整个市区的特殊通道。一旦司机驶入那条大道，他们便在整个城市范围内享有一条快速车道。好吧，这个方法听上去非常完美，但事实并非如此。尽管在实施之前这是一个好主意，但是那些通常会利用这条道路上下班的汽车该怎么办呢？现在，在新的交通状况下，他们不得不使用其他道路，因此其他道路变得更加拥堵了。这样做虽然缓解了一条道路上的交通拥堵状况，但是却造成了其他道路上更为严重的交通拥堵。对于一个可行的解决方案来说，它必须解决整个问题，而不仅仅是其中的一部分，否则可能让整个状况变得更加糟糕。

你的身体状况也一样。整体上要采取健康的饮食和生活方式，净化所有肮脏的基因，并时刻保持它们的清洁。

这张宏伟蓝图除了需要考虑到单个因素之外，也需要关注单体型。正如你将在第十四章中看到的那样，这些肮脏基因的组合对你的健康也起着至关重要的作用。

但重中之重的是，“净化基因的方法”主要目标之一是全力支持甲基化修饰过程，这是你身体经历的最重要的过程之一。

甲基化：净化基因的关键

甲基化修饰能够调控基因的表达，它可以决定是打开还是关闭某些特定的基因。细胞中每个基因的表达最终都受甲基化修饰的控制。

甲基化修饰是指在体内某些物质（例如基因、酶、激素、神经递质、维生素等）上添加一个“甲基基团”，即一个碳原子和三个氢原子。

当发生这一反应时，我们可以说该化合物已经被甲基化修饰。

当这一系统发生故障时会造成什么后果呢？某些基因在本应该沉默的时候却被激活了，或者在本应该正常表达的时候却被关闭了。一个典型的案例是，甲基化修饰不能关闭某些基因，从而导致癌症。[1]这听上去非常不好。

还记得引言中介绍的“两只小鼠”吗？一只小鼠体重超标，易患疾病；另一只则瘦弱，精力充沛且被保护得很好。作为同卵双胞胎，这两只小鼠具有完全相同的基因组。那是什么让它们表现得如此不同呢？

答案是甲基化修饰。健康小鼠的基因甲基化水平正常，不健康小鼠的基因甲基化水平则不正常。如果你有各种症状或一些疾病，例如痤疮、头痛、经前期综合征、心脏病、糖尿病或肥胖症，那么可以肯定的是，你的基因组没有进行正常有效的甲基化修饰，从而导致身体健康水平受到影响。

爱护你的肝脏

大约 85%的甲基化过程都发生在肝脏中，因此要尽可能多地给予肝脏更多的关照。

- 适度饮酒，假如你有甲基化问题，请完全避免饮酒。

- 避免接触空气、食物和水中的工业化学品和重金属。
- 避免不必要的药物和营养品。
- 采用“净化基因的方法”，帮助身体排毒。

在你身体的每个细胞中无时无刻不在发生甲基化修饰，因此，请在阅读时暂停一下，想象一下所有正在发生的甲基化修饰过程。现在请思考以下几个过程——这仅仅是几百个依赖于甲基化过程中的一些。

基因的表达

甲基化修饰能够使许多可能导致慢性病的基因表达沉默，这些基因是家族中的一种令人恐惧的基因。抑郁症、焦虑症、心脏病、痴呆症、肥胖症、自身免疫性疾病和癌症均具有遗传的可能性，经过适当的甲基化修饰，可以大大地降低发病概率，因为甲基化修饰能够真正改变基因发出的指令。例如，当被正确地甲基化修饰后，那些高喊“抑郁症”或“心脏病”的基因可能会因此变得沉默。

将食物转化为能量

如果身体将食物转化为能量的效率很高，那么你可以少吃些东西，在保持健康体重的同时也会感到精力充沛。如果你的身体在此关键过程中遇到麻烦，那么你会吃得更多，造成体重增加的同时也更容易感到疲惫。许多人都控制不好自己的血糖，他们的解决方案大都是多吃东西，消耗更多的碳水化合物，这样一来他们很快会变得超重和疲倦。

甲基化修饰可助你一臂之力，通过合成一种名为肉毒碱的关键化合物来促进你体内脂肪的燃烧。现在你的血糖稳定了，而且你在燃烧脂肪而不是储存脂肪。[2] 甲基化修饰还可以帮助你尽可能高效地燃烧脂肪，[3] 进一步改善新陈代谢、能量和体重。

细胞保护

人体内的每个细胞都被一层细胞膜包围着，在让营养进入的同时还可以阻止有害物质的进入。要想形成坚固的细胞壁，你需要有良好的甲基化修饰过程，该过程会产生磷脂酰胆碱，它是细胞壁的关键组成部分。

首先，你是否正在服用维生素或者保健品？假如没有适当的甲基化过程，它们对你也不会有任何好处。如果你的细胞壁工作不正常，那么营养物质就无法进入细胞内，维生素或保健品也仅仅是让尿液变得非常“昂贵”。

其次，你需要磷脂酰胆碱来调节细胞的死亡率并生成健康的新细胞，以取代每秒死亡的 250 万个细胞。[4] 假如没有足够的新细胞，你可能会出现疼痛、疲劳、发炎和脂肪肝。[5]

最后，胆汁——肝脏产生的一种物质，它的生成也需要磷脂酰胆碱。胆汁可以帮助你吸收脂肪并调节小肠中的细菌。它从你的肝脏流入胆囊，因此，如果体内的甲基化过程受到损害，请小心胆囊出现问题。

双重甲基化

在怀孕期间，你的身体甲基化水平比平时高，从而确保胎儿及胎盘的正常发育。恶心、呕吐或胆囊问题（在怀孕期间很常见）通常是由甲基化不良引起的。[6]你是否知道神经管缺陷和先天性心脏病不像我们所经常听说的是叶酸缺乏导致的结果，而是甲基化缺乏造成的。[7]

大多数健康专业人士也不知道这一点，但是现在你知道了。因此，如果你怀孕了或计划怀孕，请确保你和你的伴侣都摄取了正确甲基化所需的全部营养物质。“净化基因的方法”在这方面为你提供了一个良好的开端。

大脑和肌肉健康

甲基化还可以产生肌酸[8]——大脑和肌肉用作燃料的一种化合物。如果你感到肌肉酸痛[9]、疲惫不堪，或者觉得大脑反应迟钝，那么可能是甲基化不良和肌酸含量偏低造成的。

神经递质的产生与平衡

血清素、多巴胺、去甲肾上腺素和褪黑素等生物化学物质被称为神经递质，从字面意义上理解，这些化学物质可帮助你通过神经元在体内传递信息。

适当平衡神经递质能够让你反应灵敏、头脑清晰、专一、平静、乐观和热情。神经递质失衡则会让你产生眩晕、困惑、分心、焦虑、悲观等症状。假如你曾经患有焦虑症、抑郁症、脑雾或多动症，那么你就会知道这些大脑化学物质的重要性。甲基化修饰是大脑化学物质反应中的关键步骤。

压力和松弛反应

压力反应是由交感神经系统控制的，面对一些状况它可以帮助你应付自如：付出额外的努力，更长时间地集中精力，更加努力地工作，并尽一切可能完成工作。物理危险触发了压力反应，因此，该反应的绰号是“战斗或逃跑”。如果居住在山洞中的祖先看到剑齿虎，他们必须要么与之搏斗，要么迅速逃跑！同样，对体力劳动的需求也会引起压力反应。例如，你不得不将一艘渔船从巨大的海浪中救出来，或者面临漫长的跋涉，穿越沙漠寻找新家。引发压力反应的其他种类的物理压力源包括睡眠不足、疾病或持续不断的感染、食物缺乏或者服用对身体不利的药物。

当然，情绪上的需求也会触发压力反应，例如工作中的最后期限，哭泣的孩子拉着你的袖子，与难缠的朋友或亲戚共进晚餐，等等。任何会在心理上、身体上或情感上对你造成挑战的事物都会触发压力反应。

在这些情况下，你的交感神经系统会产生一连串的压力激素，包括肾上腺素、去甲肾上腺素、多巴胺和皮质醇，它们能够帮助你的身体调动精力。压力反应使你感到警觉，时刻准备战斗；也许你的呼吸更加急促，肌肉更加紧绷，心脏跳动得更快。

副交感神经系统产生的松弛反应很好地平衡了压力反应。经过一番“战斗或逃跑”之后，是时候该“休息和消化”了。你的应激激素消退，紧绷的肌肉放松，深呼吸变深了，精神状态从“警惕”变为放松和镇定。

当进行了有效的甲基化修饰时，你就拥有了可应对两种反应的生化试剂。你白天时刻准备好迎接挑战，然后放松身心，享受一个宁静的夜晚，紧接着进入深度睡眠；你准备好应对忙碌的一周，然后放松一下，享受轻松的周末；你准备好度过繁忙的季节，然后通过两个星期的假期来放松身心。

当甲基化修饰效果不佳时，你不一定能时刻都具备应对两种反应需要的生物化学物质。你可能会感到发狂、易怒、无法放松、筋疲力尽、无法获得所需的精力。当然，你的心理和生活状况是关键因素。但是，很大一部分压力以及混乱来源于不良的甲基化反应。

解毒作用

解毒作用是指人体清除可能有害的化学物质的能力，包括工业化学物质、重金属和过量的激素。当然，我们的身体需要保持一定的激素水平，但是当激素水平过高时，你可能会遇到麻烦。

例如，雌激素对于男人和女人来说都是一种重要的激素。但是当身体无法清除系统中多余的雌激素时，女性会出现经前期综合征、月经紊乱、更年期和卵巢癌，而男性和女性都有患乳腺癌的风险。

为了清除有害的化学物质和过量的激素，[10] 你需要适当地进行甲基化修饰。甲基化还会影响你产生谷胱甘肽（人体主要的抗氧化剂）的能力。[11] 在第一章中，我们讲到缺乏谷胱甘肽会导致凯莉的种种反应，而更多的甲基化修饰让她的症状消失了。

免疫反应

免疫系统负责攻击身体认为危险的任何“入侵者”，包括某些细菌、病毒、其他病原体（引起疾病的微生物）、毒素、危险的化学物质和有害食品等。免疫功能下降会让你容易感染疾病，但过度的免疫反应会导致你的免疫系统不仅攻击敌对的入侵者，而且攻击自己的组织，最终造成自身免疫系统疾病，例如桥本氏甲状腺炎（攻击甲状腺）、类风湿关节炎（攻击关节）、系统性红斑狼疮（攻击关节、皮肤、肾脏、血细胞、大脑、心脏和肺）、多发性硬化症（攻击神经周围的髓鞘）等疾病。

甲基化过程可以帮助免疫系统[12]找到它的最佳点——既不是太被动也不是太主动，而是恰到好处。

心血管功能

甲基化缺陷可能会导致动脉粥样硬化（动脉硬化）和高血压，[13]二者均对心血管健康不利。另外，甲基化不良造成的急、慢性炎症也与心血管疾病有关。

DNA 修复

遗传指令包含在你的 DNA 中，脱氧核糖核酸是生命本身的生化代码。缠绕成双螺旋结构的两条 DNA 链包含特定的分子序列，这些序列可以代表你的身份，并告诉细胞该怎么做才能保持健康。

如同你家中的沙发由于经常使用而不断磨损一样，你的 DNA 也是如此。人体自身的生化过程可能会损伤 DNA，暴露在自由基（不稳定、高反应性的分子）、户外紫外线（UVB）和某些生化试剂中也会破坏 DNA。

你希望 DNA 处于最佳状态，以便为每个细胞提供最佳指令。结果会怎样呢？甲基化对于 DNA 的修复至关重要，并且在形成新细胞的过程中有助于避免 DNA 编码错误。[14]

了不起的甲基化

甲基化反应可产生许多关键化学物质

- 磷脂酰胆碱
  - 产生细胞膜，使细胞吸收营养并排斥有害成分
  - 产生胆汁，可帮助你吸收脂肪和脂溶性维生素，并防止多余的细菌在小肠中生长
- 肌酸，对大脑和肌肉功能至关重要
- 去甲肾上腺素和肾上腺素，有助于保持能量、注意力和机敏性
- 褪黑素，有助于睡眠
- 肉毒碱，用于燃烧脂肪和产生能量
- 多胺，用于调节免疫系统

甲基化反应可减少许多关键化学物质

- 组胺，可导致哮喘、偏头痛或其他头痛、失眠、躁狂、过敏和皮肤疾病
- 雌激素，含量过高可导致痤疮、易怒、经血过多和与雌激素相关的癌症
- 多巴胺和去甲肾上腺素，含量过高会导致头痛、烦躁和压力增加
- 砷，在许多常见的饮料和食品（包括水、苹果汁、鸡肉和大米）中含量非常高，可导致肌肉无力、刺痛和皮肤褐色斑点

错误的甲基化方式

我希望你已经了解甲基化的重要性。那么，什么会干扰良好的甲基化反应呢？不足为奇，罪魁祸首很常见。

不良的饮食习惯

当你没有摄入身体所需的食物时，体内细胞就无法保证正常的甲基化反应。首先，你需要蛋白质、B 族维生素以及其他多种营养素，从而保证甲基化反应作用于产生身体和大脑细胞的过程。

即便如此，原材料也还不够。如本书第五章中所述，甲基化是一系列复杂的生化反应过程。该过程的每一个反应都包括辅助因子，你的身体需要激发这些反应所必需的维生素或矿物质。

试想一下，假如我们要举行篝火晚会，你需要一些大的原木。但是你还需要引火物、火种、纸和许多火柴，否则，那些大的原木只能摆放在那儿。所以基本的营养成分是原木，但辅助因子是点火的其他关键要素。

叶　酸

目前为止，几乎每个人都会误解这一点，但我希望你能正确理解。维生素 B_9 的天然形式被称为叶酸，而这种天然形成的活性状态

（即人体可以立即使用的叶酸）被称为甲基叶酸，这是甲基化反应的关键组成物质。如果甲基化的过程中遇到任何麻烦，则可能需要消耗大量的叶酸，因此即使你的甲基化过程效率不高，你也将最终得到所需要的所有甲基叶酸。许多蔬菜中含有叶酸，例如菠菜、芥菜、羽衣甘蓝、萝卜叶和长叶莴苣等。

维生素 B_9 的人工状态为合成叶酸。它存在于多种维生素营养物质中，并作为许多包装食品的添加剂。合成叶酸不是天然产物，[15] 在将其加工成有效的可用形式之前，它对你的身体没有任何帮助。

但是，由于合成叶酸类似于叶酸，所以它能够进入叶酸受体，从而阻止天然叶酸到达它所需的位置——细胞内。因此，如果你所吃的富含合成叶酸的食品多于绿叶蔬菜时，那么天然存在的甲基叶酸将很难进入你的细胞内。没有足够的甲基叶酸，你的身体就无法进行甲基化。这样，叶酸就会阻止甲基化反应过程。[16]

了解这一点很重要，具体原因有两个。第一，许多医生和其他卫生工作者开出大量合成叶酸，尤其是对孕妇。请停止这种行为，如果你需要补充饮食中无法提供的营养物质，那么请服用天然叶酸；[17] 如果食品包装显示富含合成叶酸，那么请将其放下。第二，许多常规生产的食品由于富含合成叶酸而被神化了。我认为这是一种近乎犯罪的无知举动。1998 年，美国食品药品监督管理局开始要求美国制造商以这种方式“丰富”面包、燕麦、意大利面、大米、谷类、面粉和其他谷物等食品。[18]

现在，假如你体内的甲基化状况良好，并且没有食用大量上述食物，那么你的身体可以弥补因叶酸不足而引起的一点点中断。但是，假如你有肮脏的基因（不论是天生肮脏还是后天变脏），你可能无法正常进行甲基化反应，大量摄入合成叶酸只会使情况变得更加糟糕。合成叶酸是最糟糕的能导致甲基化过程封闭的维生素之一。

过度运动[19]

我们都知道锻炼对身体有好处，原因之一是它能够支持甲基化反应过程。

在斯德哥尔摩的卡罗林斯卡学院进行的一项有趣的研究中，科学家们让年轻、健康的男性和女性以适中的速度只用一条腿骑着自行车，而另一条腿则保持悬空。三个月后，他们分析了每条腿的DNA。研究人员发现，肌肉细胞基因组中的5 000多个位点显示出新的甲基化模式，但这一结果仅在运动过的腿部肌肉上被发现。

对于甲基化反应来讲，运动要比不运动好，但是运动过量也不是一件好事。这是为什么呢？因为太久或太剧烈的运动会使你的身体承受巨大的压力，就像你将在下文看到的那样，过度的压力会破坏健康的甲基化反应。

睡眠质量差[20]

当你无法睡个好觉时，甲基化反应就无法正确地进行。如果不能正确地进行甲基化，你就无法产生褪黑素——一种天然的生物化学物质，可以帮助你尽快入睡并保持深度睡眠的状态。这是一个恶性循环！只有好好睡一觉才能改变它。

压力太大

当你的身体承受压力时，[21]它消耗甲基的速度比放松时要快得多。为了产生更多的甲基，你需要更多的甲基供体（存在于正确的食物和维生素中）和更多的能量。如果压力持续的时间比较长，甲基供体或者能量可能很快被用完。那么你将不能再进行正常的甲基化反应，健康状况也开始受到损害。

接触有害化学物质

正如第一章中讲到的凯莉的表现，接触化学物质可能是压倒性的损伤。如果你的身体在巨大的化学负担下摇摇欲坠，那么你的基因将疯狂地尝试弥补这种负担，结果就是甲基化过程将受到影响。现在，很不幸地告诉你，你可能进入了另一个恶性循环，如图 2.1 所示。

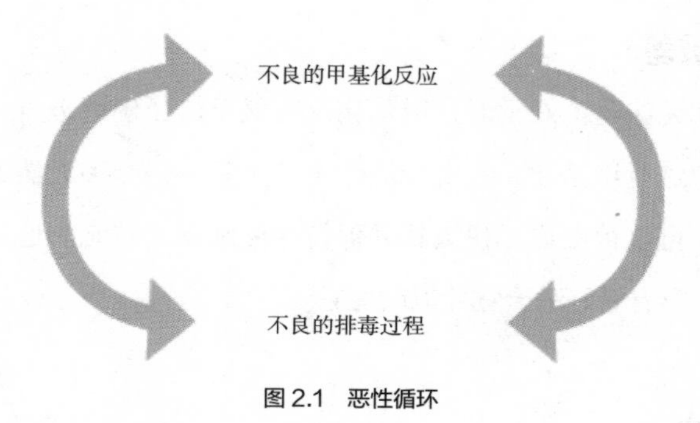

图 2.1 恶性循环

其他常见的甲基化反应障碍

- 乙醇
- 抗酸剂
- 重金属
- 感染
- 炎症
- 小肠酵母菌过度生长
- 一氧化二氮
- 氧化压力（由自由基引起）
- 小肠细菌过度生长和其他肠道感染

干净的基因和良好的甲基化

我在本章开始时介绍过患者杰西，她对不同基因共同发挥作用的方式很着迷。她现在明白了，甲基化对于维持遗传健康（以及整体健康）至关重要，而且需要多种因素来支持甲基化，包括饮食、运动、睡眠、远离毒素和缓解压力。

我成功地说服了她，也希望我可以说服你。“净化基因的方法”旨在从最初的“沉浸与净化”开始，净化所有的肮脏基因。无论你出生时的基因是什么情况，这种全面的“沉浸与净化”都是你保持健康的必要步骤。

“净化基因的方法”如何支持甲基化过程

- 摄入富含甲基供体的食品以及基因完成甲基化所需的重要营养元素，避免摄入富含合成叶酸的包装食品
- 正确的运动类型和适度的运动量
- 深度、宁静的睡眠
- 避免使用工业化学品和重金属，支持排毒作用
- 减轻和缓解压力

3
你的基因档案怎么样

哈莉特从小就充满能量，一旦她开始某个项目，就不愿意停下来。现在她在法学院读书，你经常可以看到她熬夜到凌晨，她在准备合上书之前，总是说“再看一个案例”或“再看一页”。

即使停止学习后，哈莉特也无法放松。她从停止工作到入睡，可能要花两三个小时。当我询问她的睡眠问题时，她告诉我：“我可以结束，但却不能结束。我一直都是那样，但最近情况更糟糕。这是怎么回事呢？”

爱德华多是世界上最好的人，但是当他生气时，你就要当心了！他在40多岁时是一个热情洋溢的人，一直认真对待生活，努力经营一家小型杂货店，并照顾年迈的父母、三个孩子和残疾的姐姐。爱德华多对家庭非常用心，并为自己能够照顾这么多人而感到高兴。不过，正如他说的，他的怒气可能会“从0变到60，而且没有任何征兆”。

他告诉我："我一向脾气暴躁，但是最近微小的事情也容易使我发怒。今天早上，我的一个孩子弄洒了他的果汁，其实这没什么大不了的，他已经准备去水槽拿湿布把洒掉的果汁擦干净。但是，在我不知道这一点之前，我一直在叫喊着告诉他应该如何更加小心。我也不喜欢这样，但我似乎无法控制自己。"

拉里莎是一家小公司的办公室经理，她在过去的20年中一直担任该职位。在50多岁的时候，拉里莎喜欢她的工作、她的家人和她的业余爱好，其中包括周末与家人一起做园艺和远足。拉里莎一直很镇定与平和，其他人在她眼里似乎都是透明的。她告诉我："我很难对任何事情提起兴趣，这不是我的本性。"

不过，最近拉里莎似乎太平静了，以至于她对做任何事情都没有动力或不能感到兴奋。她对我说："我丈夫建议来一次家庭旅行，但是我提不起任何兴趣来帮他规划一切。在工作中也是如此，我似乎并不关心需要解决的问题，事实上这是我工作的一部分。好像一切都变得有些沉闷，有点儿平淡。为什么会这样呢？"

哈莉特、爱德华多和拉里莎都面对了他们肮脏基因的正反两面。哈莉特天生的COMT基因比较迟钝，这使她精力旺盛和精神振奋，但同时也让她很难退缩。当她的其余基因保持干净并且她正在为肮脏的基因提供所需的支持时，她可以在适当的时间结束工作并按时上床睡觉。（有时候同一个基因可以拥有两种不同类型的 SNPs：一种让它运行变慢，而另一种则使它运行加快，每种都会产生自己独特的问题类型。COMT 和 MAOA 就是这种类型的两个基因。）

但是现在，哈莉特承受了来自法学院的巨大压力。她饮食不健康而且缺乏锻炼，因此她的身体在生理上和心理上都处于重压之下。结果，她所有的基因都变得肮脏了，而且一些天生肮脏的基因表现得比平时更脏了。

爱德华多出生时就带有肮脏的 MTHFR 基因。这种遗传特征为他提供了坚定的决心和动力，但是当他的 MTHFR 基因太脏时，他会变得烦躁易怒，而且容易发脾气。

同样，像哈莉特一样，爱德华多最近也承受了一些额外的压力。他的女儿读高中一年级，学习表现不佳，这让整个家庭都感到很难受。此外，爱德华多刚与流感抗战了一周，这使他的身体承受了巨大的压力。在身体不适和心理压力之下，爱德华多的基因变得越来越肮脏，并因此给他带来了比平时更多的麻烦。

与哈莉特相反的是，拉里莎拥有运行快速的 COMT 基因。在好的时候，这种遗传特征让她能够平静下来。但是拉里莎正处在更年期，此时，她面对着巨大的生理和情感压力。在这种情况下，她干净的基因变得肮脏，肮脏的基因变得更加肮脏。结果，她与生俱来的平静开始变得消极和缺乏动力。

你注意到这种模式了吗？

- 当你通过合理的饮食、运动、睡眠、避免化学物质和缓解压力来支持你的基因时，天生肮脏的基因就变得可控了。
- 当你的身体或心灵承受压力时，所有的基因都会变脏……而且天生肮脏的基因也开始给你带来麻烦。

值得庆幸的是，当你净化了基因系统中的污垢和残骸时，你就可以最大限度地发挥遗传潜力。这就是“净化基因的方法”起作用的原因，它可以帮助你净化所有的肮脏基因，然后对需要额外支持的基因进行污点净化。而且，如果你将“净化基因的方法”作为饮食和生活方式的终身法则，则可以让你的基因时刻保持最佳状态。

七大巨星简介

- MTHFR 调控甲基化反应，这是一个非常重要的过程，可以使你身体的 200 多种重要功能（包括基因表达）发挥作用。
- COMT 影响多巴胺、去甲肾上腺素和肾上腺素的新陈代谢，影响你的情绪、能量水平、镇定能力、睡眠能力和专注能力；它还会影响雌激素代谢，[1] 从而调控人体的雌激素水平和荷尔蒙平衡，影响月经周期和更年期，并提高女性对癌症的抵抗力。
- DAO 影响身体对食物和细菌中组胺的反应能力，进而调控你对过敏症状和食物不耐受的敏感性。

- MAOA 会调控你与多巴胺、去甲肾上腺素和血清素之间的关系，控制着你的情绪、精力和睡眠，以及对糖和碳水化合物的渴望。
- GST/GPX 具有排毒功能，可以增强你的身体清除环境中有害化学物质的能力，并排出自己体内产生的有害生物化学物质。
- NOS3 影响血液循环，有助于保持你的心血管健康状况以及增强对心脏病、循环系统疾病和中风的抵抗力。
- PEMT 影响你的细胞壁、大脑和肝脏，并引起一系列健康问题，包括妊娠疾病、胆结石、脂肪肝、消化问题、小肠细菌过度生长、注意力不集中和更年期症状。

肮脏的基因教你更好地认识自我

对本章中提到的三个患者，了解他们的遗传特征令人感到非常兴奋。正如哈莉特说的："我的生活突然变得有意义了！"

事实上，已有确凿的生化证据可以解释为什么哈莉特难以平静下来、为什么爱德华多易发脾气，以及为什么拉里莎缺乏动力。这些特征其实都是当肮脏基因无法获得所需支持时所呈现的不好状态。

对哈莉特而言，运行缓慢的 COMT 基因意味着她的身体很难同时让雌激素和多巴胺发生甲基化修饰。雌激素是男性和女性都有的一种女性荷尔蒙激素。同大多数生化试剂一样，我们需要的是适量，既不要太多，也不要太少。哈莉特在这种特殊激素的甲基化修饰过程中存在遗传困难，这就意味着她体内的雌激素水平很高。好处是皮肤有光泽、性功能较好（雌激素水平下降通常会导致阴道干涩、萎缩或僵硬），并可以平稳地渡过更年期（这可能是雌激素水平降低情况下的挑战）；坏处是增加患经前期综合征以及雌激素相关癌症（包括卵巢癌和某些类型的乳腺癌）的风险。

哈莉特迟钝的COMT基因在多巴胺的甲基化修饰过程中也变得很慢。多巴胺是与兴奋、热情和高强度的能量有关的大脑化学物质。因此与拥有干净COMT基因的人相比，哈丽特的神经系统中保留了更多的多巴胺，这让她精力充沛且充满热情，而且可以持续很长的时间。多巴胺是一种坐过山车式的刺激或者赢得大型比赛的兴奋感所涉及的生物化学物质，你可以想象到，过量的多巴胺会增强哈莉特的性格，使她更加热情。当我告诉你多巴胺也是可卡因含量高诱发的化学物质时，你就会明白为什么哈莉特天生精力充沛，而且很难平静下来。

哈莉特一直保持长时间的高强度工作，随后会崩溃，感到筋疲力尽。我告诉她，从某种意义上讲，这是她应该接受的自然节奏。只要保证努力工作与放松生活在一个平衡的状态，她就可以很好地利用自己的这项天赋。

但不好的是，她可能会用力过猛。在法学院，哈莉特不停地学习，牺牲了睡眠时间，几乎没有休息的时候。与往常一样，哈莉特的关键是支持所有的基因，既包括天生肮脏的基因，也包括天生干净的基因。它们都需要正确的饮食、运动、睡眠、避免毒素和减轻压力。否则，哈莉特肮脏的COMT基因可能会进一步失去平衡，并且她将永远（而不是偶尔地）筋疲力尽，直到精力耗竭。另外，如果我们净化了她所有的基因，那么肮脏的COMT基因可以减少负担，并再次成为资产而不是负债。

同样，爱德华多在得知他的专注、决心和脾气不是“随机的”，而是他基因遗传的一部分后，感到非常高兴。他天生肮脏的MTHFR基因意味着他面临甲基化的特殊挑战。由于良好的甲基化过程依赖于叶酸，爱德华多必须摄入高叶酸含量的食品，包括芦笋、西蓝花、豌豆、小扁豆、坚果、南瓜等。在压力增大（无论是情绪上的还是身体上的）的时期，爱德华多甚至可能需要补充一些甲基叶酸。这样，他就可以保持自己的决心和专注力，而不会变得烦躁易怒。

在爱德华多跟我分享了流感和女儿的艰辛给他的身心造成的额外压力后，我详细讲解了压力如何挑战他脆弱的甲基化过程，使他的甲基叶酸含量远远低于实际上需要的量。甲基叶酸的缺乏意味着他无法再迅速降低多巴胺或去甲肾上腺素的水平。这就是他暴躁易怒，而且难以控制脾气的根源。

像哈莉特一样，爱德华多在了解原因之后感到非常高兴。我告诉他，他可以找到应对压力的新方法，例如充足的睡眠、跑步、花15分钟的“安静时间”放松一下。额外补充甲基叶酸还可以帮助他度过紧张的时刻，尤其是在饮食上要格外注意。因为当承受压力时，身体需要尽可能多的甲基化过程的支持!

危险的不仅是爱德华多的脾气。MTHFR 基因中的 SNPs 也使人更容易患头痛、自身免疫性疾病和某些癌症。对爱德华多来说，这些都是高额的赌注，但幸好现在他有了管理自己基因档案的工具和方法。

拉里莎则与哈莉特相反。哈莉特肮脏的 COMT 基因速度很缓慢，而拉里莎肮脏的 COMT 基因速度则很快。哈莉特缓慢的 COMT 基因使多巴胺和雌激素在系统中的停留时间比平时更长。拉里莎快速的 COMT 基因可以更快地将多巴胺和雌激素从她的系统中排出。因此，哈莉特体内的多巴胺和雌激素水平很高，而拉里莎的则比较低。

拉里莎的基因特征赋予了她平静温和的气质，这令她非常满意。但是若她感到过于平静，说明某些基因表现不佳，而且天生快速的 COMT 基因并未获得所需的支持。

拉里莎在 50 多岁的时候进入更年期，这是一个荷尔蒙变化的时期，对许多女性而言，压力非常大。压力导致拉里莎肮脏的快速 COMT 基因比平时更快地将雌激素和多巴胺排出系统。由于体内的雌激素水平异常低下，拉里莎出现多种更年期症状，包括潮热、失眠、性功能下降等。体内的多巴胺水平偏低，导致她缺乏动力和精力。

幸运的是，“净化基因的方法”也可以帮助拉里莎。一旦我们净化了她所有的基因，并支持快速的 COMT 基因，拉里莎就能克服自己的症状并恢复对一些重要事物的热情。

你需要关注哪些要点？

- 随时净化肮脏的基因，并使其成为日常习惯！
- 找出哪些天生肮脏的基因需要额外的支持，并提供这些支持。

个性特征

任何一个基因都只是你遗传档案中的一个因素，更不用说在每个人的个性中了。但是，为了让你对自己的遗传特征如何塑造自己的气质有所了解，我观察了之前提到的七个关键基因变脏时的一些现象，以下是一些简要的特征概述。

MTHFR

有时候你会感到忧郁和沮丧，有时候则感到焦虑。在好的情况下，你的注意力集中，并且能很快完成全部工作。在糟糕的情况下，你会感到焦虑、头痛，容易发脾气，或者你感到自己变得爱抱怨。在吃完沙拉后你可能会感觉很舒服，但这从来没有引起你的注意，因为它毕竟只是一盘沙拉。

COMT（慢速）

伙计，你着魔了！多动症？事实并非如此。你正在处理几个项目，而且渴望下一个或下五个项目。即便躺着睡觉时，你仍感觉大脑在运作。辗转反侧之后，你终于睡着了，但又梦到明天的任务。第二天到了，你需要一杯咖啡。早上，你可以开始行动了。你会不停地给自己施加压力，如果无法完成目前的工作，就会感到焦虑，因此你会更加专注于眼前的工作。最终，你完成了工作，你的同事又因为你在一个特定项目上加班而取笑你，然后你也嘲笑她。与往常一样，你很快就被激怒了。除此之外，你有时对疼痛极度敏感，而且可能会经常头痛。

COMT（快速）

“看那个闪光信号灯！”“你看到那条狗了吗？”“伙计，我希望我能专心读一本书，但我始终无法集中精力。”你总是从一项任务跳到另一项任务，而且很难完成其他工作。朋友们说你可能患有多动症，你还喜欢逛街和购买新东西，问题是，你购买它们的时候感觉很好，但是第二天“购物狂”的症状逐渐消失，你又需要购买其他东西，否则就开始感到沮丧，因此购物变得越来越昂贵和耗费时间。哇！看着自己的战利品，这感觉太棒了！拥抱的东西越多，你的感觉就越良好。

DAO

你因为不知道自己可以吃什么和不能吃什么而感到疲惫。这顿饭感觉很好，下一顿饭可能感觉很糟糕。头疼，心情烦躁，身体出汗，心跳加速，皮肤发痒，鼻子流血。也许你在食物过敏原检测上花了很多钱，但最终却一无所获！这真令人沮丧。你在逐一限制食物，期望找出罪魁祸首，但这是一场永无止境的战斗。

GST/GSX

自从发现化学物质和某些气味使自己感到恶心以来，你就一直肩负着从家里清除此类物质的使命。比如邻居正在使用带香味的烘干纸！这些会让你在几秒钟内便感觉到头痛。朋友们不知道你为什么有洁癖，但是你知道自己对这些东西有所了解并且非常敏感，因此必须这样做。

MAOA（快速）

“碳水化合物？”“是的，碳水化合物！请再给我一些！”你的购物车看起来好像是在为谷物和巧克力而工作！吃富含碳水化合物食品的感觉真是太棒了。你知道自己不应该这样做，但是当你不这样做时，你便感觉到沮丧。那么问题来了，吃碳水化合物只会帮助你一时半刻，用不了多久你就崩溃了。那么接下来该怎么办呢？你只能吃更多的碳水化合物。你试图节食，但这只会让你感到更沮丧。你厌倦了体重增加，但却不停地陷入这种状态。你不想服用抗抑郁药物，但又感觉自己无法继续下去。

MAOA（慢速）

你很容易受到惊吓，并且很快变得焦虑或者烦躁。你可能会变得积极进取，之后又因为反应过度而感到不适。你似乎感到无所适从。你总是要提防头痛，特别是在吃奶酪、巧克力或者喝红酒的时候。你在晚上总是入睡困难，但一旦睡着，则至少可以一觉睡到天亮。

NOS3

你感觉非常紧张。你的父亲、叔叔、奶奶和爷爷在 50 岁左右时都患有严重的心脏病，现在你也到了那样的年纪。医生说你的心脏一切正常，但是你总是在想他们是否检查了所有的地方，或者是否遗漏了什么？你的手脚一直很冰凉，但是医生说这没什么好担心的。你需要一个答案，因为这种家族遗传史正在影响着你。

PEMT

自从改吃纯素食以来，你就感到有些不适了。你的思维没有那么敏锐，你变得很健忘，全身都感到酸痛。作为杂食动物，你虽然确实有些疼痛和痛苦，但总体上感觉还是不错的。你的肝脏感到沉重，而且一直如此，就在你的右侧胸腔下。脂肪含量高的食物也不适合你。现在，医生告诉你患有胆结石，需要把胆囊取出来。不！肯定还有办法保全它。

你的基因档案怎么样

如果你想了解自己的基因档案，有以下几种方法。

一种是通过一些专业公司来对自己的基因组进行测序。届时，你将确切知道所有 SNPs 的位置，但不一定知道这些测序结果的含义。

还有一种是通过本书的“净化基因的方法”，投入为期四周的时间。我认识的大多数人，包括专业的医师，得到基因检测结果后都仅仅关注某一个基因。问题在于，测序报告仅仅是一张显示你的遗传易感性的纸，而不能决定你的遗传命运！换句话说，你的基因档案并不能决定你是什么样的人。

大多数人进行基因检测的时候都不知道天生干净的基因也会很容易变脏。当得知自己的 MTHFR 基因一切正常时，他们感到庆幸，但没有意识到由于饮食和生活方式，这些正常的基因也会变得肮脏。

即便你的 MTHFR 基因生来就是肮脏的，你也不应该犯常识性的错误，认为可以使用神奇的甲基叶酸营养品来调控它，让一切都变得好起来。许多因遗传特性而搭上自己性命的人，最终都只是遵循了最简单的指令，从而产生了明显的副作用，使自己的状况变得比以前更糟糕。

真正可以帮助你净化肮脏基因的唯一方法是继续遵循“净化基因的方法”，这是一套终身的饮食和生活方式，这也是我的方法。我的家人也是如此。这也是世界各地接受过我训练的医生鼓励他们的患者所采用的方法。这么做的结果如何呢？——拥有更健康、更快乐的生活。我将告诉你这一切没有捷径，就像乌龟总是赢得比赛一样，坚持就是你需要做的。在下一章中完成“净化清单一”，从而找出哪些基因需要更多的支持。利用两个星期的时间进行总的“沉浸与净化”。然后完成“净化清单二”，再通过“污点净化”进一步靶向净化特定的基因。

因为基因总会给你带来麻烦，无论它们是天生肮脏的，还是后天变脏的，所以我想让你知道保持七个重要基因干净健康的方法，并为它们提供所需的全部支持。在你体内的大约两万个基因中，这七个基因对于你每天的最佳健康状态至关重要。

当我说你要净化肮脏基因时，并不是要改变基本属性或者消除所有的医疗风险。我的意思是，要学习如何与基因和平相处，并为它们提供所需的全部支持。这样，你就可以为自己的独特气质感到高兴，并保持健康状态。

每种交通工具的驾驶方式都不一样。通过了解遗传学，你将有机会并有能力做出选择，从而让自己的一生过得更加顺畅而且愉快。

第二部分

认识你的肮脏基因

4
净化清单一：你的哪些基因需要净化

这是一个激动人心的时刻。你将要浏览第一个症状列表，以便确认自己的哪些基因可能是肮脏的。

请记住，你不知道自己的哪些基因是天生肮脏的，哪些是后天变脏的。在开始指责基因之前，我们首先需要思考自己的生活方式、饮食习惯、营养元素、思维方式和环境（室内和室外）是否也在影响基因的功能。

让我们开始吧！

清单一

在这里，除了你自己，没有人会看到你的答案。事实上，该训练的目的是，确定哪些基因是肮脏的，以便你可以进行重要且具有针对性的改进。

如果你像我一样，那么你的第一印象可能是："哇，我真的是一团糟！”但是请按照我教你的那样去做，将消极的想法重新构造成既积极又准确的认知：“哇！我拥有如此巨大的潜力，我都不知道自己可以那样！”

请对照以下症状逐一检查，如果你在过去 60 天内经常出现这种现象，或者它通常是正确的，请选中该框。

MTHFR

- □ 我感到头痛。
- □ 运动时，我容易出汗并且大量出汗。
- □ 我服用合成叶酸营养品或者吃富含合成叶酸的食物。
- □ 我有抑郁症。
- □ 我手脚冰冷。

DAO

- □ 我吃完剩饭、柑橘或鱼后，会出现以下一种或多种症状：烦躁、出汗、流鼻血、流鼻涕、头痛。
- □ 我对红酒或酒精过敏。
- □ 我对多种食物过敏，而且患有肠漏综合征。
- □ 我进餐后两三个小时的感觉要比餐后 20 分钟好一些。
- □ 我怀孕期间感觉良好，而且可以吃更多的食物。

COMT（慢速）

- ☐ 我感到头疼。
- ☐ 我感觉入睡比较困难。
- ☐ 我很容易变得焦虑或烦躁。
- ☐ 我患有经前期综合征。
- ☐ 我对疼痛很敏感。

COMT（快速）

- ☐ 我很难集中精力。
- ☐ 我很容易沉迷于一些物质或活动，例如购物、游戏、吸烟、饮酒、社交媒体。
- ☐ 我容易感到沮丧。
- ☐ 我经常缺乏动力。
- ☐ 当摄入很多碳水化合物或淀粉类食物后我会感到很开心，但是过不了多久，就会恢复沮丧的情绪。

MAOA（慢速）

- ☐ 我很容易感到压力、惊慌或焦虑。
- ☐ 在感到压力或生气之后，我很难平静下来。
- ☐ 我喜欢奶酪、葡萄酒、巧克力，但摄入它们之后又会感到烦躁。

☐ 我常被偏头痛或头痛困扰。

☐ 我很难入睡；但是当我睡着时，则会一直保持睡眠状态。

MAOA（快速）

☐ 我很快入睡，但是很早就会醒。

☐ 我容易感到沮丧和缺乏欲望。

☐ 我发现巧克力能让我保持心情舒畅。

☐ 我喜欢抽烟或喝酒（或过量）。

☐ 吃碳水化合物后我的心情会变好，但这仅仅是改善心情，对我的注意力和专注力没有任何帮助。

GST/GPX

☐ 我呼吸空气，喝水。（是的，你没看错！如今这个基因在很多人身体中多少都有点儿脏。）

☐ 我对化学物质过敏。

☐ 我很早就有白头发。

☐ 我患有慢性疾病，例如哮喘、肠炎、自身免疫性疾病、糖尿病、湿疹、牛皮癣等。

☐ 我患有神经系统疾病，这导致抽搐、震颤、癫痫发作或步态问题等症状。

NOS3

- □ 我有高血压（高于 120/80）。
- □ 我手脚冰冷。
- □ 受伤或手术后，我往往愈合得比较慢。
- □ 我是 2 型糖尿病患者。
- □ 我绝经了。

PEMT

- □ 我感到全身性肌肉疼痛。
- □ 我被诊断出患有脂肪肝。
- □ 我是素食主义者，或者我不吃太多牛肉、动物内脏、鱼子酱或鸡蛋。
- □ 我有胆结石或做过胆囊摘除手术。
- □ 我患有小肠细菌过度生长。

评分（为每个基因单独打分，每个问题得一分）

- 0 分：非常棒！这个基因可能很干净并且运作良好！
- 1 分：令人印象深刻！你的基因需要引起注意，但很有可能是受到其他基因的影响而不是特定基因的问题。
- 2 分：这个基因似乎有点儿脏。幸运的是，“净化基因的方法”是净化垃圾的良好开端。净化“七大巨星”的其他部分也将帮助该基因更好地发挥作用。

- 3~5 分：该基因肯定是脏的。为期两周的“净化基因的方法”将为你提供一个良好的开端。当你浏览“净化清单二”时，你可以发现该基因是否需要额外的关注。

我的得分

MTHFR _____

DAO _____

COMT（慢速） _____

COMT（快速） ____

MAOA（慢速） _____

MAOA（快速） _____

GST/GPX _____

NOS3 _____

PEMT _____

了解你的基因

在接下来的七章中，我们将对这“七大巨星”分别进行讲解。

无论你在“净化清单一”上的得分如何，我都建议你分别阅读每一章。不要因为你的这个基因比较干净就跳过该章。

这是为什么呢？因为正如前面提到的，你的基因可以协同工作。你对这七个基因的了解越深入，就会越明白基因是如何支持整个身体健康和整体遗传状况的。

除此之外，天生干净的基因后天也可能会变脏。因此我希望你能够尽快分别掌握这七个基因，以便以后它们中的任何一个出现问题时，你都能快速判断。这样，你就可以积极主动地保持健康，并保持领先地位。

最后一个原因听上去非常有趣！我是一个理工男，但对此我无能为力，这些都是生活本身的一部分。你的基因每分每秒都会发出指令，从而影响你的健康、身体和性格。当你对它们进行深入了解后，你的基因就是你自己。

因此，请翻过本页，对自己进行更深入的了解。

5
甲基化大师

我的好友亚斯敏40多岁，她一直都在沮丧中挣扎。她是一名生物医学技术人员，从事着严苛的工作，她嫁给了一个好男人并养育了两个可爱的孩子。但是，每当我见到她时，她总是显得有些沮丧和难过。

“你好吗？”我问她。

“我很好。”

“嗯，今天过得怎么样？”

“还可以。”

“孩子们怎么样？”

“他们也还好。”

亚斯敏不是我的患者，但是她对我的工作非常感兴趣，尤其是当我告诉她我对MTHFR基因（该基因对我们的身心健康有巨大影响）进行研究并发现MTHFR基因的SNPs很常见，而且我和我的三个孩子都拥有它们时，她决定让医生也检查一下她的基因。果不其然，她有两个 SNPs。

由于她的 MTHFR 基因变脏了，她体内的数百种生物化学反应没有被正确地进行甲基化修饰。正如你在第二章中看到的那样，甲基化对身体的健康至关重要。在本章中我将会讲到，MTHFR 基因对于人体内的甲基化循环至关重要。甲基化循环是人体基因、酶和生化物质获取保持其正常运转所需甲基基团的过程。

由于其对甲基化循环的重要性，肮脏的 MTHFR 基因很快会给你带来与亚斯敏一样的问题——能量水平下降，精神面貌不佳，新陈代谢异常活跃，荷尔蒙失调，内心在苦苦挣扎。

那么，它的解决方案是什么呢?

正如我告诉亚斯敏的那样，第一步是吃大量的绿叶蔬菜。MTHFR 基因的工作职责是将叶酸/维生素 B_9 甲基化，并将其转变为甲基叶酸，这是一种启动甲基化循环所必需的生物化学物质。但是，假如你的 MTHFR 基因脏了，它就不能为甲基化修饰提供足够的甲基叶酸，因此你的甲基化循环就无法顺利进行。

幸运的是，你可以通过吃含有大量甲基叶酸的食物来减轻肮脏的 MTHFR 基因所带来的负担，以此来支持自己体内的甲基化循环周期。绿叶蔬菜中含有大量的甲基叶酸，所以我告诉亚斯敏要多吃沙拉和煮熟的蔬菜。

理想情况下，饮食可以为你提供身体所需的全部营养物质。但是，你的基因如果变脏了，特别是假如它们已经变脏很久了，则可能需要进一步的支持。亚斯敏感到沮丧已经很长时间了，她体内的甲基叶酸含量可能极低。因此，我还建议她补充甲基叶酸营养品，从而促进她尽快康复。

甲基叶酸是一种非常有效的营养品，但你不能一开始就大量服用它而期望得到立竿见影的效果。虽然有些人可以避免，但有些人会出现不良症状，从持续的焦虑到强烈的愤怒甚至具有攻击性。正如我向患者建议的一样，我让亚斯敏慢慢开始服用甲基叶酸。

亚斯敏在与家人共度假期的前一周开始服用这种药物。接下来发生的事情是，她的母亲给我打了电话，她的父亲也给我打了电话。

他们问我："你对我们的女儿做了什么？她非常高兴！她似乎真的很享受生活。当你问她过得如何时，她会告诉你所有好的事情，而且感到很兴奋。我们一直都希望她成为这样一个快乐的人！到底发生了什么事情？"

当亚斯敏度假回来时，我也看到了区别。她依旧是一个安静、体贴的人，但是还有一些额外的火花。她的情绪不再平淡，相反她变得活泼且温暖。

她告诉我："我觉得自己重生了。那种营养品真的能起到如此巨大的作用吗？"

我告诉她，数十名患者都有过类似的反应，合作的医生也向我分享过数百个类似的案例。我接着告诉她，也许不需要额外补充营养品，她完全可以通过饮食来获得相同的效果。这就是净化基因的力量，尤其是净化 MTHFR 基因。

MTHFR 基因如何运作

肮脏的 MTHFR 基因可能是所有 SNPs 中最常见的一种。你已经阅读过“净化清单一”，因此很了解自己的 MTHFR 基因是否变得肮脏，但这里有更多的方法来查找变脏的 MTHFR 基因。

- 我的甲状腺功能减退。
- 我的白血球计数值（WBC）一直低于正常范围的最低值。
- 一氧化二氮对我有强烈的副作用。
- 我必须接受试管婴儿或重大干预才能怀孕并足月生产。
- 我的孩子有自闭症。
- 我的孩子患有唐氏综合征。
- 医生告诉我，同其他患者一样，我对甲氨蝶呤、5-氟尿嘧啶或苯妥英钠等药物不耐受。
- 我的月经期较短，而且月经中有血块。
- 我的高半胱氨酸含量偏高，超过正常值每升 12 微摩尔。
- 我的叶酸 / 维生素 B_{12} 含量偏高。
- 我对任何类型的酒精都敏感。
- 我不是每天都吃绿叶蔬菜。
- 在吃了绿叶蔬菜后，我感觉好多了。

MTHFR 基因简介

MTHFR 基因的主要功能

- MTHFR 基因启动甲基化循环途径，该过程为你体内至少 200 种生化过程提供甲基基团。

肮脏的 MTHFR 基因的影响

- 你的整个甲基化循环都会中断，从而影响抗氧化剂的产生、大脑化学、细胞修复、排毒过程、能量的产生、基因表达、免疫反应、炎症和许多其他关键的过程。

MTHFR 基因变脏的迹象

- 常见的症状包括焦虑症、脑雾、过敏、抑郁、烦躁和易怒等。

肮脏的 MTHFR 基因的潜在优势

- 潜在的优势包括警觉性、结肠癌风险降低，[1] 注意力集中、良好的 DNA 修复和生产率。

认识你肮脏的 MTHFR 基因

我对这一点非常熟悉！从我的经验来看，MTHFR 基因变脏的患者有时会变得忧郁沮丧，有时则会感到焦虑。是的，它是交替出现的，你永远不知道接下来会发生什么，或者为什么会这样。MTHFR

基因也经常在家族成员中发挥功能，因此，假如你有这个特殊的肮脏基因，你的家人可能也容易出现情绪波动。此外，功能失常的 MTHFR 基因也可能导致大量的健康问题。

幸运的是，它也有积极的一面。在好的情况下，我们的注意力很集中，可以顺利完成工作。我们可以进行大量工作，自始至终保持高度专注，这是好的一面。但有时也会带来恶果，因为我们发现提高行动力比降低行动力更容易。有时家人可能希望我们对所有事情都不要太死心眼，不管是完成一项任务还是完成一场辩论！

如果你的 MTHFR 基因天生就是肮脏的，它可能具有 100 多个 SNPs。[2] 但是，基因检测公司仅仅能检测到最常见的 SNPs，因此你的基因检测结果可能只显示 1～4 个 SNPs，这可能会使功能降低到 30%～80%。（我的处于低端，功能只有 30%。）

但是，我想澄清一点，即使你出生时 MTHFR 基因的功能只有 30%，也可能根本没有任何症状。

这是为什么呢？

现在，你可能猜到了答案。

当你所有的基因都保持非常干净时，天生肮脏的基因给你带来的麻烦就会变得微不足道，甚至根本没有麻烦。

不相信我吗？研究已经表明了这一点。意大利人的 MTHFR 基因 SNPs 比率很高，可使其功能降低到 30%。他们中的大多数人即使在怀孕时也不补充 B 族维生素。但是，意大利人的孩子没有

MTHFR 基因的 SNPs 所导致的特有先天缺陷。

这是为什么呢？因为他们吃绿叶蔬菜（饮食健康），经常与家庭成员和社区成员进行亲密互动（缓解压力），并且生活在一个非常美丽、阳光明媚的环境中（缓解更大的压力）。他们的食物没有经过工厂化养殖，乳制品不含激素（避免接触有毒物质）。换句话说，他们遵循“净化基因的方法”中的基本原则生活，可以支持健康的甲基化反应。[3] 他们就像“两只小鼠的故事”中健康的小鼠一样，利用合理的饮食和生活方式来消除遗传学带来的任何负面影响。

与肮脏的 MTHFR 基因相关的疾病

以下是研究人员发现的与 MTHFR 基因的 SNPs 相关的一些疾病。[4] 但是，可以参考意大利人，尽管他们拥有 SNPs，但仍然很健康！遗传不是命运，正确的饮食和生活方式对你保持身体健康有很大帮助。

全身性症状

- 阿尔茨海默病
- 哮喘
- 动脉硬化
- 自闭症
- 人格分裂
- 膀胱癌

5. 甲基化大师

- 血块
- 乳腺癌
- 化学敏感性
- 慢性疲劳综合征
- 唐氏综合征
- 癫痫
- 食道鳞状细胞癌
- 纤维肌痛
- 胃癌
- 青光眼
- 心脏杂音
- 高血压
- 肠易激综合征
- 白血病
- 男性不育
- 甲氨蝶呤毒性
- 偏头痛
- 多发性硬化症
- 急性心肌梗死（心脏病发作）
- 一氧化二氮毒性
- 帕金森病

- 肺栓塞
- 精神分裂症
- 中风
- 甲状腺癌
- 无法解释的神经系统疾病
- 血管性痴呆

妊娠和分娩并发症

- 宫颈不典型增生
- 流产
- 胎盘早剥
- 产后抑郁
- 子痫前期

出生缺陷

- 无脑
- 腭裂
- 先天性心脏病
- 尿道下裂
- 脊柱裂
- 舌系带过短

甲基化循环—

我称 MTHFR 基因为“甲基化大师”，因为它是启动甲基化循环的关键基因。正如你在第二章中看到的那样，身体中超过 200 个重要的生化反应过程都依赖于甲基化，例如皮肤修复、消化和排毒等功能。换句话说，这些功能都需要甲基才能发挥其应有的作用。它们从哪里得到这些甲基基团呢？答案是你的甲基化循环途径。由于甲基化循环是保持基因和身体健康的重要因素，因此我希望你能够了解它的工作原理。

我们可以将这 200 个功能及过程想象为遍布你身体的 200 个花园。正如花园需要浇水一样，这些过程也需要甲基化修饰。甲基化循环就如同花园里的灌溉系统，它从干净整洁的湖泊中汲取水分并将其配送到所有花园。如果某些东西阻塞或破坏了灌溉系统或者使灌溉系统变脏，那么这 200 个花园中的部分或者全部将无法获得所需的水分。同样，如果某些物质阻塞、破坏或污染了你的甲基化循环，那么你体内的某些过程将无法获得所需的甲基基团，或者无法正常使用它们。

在评估甲基化循环的有效性时，你需要考虑以下两个问题。

第一，甲基基团是否分布在所有需要它们的生化反应过程中？

第二，每个反应过程一旦拥有所需的甲基，都可以有效地利用它们吗？

哪些因素可能会导致甲基化循环产生的甲基基团无法被有效利用？这些因素有很多！例如化学物质、肮脏的基因、缺乏重要营养元素、肠道漏洞、慢性感染和压力等都可以阻止甲基化循环或者使其变慢。“净化基因的方法”将帮助你清除所有的此类问题，这就是为什么它是净化基因的最佳方法。

甲基化循环二

因此，你的身体需要甲基化循环才能有效地工作。那么它精确的作用机理是什么样的呢？

如上所述，这是一个将甲基基团传递给需要它们的底物的过程。MTHFR 基因通过将甲基传递给叶酸来实现这一过程。然后，该叶酸与另一种生物化学物质（例如高半胱氨酸）相互作用，从而将甲基传递给它。高半胱氨酸添加甲基后变成甲硫氨酸。这个过程是从一种生化物质到另一种生化物质的转变过程，是一种基因、酶和生化物质的“循环之旅”。试想一个装满甲基基团的桶就可以完成不断进行的甲基化循环途径。

最后，这一循环以 S–腺苷甲硫氨酸（SAMe）这一生化物质结束。它可以将这些甲基传递给需要它们的 200 多个生化过程。当体内 SAMe 含量过低或过高时，身体各个部位的关键过程也会受到很大影响。保持适量的 SAMe 是一种很好的平衡方法，MTHFR 基因在该过程中起着至关重要的作用。

当 SAMe 将甲基成功传递后，它会变成另一种生物化学物质，称为高半胱氨酸。高半胱氨酸是甲基化循环的最终产物，但这也是一个新的开始：当你的身体健康并且甲基化循环运行良好时，高半胱氨酸又被利用，通过甲基化修饰，最终变成 SAMe，整个循环再次开始启动。

美妙的维生素 B_{12}

正如我们所见，叶酸 / 维生素 B_9 和 MTHFR 对甲基化循环至关重要。但是，如果没有甲基钴胺素（甲基化的维生素 B_{12}）的帮助，它们将无法完成工作。甲基钴胺素是另一种形式的维生素 B。甲基化循环依赖于甲基叶酸和甲基钴胺素的协同作用。二者中的任何一种营养素不足，你的甲基化循环就不会有一个好的开端，而体内 200 多个至关重要的生化过程也将永远无法获得所需的甲基基团。

甲基化循环三

当 SAMe 将甲基传递给需要它们的各个过程后，接下来会发生什么？

甲基基团的添加会改变你体内的许多化合物，使它们具有新的结构和新的功能；有时发生这种转变，是为了让你的身体可以使用这些新化合物；有时会发生这种转变，则是方便你的身体将其排出。

以下是一些典型的例子。

甲基化利用的化合物

- 磷脂酰胆碱。胆碱是动物蛋白中的一种生物化学物质。甲基化修饰后，可以得到磷脂酰胆碱，你的身体会用它来形成细胞壁并执行许多其他功能。
- 肌酸。甲基化修饰胍基乙酸盐可以使其变成肌酸，肌酸对大脑和肌肉的功能至关重要。
- 褪黑素。5-羟色胺经过甲基化修饰后变成褪黑素，它可以帮助你入睡。

甲基化排出的化合物

- 砷。砷被甲基化修饰后，就会停止活动，你的身体可以借助谷胱甘肽将其排出体内。
- 组胺。组胺是你需要适量摄入的一种可以增强免疫系统的化合物。含量过多会给你带来流鼻涕或失眠等症状。组胺被甲基化修饰后，你的身体可以将其排出体外。

• 雌激素。未甲基化修饰的雌激素是活跃的，但是经过甲基化修饰后的雌激素则可以从体内排出。因此，甲基化可以避免你受过量雌激素的侵害，雌激素可能导致经前期综合征、经期问题，以及患与雌激素相关癌症的风险增高。

以上只是一部分依赖于 SAMe 的关键生化反应过程。

壮观的 SAMe

你可能在保健品商店中看到过 SAMe。尽管它在美国的柜台上也有出售，但在欧洲却被认为药效强大，以至在意大利、西班牙和德国，只有按处方才能买到。

不足为奇的是，一旦你了解许多生物化学反应都依赖于 SAMe 以及 SAMe 可以治疗的疾病列表，包括压力、抑郁、焦虑、心脏病、胆结石、肝炎、脂肪肝、纤维肌痛、慢性疼痛、痴呆 / 阿尔茨海默病、慢性疲劳综合征、帕金森病、多发性硬化症、偏头痛和经前期综合征等，仅仅举出几个例子，你就会明白其影响的广泛性。

现在，提醒你一句：不要不经过思考就认为你需要立刻服用补充性 SAMe。为什么不服用呢？我的目标不是让你摄入过多的化合物；相反，我的目标是让你的身体自行产生SAMe并以此支持它在甲基化循环中的关键作用。此外，SAMe 也可能不适合你。（你将在后面的章节中了解到自己是否适合补充 SAMe。）

高半胱氨酸的转化

当SAMe完成甲基的转移后，它会变成一种全新的化学物质——一种只能在你体内产生的物质——高半胱氨酸。

试想一大块用来做饼干的面团。你切出了数十种形状各异的饼干，但完成后仍然还会残留一些面团。这就是高半胱氨酸——当所有重要的甲基化反应进行之后剩下的一种废料。

对于这些剩下的“面团”，你的身体有两种选择：可以将其应用到下一批的饼干制作中，也可以将其用于完全不同的东西。

一种是“更多的饼干”选项。高半胱氨酸被甲基化修饰，并直接回到甲基化循环中。

另一种是“完全不同的东西”。高半胱氨酸可以用于制造谷胱甘肽，这是一种重要的调控排毒过程的生化物质。（谷胱甘肽非常重要，因此我经常将其称为“超级英雄”。）

这个决定对你的基因来说很容易。如果你的身体状况良好，压力不太大，一切正常，那么高半胱氨酸就可以重新回到甲基化循环中，制造更多的饼干！

但是，如果周围有大量的自由基和氧化压力（如果你一直睡眠状况不好，感到压力大，并且身体接触多种毒素，则会发生这种情况），那么你将需要更多的谷胱甘肽来净化这一切。在这种情况下，你的高半胱氨酸将被排除在甲基化循环之外，用来制造谷胱甘肽。

这就是希望你的身体保持良好状态的原因：你需要最大化地利用可以参与甲基化循环的物质，而不是分流掉它们用来制造额外的谷胱甘肽。“净化基因的方法”将帮助你做到这一点。

测量误区：你的高半胱氨酸实验数值

由于高半胱氨酸是甲基化循环的产物，因此许多医生认为，测定高半胱氨酸的含量是确定你能否进行正确甲基化循环的精确方法。

事实并不是那么简单的。

首先，大多数医生认定的高半胱氨酸的正常值偏高。大多数医生认为标准值为每升 15 微摩尔或者更高。对我而言，每升 7 微摩尔以上的物质含量就很高了。因此，如果你的医生正在测定高半胱氨酸的含量水平，请确认你获得了准确数字，以便你可以自行判断。

其次，有时高半胱氨酸含量水平过低。如果你的高半胱氨酸水平低于每升 7 微摩尔，那么该物质将不足以进行甲基化循环和制造谷胱甘肽。但是，实验室并不一定会告诉你这一点，当你的数值偏低时，它们只是告诉你高半胱氨酸的含量不是太高，这可能意味着数值还可以！

最后，具有较高的高半胱氨酸含量水平可能有很多原因——不仅仅是因为你的甲基化循环过程不佳。你很有可能具有正常的高半胱氨酸水平，但甲基化循环仍然很差。

也就是说，你不希望自己的高半胱氨酸含量值高于每升 7 微摩尔，因为不管怎样，高半胱氨酸水平偏高都会阻碍你的甲基化循环。高半胱氨酸含量越高，你的甲基化循环受到的阻碍越多。高半胱氨酸含量偏高与心血管疾病、神经系统疾病、癌症、抑郁症、焦虑症、神经管缺陷、先天性心脏病、唇腭裂、不孕不育等问题都有关系，所有这些问题的根源都是甲基化循环受到阻碍。

还记得我上面提到的有时即使甲基化循环正常，甲基化修饰也会受到阻碍吗？这是一个完美的例子。如果医生为你开了甲基化的营养品来减少你的高半胱氨酸含量水平，但是你的高半胱氨酸水平并未降低，则表明你体内的甲基化循环受阻，因此造成了甲基化基团的无法利用。

造成甲基化循环受阻的原因很多：

- 其他肮脏的基因
- 炎症反应
- 氧化应激反应（自由基）
- 重金属
- 叶酸（阻止你的叶酸受体）
- 酵母菌过度生长
- 小肠细菌过度生长
- 感染

• 缺乏营养

幸运的是，“净化基因的方法”将帮助你清除这些障碍，确保你获得所需的全部甲基基团，并且可以有效地使用它们。

底线是，如果你的医生想测定你体内的高半胱氨酸含量水平，以此来评估患心血管疾病的风险，那么该方法是可以的。但是，如果医生的目标是检查你的甲基化反应，那么有些测试会做得更好。

是什么让 MTHFR 基因变脏了

- 甲基叶酸（甲基化的维生素 B_9）、甲基钴胺素（甲基化的维生素 B_{12}）或核黄素（甲基化的维生素 B_2）含量不足
- 接触工业化学制品
- 心理压力
- 身体压力
- 甲状腺功能减退
- 叶酸

核黄素：一种关键的营养成分

核黄素对你的 MTHFR 基因的功能至关重要。没有它，你的 MTHFR 基因便无法正常发挥其功能。此外，肮脏的 MTHFR 基因比干净的 MTHFR 基

因需要更多的核黄素。

长话短说：必须确保你可以通过菠菜、杏仁和肝脏等食物在饮食中摄取足够的核黄素。否则，你的 MTHFR 基因将无法启动甲基化循环，整个身体都会陷入困境。

健康的 MTHFR 基因和甲基化循环必需的关键营养成分

以下是你的 MTHFR 基因和甲基化循环正常运行需要的一些关键营养成分。

- 核黄素 / 维生素 B_2：肝脏、羊肉、蘑菇、菠菜、杏仁、野生三文鱼、鸡蛋。
- 叶酸 / 维生素 B_9：绿色蔬菜、豆类、豌豆、小扁豆、南瓜。
- 钴胺素 / 维生素 B_{12}：[5] 红肉、三文鱼、蛤蚌、贻贝、螃蟹、鸡蛋（素食主义者和严格素食主义者必须补充）。
- 蛋白质：肉食者的食物来源包括牛肉、羊肉、鱼、家禽、蛋和奶制品；素食主义者 / 严格素食主义者的食物来源包括豆类、豌豆、小扁豆、西蓝花、坚果、种子。
- 镁：深色绿叶蔬菜、坚果、菜籽、鱼、豆类、牛油果、全谷物食品。

钴胺素 / 维生素 B_{12} 含量偏低的原因

- 素食主义者 / 严格素食主义者
- 杂食主义者缺少足够的肉、禽、蛋和鱼类摄入
- 压力大
- 抗酸剂的使用
- 幽门螺杆菌（一种可在肠道内增殖的细菌）
- 恶性贫血（自身免疫性疾病）

甲基化奇迹

我喜欢阅读有关“清洁的基因如何改变生活”的文章，这让我感觉所做的一切都有价值。最近收到谢里尔·格雷亚克的来信，我深有感触。他在信中写道：

“我从不相信还有什么可以帮助我患自闭症的儿子。他的愤怒和行为举止如此严重，以至于我认为他可能会入狱，因为他的情况越来越严重。当他长大到十几岁时，渐渐出现自杀倾向，而且非常沮丧，到了晚上非常恐怖，晚上十点是‘巫术’的时刻。

当精神科医生对他的基因进行检测时，我偶然发现了他的 MTHFR 基因有多个 SNPs 的事实。因此我开始使用你的方法，我是在网上发现该方法的，但无法立即告诉你它对我的儿子有什么根本性的改变。他每天都净化基因，大概 60 天以后，他生气的程度和频率都越来越小，而且不再有沮丧或自杀的倾向。

当我告诉他‘可以不使用该方法了’时，他很开心地说道：‘好的，妈妈。’他很高兴，我现在知道未来他可以独立了。他不再发怒，或者变得暴力与恐怖。这就像一个奇迹。

我想要告诉你的是，我对基因一无所知，直到九月我才听说 SNPs 这个词，因此我不是对基因狂热的人。我是位普通的妈妈，由于一位对 MTHFR 基因一无所知的医生进行的一项检测，偶然发现了儿子的遗传问题。我所做的就是遵循你在网站上建议的方法。在开始尝试你的方法之前，我儿子读遍了我们地区的每所学校。最后没有办法了，他只能在一所非公立学校就读，如果他在学校有进一步的问题，学校就会打电话报警。我的意思是，我们正处于崩溃的边缘。没想到紧接着你就出现了。哇，已经快七个月了，他做得很好！这是一个奇迹般的改变。

我的女儿在护理学校读书，有肮脏的 COMT 和 MAOA 基因。刚发现时，我们就对她的 SAMe 进行治疗，这带来了巨大的改变：她神采奕奕，幸福无比，真正成了一个全新的女孩。对于改变，她自己也觉得非常惊讶。

你从未见过他们，但是你却对他们产生了很大的影响。谢谢你。”

甲基叶酸：有效的营养品

在前文中，我谈到了甲基叶酸这一营养素的重要性，以及哪些食物富含该种物质。一些人任性地认为越多越好，想要直接补充更多的甲基叶酸。

“对症吃药”是一个有力的概念，但正如你看到的，这不是我推崇的健康理念。你可能需要补充额外的甲基叶酸，或者仅仅通过改变饮食和生活方式就能获得相同的结果。即使你确实需要服用甲基叶酸（也就是说，如果你尝试改变饮食和生活方式，但是仍然无法使 MTHFR 基因保持清洁），也取决于许多因素，因为该营养品可能也没有作用，甚至会产生负面影响。

我们将在“污点净化：后两周”一章中介绍这方面的内容，并且将告诉你所有需要了解的内容。在此之前，请继续阅读，进行第一阶段，即为期两周的“沉浸与净化”，然后找出最适合自己身体的方式。

胆碱的捷径

如果你体内没有足够的甲基叶酸（甲基化的维生素 B_9）或甲基钴胺素（甲基化的维生素 B_{12}）来控制整个甲基化循环，它会发现问题所在，并采取我所称的“胆碱的捷径”这种方式。这种捷径在 MTHFR 基因较脏的人体内很常见，因为他们中的大多数都缺乏甲基叶酸。

这种捷径（如甲基化周期）可以使高半胱氨酸发生甲基化修饰，但它不依赖于 B 族维生素，而是依赖于在鸡蛋、红肉、家禽、鱼、鱼子酱、肝脏和其他器官中发现的营养胆碱。

尽管你可以从菠菜和甜菜等蔬菜中获得胆碱，但大多数素食主义者和严格素食主义者体内都缺乏这种胆碱，就像他们大多数都缺乏维生素 B_{12} 一样。素食主义者和严格素食主义者，无论是否有肮脏的 MTHFR 基因，都需要补充胆碱和维生素 B_{12}。

现在，“胆碱的捷径”可能会在很短的时间内发挥作用，但你不能永远依靠它。这只是你的身体用来保护肝脏和肾脏的紧急途径。相比之下，你主要的甲基化循环可以支持所有的器官和组织，包括大脑、眼睛、子宫（和胎盘）、睾丸、皮肤和肠道等。捷径无法满足它们的需求。

从饮食中摄取足够的胆碱很重要，但最重要的是，首先要支持你的甲基化循环途径。

充分利用 MTHFR 基因

正如我在“净化基因的方法”中写的那样，你将学习到支持 MTHFR 基因的方法，无论该基因是天生肮脏的还是后天变脏的。幸运的是，对于我和我的三个儿子（当然，还有我的许多患者）而言，我在支持该基因的功能方面有多年的实践经验。我很乐意与你分享平衡该过程的秘诀。

同样，如果你认为自己的 MTHFR 基因天生肮脏，这里有一些建议可以帮助你入门。你甚至可以在开始“沉浸与净化”阶段之前，就立即采用以下建议。

- 你要了解，自己的情绪会自然地起伏不定，并且尽量不要让情绪的波动影响你。认识到自己多变的情绪，可以让我们在偶尔感到忧郁和焦虑时更加从容。我们的目标是让你获得更多精力集中并且高效的日子，相信我们可以做到。
- 叶酸是你的敌人。它无处不在，营养品、能量棒、食物和饮料中都有。立刻让它远离你的生活。
- 过滤饮用水。从水中去除砷、氯等有害化学物质，是减少肮脏的 MTHFR 基因所必须做的工作。
- 绿叶蔬菜对你来说非常重要，请多吃一些。
- 确保摄入足够的维生素 B_{12}。多吃牛肉（仅用草喂养的）、羊肉、鸡蛋、螃蟹、蛤蜊和黑肉鱼。素食者需要查看“净化基因的方法”，以获取有关如何确保饮食中胆碱和甲基化的维生素 B_{12} 含量均衡的方法。
- 在多数情况下，希望你完全避免食用牛奶乳制品。食物过敏或乳制品过敏产生的抗体会阻碍你的叶酸受体。建议食用羊奶乳制品，除非你患有自身免疫性疾病，在净化饮食并治愈肠道后，牛奶乳制品也可以食用。

血清叶酸检测的弊端

医生可能会建议你进行血清叶酸含量测试，以检测体内的叶酸水平。但正如我们前面看到的，“叶酸”是一个狡猾的术语。在血清叶酸测试中，实验室实际上同时测定了人工叶酸（来自营养品和富含叶酸的食品）和天然叶酸（来自天然食物）的含量。但是实验结果却区分不出来。

这个故事的寓意是什么呢？如果你正在服用任意类型的叶酸营养品（单独服用或以复合维生素的形式服用），或者你从食物中摄入了大量的叶酸，则可以忽略实验室对“血清叶酸”任何标准含量的解读。（有关“富含”叶酸的食物列表，请参见第二章。）这些实验室数据只有在不摄入任何叶酸的情况下才有意义。

“净化基因的方法”如何支持你的 MTHFR 基因和甲基化循环

饮食

通过摄入大量绿叶蔬菜，你可以补偿肮脏的 MTHFR 基因导致的不易产生甲基叶酸的缺陷。通过避免摄入大量的叶酸，可以确保叶酸受体对甲基叶酸保持开放状态，并尽可能保持 MTHFR 基因清洁。通过获取一系列其他营养元素，尤其是 B 族维生素、蛋白质和镁，你可以确保甲基化循环拥有所有必需的营养物质，这对于维持 MTHFR 基因的功能和整体健康状况至关重要。

5. 甲基化大师

化学制品

通过避免接触工业化学品和重金属，可以尽量保持 MTHFR 基因的清洁状态，同时减轻甲基化循环的负担；此外，为了你的整体健康状况，在没有这些化学物质的状态下，你的身体会甲基化更多的高半胱氨酸，因为谷胱甘肽所需的含量更少。通过减少或避免使用酒精以及一氧化二氮，你也可以保持 MTHFR 基因的清洁，同时减轻甲基化循环的负担。

压力

深度、恢复性的睡眠是你最好的朋友，这是我所知道的最佳减压方法！与“净化基因的方法”中提到的其他类型的减压方法一样，睡眠将减轻肮脏的 MTHFR 基因和甲基化循环的负担。

6
专注与放松，柔和与平静

当我和马戈第一次见面时，她充沛的精力仿佛充满了整个房间。她热情地对我微笑，虽然只有30多岁，但看上非常疲惫憔悴。当她开始摆脱一系列症状时，我明白了其中的原因：她每晚很难入睡，咖啡因让她更加烦躁和焦虑，尽管有时候没有喝咖啡，但其他问题也困扰着她。她每个月来例假的前一天都会头疼得厉害。作为公司的管理层，她对自己要求很严格，虽然她很喜欢这样，但是每个星期结束时都会感到疲惫不堪。正如她说的："如果不是周末可以休息，我认为自己已不能再开始新的一周。我喜欢周末。"

马戈的性格和健康评估结果显示，她非常符合慢速COMT基因SNPs的特征。她的基因检测报告结果果然如此。我向她解释说，她继承的这一肮脏基因既有优势，也有劣势。

慢速 COMT 基因的优势

- 天生热情洋溢
- 利他主义和慷慨大方
- 充满能量与生产力
- 长时间专注的能力

慢速 COMT 基因的劣势

- 情绪低沉
- 睡眠困难
- 工作狂
- 雌激素代谢紊乱（可能导致月经问题、肌瘤和妇科癌症）

后来当我遇见布莱克时，我非常震惊，他几乎是翻版的马戈。布莱克 20 多岁时，是一个无忧无虑的年轻人，个性懒散。他每天睡得很早，但是即便睡了一晚，也很少感到精力充沛。他非常爱喝咖啡，每天都要喝好几杯来提神。他有很多兴趣爱好，例如听世界音乐、读日本文学作品、观察异国风情的爬行动物、骑马等，但是他无法长时间专注于某一项活动。尽管对朋友和女友都很忠诚，但他告诉我，他很难按时出现，有时甚至会完全忘记计划。他无奈地耸耸肩解释说："因为有其他事情，所以我就投入其中了。"

如果马戈符合慢速COMT基因的表现，那么布莱克就是快速COMT基因的典型代表。像马戈一样，布莱克的肮脏基因也为他提供了优势和劣势。

快速COMT基因的优势

- 天生的镇定和放松的能力，抗压能力强
- 随和，容易相处
- 兴趣广泛
- 睡眠良好

快速COMT基因的劣势

- 麻烦增加
- 难以保持专注力，容易分心
- 记忆力差
- 抑郁症倾向

马戈和布莱克体内都有肮脏的COMT基因。但是马戈的肮脏基因表现得很慢，布莱克的则速度太快。因此证明每个人对自己身体中的生物化学物质反应都不同。

COMT 基因如何运作

COMT 基因决定了你处理儿茶酚、雌激素和一些主要神经递质（多巴胺、去甲肾上腺素和肾上腺素）的能力。儿茶酚是存在于绿茶、红茶、咖啡、巧克力和一些绿色香料（例如薄荷、欧芹和百里香）中的一种常见化合物，1 此外在儿茶素、绿咖啡豆提取物和槲皮素中也能被发现。神经递质是存在于大脑中使我们能够处理思想和情感的一种生物化学物质。下面简单介绍一下我们体内三种主要的神经递质。

多巴胺

多巴胺是一种与兴奋、紧张和不确定性相关的神经递质。多巴胺的爆发是一种巨大的馈赠。这让你感觉很棒！当我告诉你坠入爱河会伴随着大量的多巴胺分泌时，你会发现它确实使你感觉良好。当你在赌博、坐过山车或准备迎接重大挑战（任何结果不确定的高风险活动）时，也会产生大量的多巴胺。

同样，多巴胺也与成瘾有关。摄入某些药物后引起的多巴胺高峰非常令人愉悦，以至于为了再次得到它，你愿意做任何事情。例如可卡因会引发多巴胺，但是令人兴奋的初次约会、恐怖电影或跳伞活动也会如此。有一种东西会触发多巴胺并让我们希望重复进行这种活动，它的学名是“奖励系统”。多巴胺是你身体的最终奖励——这种感觉很好，为了能够再次感受到它，你愿意做任何事情。

去甲肾上腺素和肾上腺素

去甲肾上腺素和肾上腺素是人体内的两种主要与压力有关的神经递质。它们可以帮助你振作起来以应对重大挑战——任何需要额外的体力或付出情感的事情。例如，假设你是急诊室的医生、护士或者护理人员，则你可能需要在整个班次中反复接受去甲肾上腺素和肾上腺素的不停波动，以便每次有新病人从门前经过时都可以立即采取行动。

正如你在第二章中看到的那样，你的身体既有应对新挑战的压力反应，也有对休息、康复和恢复的放松反应。在理想情况下，两者是处于一个平衡状态的，因此你可以快速面对挑战，接受挑战，然后通过平静的饮食和良好的睡眠恢复精力。身体活跃的速度部分取决于身体将去甲肾上腺素和肾上腺素泵入神经系统的速度。身体放松的效率则至少部分取决于你从身体系统中清除这些生化物质的速度，只有这样你才能放松并且重新振作起来。

马戈缓慢的 COMT 基因使她清除神经系统中的儿茶酚、雌激素、多巴胺、去甲肾上腺素和肾上腺素的速度变慢，因此她体内的这些化合物的含量往往较高。多余的雌激素使马戈的皮肤焕发光彩，并具有良好的性功能，但这也导致了严重的经前期综合征，并使她患乳腺癌和卵巢癌的风险增加。额外的神经递质给了她充沛的精力、热情和动力，使她充满了自信和乐观。但是，这也使她很难平静下来，休息一下并获得优质的睡眠。这些神经递质还使她在喝完咖啡后很难平静下来，她肮脏的 COMT 基因很难清除神经系统中的刺激物。

我对马戈半开玩笑地说："大多数时候，你是女超人。你拥有大量的精力、动力和专注力。"

随后，马戈笑着补充道："但是每个月都有那么一段时间要格外注意。"确实，马戈经常发现自己暴躁易怒，这是多余的雌激素和神经递质作用的结果。

布莱克肮脏的 COMT 基因（正如我之前提到的那样，与马戈的状况恰恰相反）非常快。它代谢儿茶酚、雌激素和压力神经递质的速度如此之快，以至于布莱克体内神经递质的含量通常很低。拥有这一基因的女性将会不停地与低雌激素引起的疾病做斗争，这会导致阴道干燥、性功能减退以及 50 多岁时的更年期症状，此外，她们患心脏病的风险也会增加。

同时，布莱克体内容易造成压力的神经递质水平偏低，使他拥有宁静和镇定，这是一种令人羡慕的能力，可以让我们摆脱生活中造成困扰的小刺激。大部分事情实际上都没有给布莱克带来困扰。他总是处于接受、调整和妥协的状态。

不利的一面是，他经常缺乏专注力、忍耐力和完成工作的行动力。他不介意你约会时是否迟到了一个小时，但是他也不一定介意自己是否迟到。而且他体内的多巴胺含量水平往往较低，这导致他经常缺乏精力和信心。他告诉我："我会尽力而为，但是我并没有过多的欲望。咖啡因和巧克力是我的首选，它们会对我有帮助，但是这种促进作用并不会持续很久。"

正如你看到的那样，两种肮脏的COMT基因都有其优点和缺点，并且都会为你的健康状况带来特定的挑战。一如既往，我们的目标是发挥优势，同时最大限度地减少劣势。

COMT基因简介

COMT基因的主要功能

- COMT基因会影响你代谢食物和饮料中的雌激素、儿茶酚以及压力神经递质（多巴胺、去甲肾上腺素和肾上腺素）的方式。

肮脏的COMT基因的影响

- 慢速COMT基因。你可能无法清除神经系统中的儿茶酚、雌激素、多巴胺、去甲肾上腺素和肾上腺素，最终导致它们在系统中的停留时间比应有的更长，产生各种生理和心理影响。
- 快速COMT基因。你可以从神经系统中高效地清除儿茶酚、雌激素、多巴胺、去甲肾上腺素和肾上腺素，从而使它们过早地离开你的神经系统，产生各种生理和心理影响。

6. 专注与放松，柔和与平静

COMT 基因变脏的迹象

- 慢速 COMT 基因。常见的症状包括放松、有自信、有精力、有热情、性功能强、有雌激素问题（经前期综合征、月经问题、肌瘤、妇科癌症的风险增加）、烦躁不安、疼痛耐受性、睡眠困难、放松或体力下降、工作狂，以及对咖啡因、巧克力和绿茶敏感。
- 快速 COMT 基因。常见的症状包括过度的平静、没有脾气、缺乏入睡障碍、有效的压力响应、疼痛耐受性、难以完成任务、难以集中注意力、健忘、缺乏信心、乐观主义、情绪低落、更年期 / 绝经期的挑战，以及过度依赖咖啡因、巧克力和绿茶。

肮脏的 COMT 基因的潜在优势

- 慢速COMT基因。潜在的优势包括利他主义、活泼、热情、精力旺盛、专注、慷慨和充满生产力。
- 快速 COMT 基因。潜在的优势包括放松的能力、对他人的接纳、广泛的注意力、镇定、对压力的高度承受力、安稳的睡眠以及广泛的兴趣爱好。

认识肮脏的 COMT 基因

在前面的章节中，我们了解了“净化清单一”，因此，现在你可以确定自己的 COMT 基因是否变脏了。但是，为了帮助你描绘出一幅更完整的自画像，以下列出了与慢速和快速的 COMT 基因相关的其他特征。你可以辨认出自己属于两类中的哪类吗？

慢速 COMT 基因

- ☐ 我可以保持专注和学习很长时间。
- ☐ 我喜欢旅行和探索。
- ☐ 我是个工作狂。
- ☐ 当感到压力时，我需要很长时间才能冷静下来。
- ☐ 我经常会努力工作数周，然后崩溃，需要休息很长时间才能恢复精力。
- ☐ 我容易感到焦虑和惊慌。
- ☐ 我发现咖啡因会增加我的压力。
- ☐ 我很容易生气，并常常被噩梦惊醒。
- ☐ 我有强壮的骨骼。
- ☐ 我需要花很长时间才能入睡。
- ☐ 我的皮肤发光，因此人们经常夸我。
- ☐ 我早发月经初潮。
- ☐ 我通常会有经前期综合征。
- ☐ 我经期出血过多。
- ☐ 我现在或者曾经患有子宫肌瘤。
- ☐ 与其他人相比，我对痛苦比较敏感。

- □ 吃高蛋白饮食（例如肠道与心理综合征饮食疗法或原始人饮食法）会使我感到烦躁。
- □ 利他林（Ritalin）、阿德拉（Adderall）等中枢神经系统刺激药物对我的治疗效果不佳。
- □ 中枢神经系统镇静药物对我的治疗效果较好。

快速 COMT 基因

- □ 我很难集中精力，我是多动症代言人。
- □ 我倾向于顺其自然。
- □ 我不是工作狂。
- □ 当我感到压力时，我会很快恢复并继续前进。
- □ 我很快就可以入睡。
- □ 我的咖啡在哪里？我需要它！
- □ 吃高蛋白饮食会让我感觉很好。
- □ 我变得更加沮丧而不是狂热，并且已经持续多年。
- □ 我对事情不那么兴奋。
- □ 我的月经初潮较晚。
- □ 我没有经前期综合征。
- □ 我的月经量很少。
- □ 我的骨骼较脆弱。
- □ 与其他人相比，我比较能忍受痛苦。

☐ 我使用利他林、阿德拉等中枢神经系统兴奋剂的效果较好。

☐ 中枢神经系统镇静药物可能会让我变得更为糟糕。

与肮脏的 COMT 基因相关的疾病

无论你的 COMT 基因是天生肮脏，还是刚开始变脏，如果不及时净化它，都会给你带来麻烦。以下是研究人员发现的与肮脏的 COMT 基因相关的一些疾病。

慢速 COMT 基因

- 急性冠状动脉综合征
- 多动症
- 焦虑症
- 躁郁症——尤其是躁狂症
- 乳腺癌
- 肌瘤
- 纤维肌痛
- 恐慌症（尤其是女性）
- 帕金森病
- 经前期综合征
- 子痫前期
- 精神分裂症
- 应激性心肌病

- 与压力有关的高血压
- 子宫癌

快速 COMT 基因

- 多动症——注意力不集中，多任务处理，无法集中注意力
- 令人上瘾的疾病——吸毒、酗酒、赌博、购物或玩电子游戏
- 抑郁症
- 学习障碍

甲基化循环与 COMT 基因

到目前为止，你已经对甲基化循环的重要性有了清醒的认识。正如你在第五章中看到的那样，该循环过程中的 SAMe 会释放甲基，从而促进体内大约 200 个不同的生物学过程。

其中的一些甲基被转移到由 COMT 基因产生的 COMT 酶上。当发生这一现象时，会激发以下两个过程。

第一，雌激素发生甲基化修饰并从体内被排出。

当然，你需要一些雌激素。尽管男人和女人需要的含量水平不同，但都需要一些。如果清除得太快，那么这种过高的效率会导致雌激素水平下降得太厉害。快速的 COMT 基因可能会导致这种情况。

另外，你也不希望它一直徘徊，并导致体内的雌激素水平含量

过高。慢速 COMT 基因可能会导致这种情况。你的目标是找到消除雌激素的“黄金速度”：不要太快，也不要太慢，而是恰到好处。

第二，你的压力神经递质被甲基化修饰。

- 多巴胺发生甲基化修饰变成去甲肾上腺素。
- 去甲肾上腺素发生甲基化修饰变成肾上腺素。
- 肾上腺素发生甲基化修饰，在另一组酶的作用下从体内排出。

多巴胺、去甲肾上腺素和肾上腺素都是压力神经递质，它们旨在使你时刻保持警觉、专注并随时准备采取行动。压力反应使你呼吸加快、肌肉紧张，并让你的思维更加敏捷，这也使你在消化食物、做爱、怀孕或入睡等过程中有困难。

另外，放松下来可以消除这些影响。让你的呼吸恢复正常，肌肉放松，思想放松，有助于消化食物、做爱、受孕和入睡。正如我们面对压力时的反应：“战斗或逃跑”，然后“休息和消化”。

因此，你又一次在寻找折中方法。当压力神经递质水平过高时，你会感到恐慌、焦虑且无法平静下来；当压力神经递质水平过低时，你会失去动力、精神不振且无法集中精力。

此外，你希望这些生物化学物质在白天（工作、集中精力和应对挑战时）保持较高水平，在夜晚（放松和睡眠时）保持较低水平。同样理想的是，你每次进餐时压力神经递质水平也会下降，因此你可以很好地消化食物。

如果你的 COMT 基因太慢，压力神经递质往往会大量留在你的体内，导致你长时间处于兴奋状态。相反，如果你的 COMT 基因太快，压力神经递质就会快速离开你的身体，你很难建立足够的“压力”来保持专注、积极和抓住重点。

让我们将上一章中学到的内容与新的知识结合起来。如果你的身体不能保持有效的甲基化循环，那么会出现什么情况呢？你可能还记得，你的体内将缺少 SAMe 或无法很好地利用它。在这两种情况下，你的 COMT 基因都无法发挥最佳功能。

- 如果你的 COMT 基因较慢，它的行动速度可能会更慢，从而使更多的压力神经递质和雌激素在你的身体系统中停留的时间比应有的要长。肮脏基因的劣势会增强，而优势则会减弱。
- 如果你有快速的 COMT 基因，导致 SAMe 水平偏低，它会首先改善心情和注意力。你首先会感觉到：“哇，我过去竟然如此呆滞，现在我完成了很多工作！”但是，如果甲基化循环被中断的时间太长，那么快速的 COMT 基因可能会开始像慢速的 COMT 基因一样工作。本应该从系统中释放的压力神经递质现在却停留了较长的时间，并且你会有束缚感，而且会感到烦躁和不堪重负。

正如你看到的那样，COMT 基因需要采取一些让其保持平衡的措施。无论你的 COMT 基因是哪种类型，都要对其进行甲基化修饰：既不能太快，也不能太慢，而是恰到好处。

不要用 SAMe 进行自我治疗

现在互联网上到处都是通过利用 SAMe 从而成功的故事，SAMe 似乎一直都是一种神奇的营养品。我并不是说你不应该使用 SAMe。如果你确实了解它如何影响你以及何时可以安全地使用它，并且你体内缺少这种物质，那么它确实是一种神奇的营养品。但是，如果你不关注身体情况，那么 SAMe 确实会把你搞得一团糟。

我的一名患者是一位成功的钢琴家，曾经需要服用 SAMe 来入睡。由于她的 COMT 基因缓慢，因此一些额外的甲基化修饰确实帮助她从系统中释放了压力性神经递质。但是，如果她在没有压力的时候服用 SAMe，就会感觉自己一直疲倦，并会沮丧和哭泣。在那些日子里，加快甲基化修饰速度会使她的系统中释放出过多的压力神经递质！

我的另一个患者让她具有“行为缺陷”的孩子服用了一些 SAMe，结果问题变得更加严重。当她儿子使用“净化基因的方法”时，他便能够平静下来，变得更加愿意合作，这仅仅是因为他现在吃得很好、睡得很香，并进行了适度的锻炼，同时远离了那些弄脏基因的一切东西，包括电子游戏、糖果和化学药品。她发现了一种终身受益的饮食和生活方式，这是她送给儿子最好的礼物。

现在你知道该怎么做了：请不要随便跑到商店去买营养品；放下手中的车钥匙，等“沉浸与净化”阶段完成；如果你的身体确实需要营养品，在进行“污点净化”时你会发现它们。

COMT 基因变脏的原因

慢速 COMT 基因

- 缺乏足够的 SAMe
- 高半胱氨酸含量偏低
- 摄入过多的茶、咖啡或巧克力
- 压力太大，导致压力神经递质堆积
- 体重超标或高动物脂肪饮食导致的雌激素累积
- 过度接触塑料、个人护理产品、家庭和园艺产品中的外源性雌激素，造成雌激素的再次积聚

快速 COMT 基因

- SAMe 含量过高

两种类型的 COMT 基因

- 高半胱氨酸水平升高
- 重要营养元素不足，尤其是叶酸 / 维生素 B_9、钴胺素 / 维生素 B_{12} 和镁，它们对甲基化反应和 COMT 基因都非常重要
- 天生干净的 MTHFR 基因，或者变脏的 MTHFR 基因得不到足够的支持

多巴胺的危害

COMT 基因的主要功能之一是对多巴胺进行甲基化修饰，将其转化为去甲肾上腺素。如果 COMT 基因很脏——无论是天生肮脏还是后天变脏——都可能会导致多巴胺醌的形成。多巴胺醌是多巴胺的另一种形式，对大脑危害很大。多巴胺醌现在被用于与治疗帕金森病和多动症的药物相结合使用，而它本身也能够助长这些疾病，因此你需要慎重考虑治疗方案。

即便多巴胺处于理想中的形式，你也应避免使用过量的多巴胺。多巴胺含量过高会让你烦躁不安，并且会导致你对压力的反应能力较差。适量的多巴胺会带来额外的震撼力，足以使你表现最佳。但是太多的话就会导致你怯场、恐慌并忘记你学到的一切。

例如，对在镜头前表演的男演员和女演员而言，适量的多巴胺会让他们表现出色。但是在现场直播时——面临压力——他们体内的多巴胺水平可能会快速升高。这一迸发的生物化学过程，导致他们因怯场而瘫痪、深陷压力，甚至忘记台词。这就像一次有趣的过山车之旅，也像一次没有刹车的真正令人恐惧的下山之旅。

每个人都是独一无二的，拥有自己理想的多巴胺水平。如果我试图保持马戈的多巴胺水平，那么我可能会筋疲力尽。如果她拥有我的多巴胺水平，她可能会感到厌烦，甚至会感到恼火。因此，作为一个拥有慢速 COMT 基因的人，她的任务之一是学习如何有效地休息，进行足够的减压实践，以将多巴胺保持在可控水平。

同样，布莱克的冷静、悠闲的生活方式是一种真正的力量，而这一切都归功于他快速的 COMT 基因产生的自然较低的多巴胺水平。但是，如果布莱克的多巴胺水平太低，他就会变得容易分心、缺乏动力和容易健忘，那么他就必须要找到一种使自己恢复精力的方法。

布莱克和马戈都需要找到刺激和放松的适当平衡点，以适应他们各自的遗传特征、个性和健康状况。你也需要这样做，每个人都需要这样做。每个人的正确平衡点可能有所不同，因此我们必须要保持自己的平衡。

左旋多巴

左旋多巴是帕金森病患者常用的多巴胺类药物。这看上去似乎是有道理的，因为帕金森病与低水平的多巴胺有关。

但是，正如我们之前说的那样，对系统中的任何一个零件进行修补都可能导致整体出现问题。左旋多巴在提高多巴胺含量的同时，也会对 COMT 基因造成很大的压力，从而增加多巴胺醌的含量……这反过来又进一步使帕金森病恶化。帕金森病患者按照“净化基因的方法”中的原则来生活则会好得多，而且可以找到提高其多巴胺含量的更温和、更自然的方式——改善整个基因和神经递质的功能。

利用这种方法，我在治疗一些患者时取得了成功，从而避免了使用左旋多巴等药物的风险。

利他林和阿德拉

如果你的孩子患有注意力缺陷多动症，医生可能会开具苯哌啶醋酸甲酯处方药（利他林等），该药物会增加人体内多巴胺的含量。正如你了解的那样，快速的 COMT 基因可能会导致多巴胺含量降低，这通常是注意力不集中和缺乏动力的原因。因此增加体内多巴胺的含量有时会对此有所帮助。你可能猜到了，做到这一点的最佳方法是开始严格执行“净化基因的方法”，该方法已经帮助了全球许多孩子。

另外，某些药物可能会给拥有快速 COMT 基因的孩子带来其他方面的问题。例如，苯哌啶醋酸甲酯处方药可以将快速的 COMT 基因变成缓慢的 COMT 基因，使你的孩子为这些症状而苦恼。更糟糕的是，苯哌啶醋酸甲酯处方药不仅可以增加[2]多巴胺，还会造成多巴胺醌含量的增加，正如上文中提到的，多巴胺醌对大脑有毒害作用，可能导致帕金森病和其他神经系统疾病。这种冒险是不值得的。

现在，如果你是一个成年人，是否也认为阿德拉（所谓的利他林成人版）可以帮助你集中精力和加倍努力呢？

阿德拉实际上是一种苯丙胺，被认为可以帮助你的大脑更容易地吸收多巴胺和去甲肾上腺素。但问题是，假如你经常使用它，则可能会得到相反的效果——导致你的大脑中的多巴胺水平下降，从而期待阿德拉的下一次撞击将其升高。总体而言，它会造成多巴胺的损耗，而且苯丙胺还会导致细胞死亡。是的，阿德拉也可以生成多巴胺醌。[3]

你从中吸取到什么教训呢？偶尔使用阿德拉确实会刺激你体内的多巴胺水平，如果每隔几个月使用一次，你将不会发现任何持续性的影响。但是，假如这种情况经常发生，则多巴胺醌可能会对身体造成长期损害，特别是当你的 GST/GPX 基因不干净，或者你的身体正在承受重金属的侵害时。如果你确实需要多巴胺，那么“净化基因的方法”是一种比较好的促使它产生的方法。

不采用利他林治疗多动症：帮助孩子形成快速的 COMT 基因

下面这些话听起来很熟悉吧？

- “能不能不要在我们谈话时不停地移动？！”
- “把垃圾扔出去。每周二晚上都是倒垃圾的时间。为什么要我每周都提醒你一次呢？”
- “我发誓，如果你的头不在肩膀上，你就会忘记带它出门。”
- “爸爸，我忘记带我的足球服了。你能帮忙带来吗？我的比赛还有十分钟就要开始了！”

没错，这就是我和大儿子塔斯曼的对话。我爱他和我所有的孩子，但是他们可以瞬间将我激怒。

塔斯曼是一个了不起的孩子。他是全班成绩最好的学生，通常情况下都很有礼貌，并且是一名优秀的运动员。如果你只是在学校里见到他或者只是顺便来家里做客，你将永远不会知道他患有多动症。

确实如此。他拥有快速的COMT基因以及健康的甲基化循环，所以他会尽可能多地消耗多巴胺和去甲肾上腺素，就像再也不会用到它们一样。更糟糕的是，他还仅仅是个孩子。他是一个高大、消瘦、正在快速成长的小男孩，没有摄入足够的蛋白质以满足踢足球和燃烧所有压力神经递质的需要。

因此我经常对他说："多吃一些蛋白质，这样就可以保持清晰的思维以及强壮的体质。"我向他强调一点，如果不摄入足够的蛋白质，那么去健身房锻炼肌肉就完全是在浪费时间。难以置信，爸爸们对这一切都了如指掌，对吧？

那为什么他在学校却表现出色呢？他为什么能够保持积极状态、乐于社交，而且不感到无聊和沮丧呢？我知道自己的生物化学机理，现在你也应该明白了。COMT基因的职责是消耗包括多巴胺在内的多种生物化学物质。因此，关键之处在于帮助塔斯曼依赖其快速的COMT基因来产生更多的多巴胺。事实证明，多巴胺是由蛋白质产生的，具体来说，是由普遍存在于动物和植物中的酪氨酸合成的。

你知道为了帮助塔斯曼维持他的多巴胺水平，我给了他什么吗？对了，是酪氨酸营养品。他的浴室里有一个瓶子，每天早晨都要吃一个胶囊。现在我已经不必提醒他了。他告诉我："爸爸，你不用再问了，我服用酪氨酸后感觉好多了。"自从开始通过摄入蛋白质和酪氨酸自然地建立多巴胺的正常水平，他就几乎像变了一个人。

但是，该系统并不是一成不变的。塔斯曼最近三周变得烦躁不安，并且感觉很"朋克"。起初我很生气，之后我不再从父亲的角度思考问题，而是从一个医生的角度来考虑。

"塔斯曼，你每天服用多少个酪氨酸胶囊？"

他答道："看情况而定，两三个或四个。"

我恍然大悟。因为一个胶囊使他感觉良好，所以他认为多个胶囊会给他带来更好的效果。这也提醒我，剂量很重要！我将这一切严厉地讲给他听。

我让他停止服用酪氨酸，直到另行通知为止。不到一天半，孩子就变好了。之后他又开始忘记东西，而且睡不醒。我提醒他每天只能服用一个酪氨酸胶囊，而且只有在他觉得需要时才可以服用。例如在一些有很多事情要做的日子里（尤其是有很多功课或需要全神贯注的时候），他可以服用酪氨酸。放假的时候则不需要服用。因此，这就是我们现在想要表达的。

"感知你的身体，"我告诉塔斯曼，"了解生物化学过程以及自己的感觉。"随着他的成熟和蛋白质摄入量的增加，我可能会进一步减少他的酪氨酸摄入量，尤其是当他变得可以更好地进行自我感知并且很好地判断自己的身体在说什么的时候。即使你一直利用“自然手段”（例如，补充全天然酪氨酸）进行药物治疗，净化基因也是一种平衡的方法，这需要你不断意识到自己身体的真正需求。

请倾听你的身体，并帮助你的孩子学习倾听自己身体的能力。你自己感知到的，总比医生告诉你的要好。毕竟，你的医生只是一名教练，你或你的孩子是运动员。是否聘请一位出色的教练由你决定，但更重要的是，你还可以决定是否在场外进行锻炼。

保持健康的 COMT 基因所需的关键营养物质

正如你在第五章中看到的，甲基化循环过程取决于多种营养物质：核黄素 / 维生素 B_2、叶酸 / 维生素 B_9、钴胺素 / 维生素 B_{12}、蛋白质和镁。因为你的 COMT 基因发挥功能取决于甲基化循环，所以它也依赖于那些营养元素。

镁作为一种最终的营养物质，对于 COMT 基因的正常运作特别重要。因此，如果你的饮食中镁含量不足（美国约有 50% 的居民饮食中镁含量不足），那么将会造成 COMT 基因的污染。富含镁的食物有：深色绿叶蔬菜、坚果、菜籽、鱼、豆类、牛油果、全麦谷物。

除了饮食摄入量不足之外，镁缺乏还有两个常见的原因：[4] 咖啡因的摄入和长期服用一种叫作质子泵抑制剂的抗酸剂。当了解“净化基因的方法”时，我将帮助你停止摄入咖啡因和抗酸剂，同时为你提供一些替代品以促进消化和提神。我从不摄入咖啡因或服用药物，一点儿也没有。因此，你也不需要。

没有“药丸”

请牢记，在完成“净化基因的方法”的前两周，我不希望你跑到维生素商店购买镁或其他补品。你体内有大约两万个基因。在明确清理它们时会发生的事情前，请不要开始单独对其进行治疗或服用营养品。如果你先尝试补充剂，你可能会感到沮丧。所以请不要这样做。

充分利用 COMT 基因

我永远不会忘记与布莱克和马戈的最后一次谈话。尽管马戈的 COMT 基因速度缓慢，而布莱克的速度很快（正如塔斯曼的一样），但他们俩都说了类似的话。

马戈说道：“我好像明白了这种生物化学物质正在以前所未有的方式帮助我了解自己。我总是因为紧张、兴奋和精力充沛而感到难过，无法像其他人一样正常生活，在某种程度上我感觉这是自己的过失。现在我发现这是因为自己身上有大量额外的多巴胺。太酷了！但是我不能让它处于失控状态。”

布莱克说道：“我一直认为自己很懒惰，而且有点儿迟钝。但这并不是理所应当的，这一切只是因为我的多巴胺含量很低！老实说，我喜欢自己这样。但是，我很高兴能为并不完美的生物化学物质做一些事情。”

对布莱克和马戈而言，关键是自我意识的觉醒。马戈需要关注的是多巴胺含量水平何时攀升——当她太紧张、太兴奋或者太忙于工作时。她需要有意识地休息一下，定期放慢脚步，在高强度活动和休闲放松之间取得平衡。她不需要平静下来或轻松生活，她需要弄清楚如何利用自己的高强度风格来更好地完成工作。

布莱克需要注意到他何时变得呆滞、健忘或注意力不集中。他需要做出有意识的努力，依靠高蛋白饮食来支持他快速的 COMT 基因，或者可以偶尔给自己补充酪氨酸。他不需要加倍努力，相反，他需要学习如何更聪明地工作，即如何让大脑完成任务。

综上所述，支持肮脏的 COMT 基因（无论是快速还是慢速）的关键是要有意识。在准确地知道问题出在哪里之前，你无法采取适当的措施。正如我们看到的那样，无论是天生慢速的 COMT 基因还是快速的 COMT 基因，都既有优点也有缺点，但是除非你有自我意识，否则你无法将其优势最大化。现在，你在本章中学习了一部分知识，你已经掌握了可以更好地了解自己的工具。

因此我希望你现在就开始行动。是的，从表面开始慢慢深入。

关注你的思想和身体。放下书本片刻，问自己一个问题：你现在感觉如何？你感到头晕、激动、烦躁、无聊、无法集中精力、郁闷、头痛吗？此时此刻，哪个词描述了你的状况？有了这些信息，你如何看待自己的COMT基因呢？它是变慢了还是变快了呢？你是否认为自己的COMT基因天生就是肮脏的？你刚刚从自己身上辨别出的感觉是时有时无（这意味着你的COMT基因是后来变脏了），还是从记事开始它就一直存在（这意味着你的COMT基因是天生肮脏的）？

我的工作是为你提供方法，以便让你了解基因如何促进你的情绪稳定和整体的健康。你只需要给予自己应有的关注，并根据关注的内容采取行动。我保证，在使用“净化基因的方法”四周后，你将获得前所未有的幸福感。

与此同时，这里有一些关于如何充分利用COMT基因的建议。你甚至可以在开始学习“净化基因的方法”之前就立即采取行动。

慢速和快速COMT基因

- 合理控制体重，因为体内脂肪会产生雌激素，从而使COMT基因很难调节雌激素的水平。
- 尽可能避免食物与塑料接触。塑料是外源雌激素，这意味着它们可以模仿体内雌激素发挥作用。你的COMT基因已经在努力优化雌激素水平，为什么还要将大量多余的雌激素注入你的系统中？

- 双酚 A 塑料的子类别是异源雌激素，因此也要尽可能避免使用它们，即使它们不与你的食物接触。双酚 A 随处可见——从罐子的内部到收银机收据的外部，无所不在，但也要竭尽所能地避免它。
- 每天至少冥想几分钟。如果你负担过重，冥想会让你平静下来。如果你精力不足，冥想可以帮助你集中精力。
- 形成固定的作息时间，以帮助你的身体获得最优质的睡眠。如果你感觉焦虑不安，那么按时入睡可以迅速地帮助你的身体进入休息状态。如果你精力分散，难以集中，那么规律的就寝时间有助于提高你的专注力。你也可以利用“睡眠周期”等应用程序来提高睡眠质量。
- 避免食用除草剂农达，因为它会影响芳香酶（一种可以将其他生化物质转化为雌激素的酶）的活性。也请避免所有非有机大豆和大豆产品，它们可能是使用过除草剂的。通常情况下，避免接触除草剂、杀虫剂及其他干扰内分泌的物质，这些物质可能存在于你的房屋、花园和个人护理产品中，例如化妆品。其中，草甘膦、邻苯二甲酸酯和二噁英的危害尤其严重。[5]
- 尽量吃得健康。购买有机产品，以及一些尽可能没有接触工业化学品的食品。环境工作组织列出了你应该购买的有机食品清单以及传统农场生产的食品清单。

- 为了平衡体内雌激素水平，请多吃甜菜、胡萝卜、洋葱、朝鲜蓟和十字花科蔬菜（西蓝花、羽衣甘蓝、抱子甘蓝、卷心菜等）。苦味的食物（例如蒲公英叶和萝卜）可以促进肝脏对雌激素的代谢，因此也要多吃。
- 确保每天最多吃三顿饭。均衡膳食，每顿膳食都含有一些蛋白质、一些碳水化合物和一些脂肪。这样，你的血糖可以保持平衡，心态可以保持稳定。
- 整理家、办公室、车库、院子和汽车。周围的噪声越多，你头脑中的噪声就越多。使物品保持精简和有条理，并通过风水学来整理你的居住生活环境。

慢速 COMT 基因

- 全天候监控你的压力水平。请注意，当你获得过多的快感或紧张感时，你会感到不自在。找到一种适合的能让自己平静下来的方法，即使只有一两分钟：进行一些深呼吸；听音乐；在每顿饭前停顿一下，欣赏食物的形状和气味，当你开始进餐时，你便会感到轻松而且无压力。
- 确保获取身体所需的停歇、休息日和假期。你可能会觉得自己像个超级英雄，而且大多数时候你甚至可能表现得像个超级英雄，但过度消耗是你的克星。你需要耐心倾听自己的身体并根据需要进行休息。

- 燃烧。任何形式的运动或锻炼都是燃烧多余压力神经递质的一种好方法。
- 关注你摄入咖啡因、巧克力和茶之后的感觉。如果它们使你感到烦躁或焦虑，请减少摄入量。

快速 COMT 基因

- 蛋白质是你的好朋友，糖和精制面粉是你的敌人。确保每餐都摄取高质量的蛋白质，即非油炸或埋藏在白面包三明治中的有机蛋白质。如果你以低蛋白高淀粉的早餐开始新的一天，那将是低多巴胺的一天，这会损害你的注意力、积极性和精力。
- 睡眠也是你的好朋友。睡眠期间，身体会制造你所缺少的一切，而在 COMT 基因的作用下，你需要给身体更多的时间来制造多巴胺。每个人都需要不同时长的睡眠才能正常工作。弄清楚你需要的是什么，并确保自己每天都处在这一优势中。
- 参加诸如跳舞、玩乐器、运动、快速棋盘游戏（不是沉闷的慢速棋盘游戏）之类的开发大脑的活动，甚至可以参加一些电子游戏。（不要过度选择后者，它们可能会使人上瘾，有时甚至会具有刺激性。）
- 拥抱。拥抱可以提高多巴胺的含量。[6]

• 尽管咖啡因和巧克力可能对你有帮助，但不要过分依赖它们。如果你睡眠良好、饮食合理、参加有趣的活动并经常拥抱，那么你从食物和饮料中获取兴奋剂的需求就会大大降低。

“净化基因的方法”如何支持 COMT 基因

饮食

每天最多吃三顿均衡的膳食可以平衡血糖，从而减轻 COMT 基因的压力（相比之下，经常吃零食会给你的 COMT 基因带来压力，甚至使它变得更脏）。每顿饭只吃八分饱也可以支持 COMT 基因。吃到十分饱或者吃撑，会给你所有的基因带来压力。根据“净化基因的方法”，你还将获得支持甲基化循环和 COMT 基因所需的全部营养，因为你的饮食中将包含大量维生素 B、镁以及适量的蛋白质，既不过多，也不过少。

化学制品

尽可能避免使用工业化学品将减轻肝脏代谢雌激素的负担。桑拿浴、热瑜伽、泻盐浴或任何出汗的方式，都是支撑肝脏并将毒素从体内排出的好方法。我们体内或多或少都有这些化学物质——因此我们都需要排毒。

压力

缓解压力是“净化基因的方法”中的重要组成部分。你将从中学会识别压力源头，包括手机新闻、社交媒体、有问题的朋友、周末加班、电视新闻、令人沮丧的电影等，并努力消除这些压力。我还将鼓励你寻找自己的爱好，包括你年轻时特别喜欢的、久违的活动。重新点燃它们并享受这一过程！你的COMT基因会感谢你。例如，我写完了本章，所以我要和妻子一起去划皮艇！按照我说的去做，奖励自己！

---

7 食物过敏

我的患者亨特，40 多岁，是个高个子，性子非常安静。他告诉我，他讨厌抱怨。当我鼓励他向我解释为什么要寻求帮助的时候，他娓娓道来，此时我能感受到他的痛苦和沮丧。

最后他说："我不知道自己能吃什么，不能吃什么，因此感到很疲惫。吃完这顿饭我可能感觉很好，下一顿却感觉很糟糕，为此我感到头疼。而且我总是过敏，如果我吃错东西，会流汗不止、心跳加速。我的皮肤发痒，经常流鼻血。这一切究竟是怎么回事？"

我问亨特，以前的医生告诉过他什么，他摇了摇头。

"最终，我的妻子说服我花了一大笔钱，进行了食品过敏原测试，结果却什么也没有得到！我们有一个邻居也有过敏症状，她告诉我要注意饮食，直到找到过敏原。但我对此一无所知。这是一场永无止境的战斗。"

当确认亨特的 DAO 基因拥有多个 SNPs 时，我就明白了问题的根源，同时也有了解决方案。问题的根源是他对组胺的过度敏感。组胺不仅是一种会影响免疫反应和肠道功能的生化物质，还是一种会影响思想和情感的神经递质。

有些人会对特定类型的食物产生特异的免疫反应，包括过敏或不耐受。对于这些人，一种方法是进行血液检查，以检测其中是否有对这些特定食物有反应的抗体。另一种方法是进行消除测试，具体的方法是从你的饮食中先排除所有食物，仅仅留下一些相对来说“安全”的食物，然后逐个添加不同的食物。当你有不良反应（例如发痒、头痛或脉搏加快）时，你就会知道哪种特定的食物会对自己造成伤害。

但是，这两种方法都不适用于亨特，因为他的问题与特定的食品无关。他的问题是几个因素共同作用的结果。

- 肮脏的 DAO 基因。亨特出生时就具有较低的处理组胺的能力，因此含大量组胺的食物可能对他构成挑战，但也不一定如此。
- 甲基化循环受损。如果 DAO 基因不堪重负，另一个基因将接管它的工作。第二个备选基因发挥功能也依赖于 SAMe产生的甲基。如果甲基化循环无法正常工作，那么这些甲基将不能被利用。
- 病原体。任何外来病原体都会触发组胺的释放。一些病原体只是引起组胺的释放，而其他病原体则可以产生组胺。鉴定并清除肠道病原体对于克服肮脏的 DAO 基因至关重要。

- 食物过敏。如果人们食用容易引起过敏的食物，则该过敏原会触发组胺释放并对 DAO 基因造成打击。通常，食物过敏是由其他问题引起的，例如消化不良或肠漏综合征。
- 肠漏综合征。肠道渗漏是肠道内壁的一种状况，它可以让部分消化的物质进入血液，并因此触发免疫反应。当亨特的肠壁结实并且比较完整时，他可以很好地处理高组胺食物。但当他的肠道渗漏时（通常是断断续续的），高组胺食物就会给他带来危害。因此，亨特吃的食物在 3 月时可能会给他带来麻烦，而相同的食物在 6 月时则可能不会造成问题。
- 消化不良。同样，不良的消化功能会让肮脏的 DAO 基因恶化，而良好的消化系统则会使这一问题最小化。消化不良通常被定义为胃酸、胰酶或胆汁含量偏少。当它们中的任何一种物质较少时，病原体就很容易侵入消化道并建立系统。病原体可以触发免疫反应从而增加组胺含量，或者自身释放组胺，因此导致体内较高的组胺水平。

我和亨特一起制订了总体计划。我告诉他，我们将加强他的肠胃功能，改善他的消化能力，并补充一些微生物种群，这些肠道菌群不仅有益于消化，而且具有一些其他功能。在最开始的阶段，在他的消化系统正在改善时，他应该避免食用剩饭剩菜，因为饭菜放置的时间越长，组胺释放得就越多（因为细菌可以释放组胺，冷藏时也会产生组胺，但是冷冻则可以阻止这种情况发生），其他高组胺食品也是如此，如腌制的肉、变质的食物、干果、柑橘类水果、陈年奶酪（包括山羊奶酪）、多种坚果、烟熏鱼和某些海鲜。亨特可以享受其中的一些食物，这让他感觉松了一口气，但是我告诉他，我们将找到他的最佳平衡点。随着肠道的愈合和微生物种群的增强，他可以逐渐增加一些富含组胺食物的数量和种类。

“好吧，”当我们完成第一步时，亨特说道，“我不介意告诉你，我如释重负。听起来确实很有希望。”他停了下来。

“我仍然希望我不是天生这样的，”他承认道，“我的意思是有这样的问题。其他人似乎可以吃他们想吃的所有东西。我希望我也能够这样。”

我告诉他：“我的看法正好相反。其他人可能吃了各种对他们健康不利的食物，而且多年来他们没有意识到自己的饮食习惯有问题。他们可能感到精力不足，或者时不时会头痛，或者长了粉刺，或者消化不良。但这一切似乎都是小事，他们对此置之不理。”

亨特点点头。

“然后，当他们四五十岁或六十岁时，突然出现了严重的问题，这些问题可能已经积累了多年，只是他们一直没有注意到。他们的健康问题是慢慢积累的，而你的问题则表现明显，试图引起你的注意。任何不健康的选择都会让你感到难受，这会促使你积极保持均衡的饮食、充足的睡眠，并做出身体所需的其他改变。”

亨特注视了我一会儿，说道："我从来没有那样想过。"

DAO 基因如何运作

一个悲伤但真实的事情是：痛苦和不适通常促使人们做出改变，而舒适感则仅能维持日常生活。我指的是那些一直在为自己肮脏基因带来的症状和疾病苦苦挣扎的人，这其中包括只发挥了30%功能的 MTHFR 基因和远低于同等水平的 DAO 基因。我整个童年都患有严重的胃病。一生的大部分时间里，我都在沮丧、易怒、对化学物质敏感等症状中度过。在大学里，我甚至不能和划船队的队友一起喝啤酒，他们可以轻轻松松地参加一场校园派对，但是我却会宿醉，第二天非常难受。（后来我才明白，在划船队的剧烈锻炼对我的甲基化循环提出了很多挑战，这意味着酒精对我来说是一种负担。）

但是这些健康问题导致的结果是什么呢？现在，我确切地了解我的身体需要什么，以及哪些选择让我感觉很棒。如今我过着积极的生活，努力工作，享受生活，与我的儿子们一起划独木舟，在附近的树林里徒步旅行，照顾我们的大花园，经营自己的企业，进行科学研究，以及写作本书。如果肮脏基因没有强迫我去了解自己的身体真正需要什么，那么我也不会有现在的好状态。

因此，如果你像我和亨特一样，天生就有一个肮脏的 DAO 基因，请不要沮丧，振作起来。你的朋友和亲人可能拥有干净的 DAO 基因，因此在它们会破坏肠道和微生物种群之前，生活状态可能会维持很长的时间，但我们的身体却迫使我们做出改变。从长远来看，我认为我们是幸运的人。

DAO 基因简介

DAO 基因的主要作用

DAO 基因编码 DAO 酶，这种酶存在于大多数器官中，[1] 但在小肠、前列腺、结肠、肾脏和胎盘（如果有）中含量较高。DAO 酶有助于处理加工组胺这种关键生化物质。

人体内的组胺供应存在于两个地方：细胞内和细胞外。你的 DAO 基因专注于清除存在于细胞外（主要是在肠道内）的组胺。

- 某些组胺是由食物中的细菌产生的，例如发酵食品、腌制肉类和陈年奶酪。
- 某些益生菌可以产生组胺，例如许多益生菌和乳酸菌等。
- 某些肠道细菌也会产生大量的组胺。
- 一些组胺是免疫系统产生的，以应对压力和食物带来的潜在危害。

适量的组胺可以帮助你保持身体健康，但是过多的组胺会使你的免疫系统过度兴奋，从而导致它对某些食物甚至自己的组织反应过度。

7. 食物过敏

肮脏 DAO 基因的影响

你倾向于对肠道中的组胺反应过度，导致你容易对食物产生敏感性和过敏反应。

你可能还会吸收肠道中的组胺，这意味着它会进入血液，然后进入细胞。当细胞中的组胺含量过高时，你很容易患帕金森病等神经系统疾病。

DAO 基因变脏的迹象

常见的症状包括过敏反应（例如荨麻疹、流鼻涕和皮肤发痒）和食物敏感性、晕车和晕船、肠漏、偏头痛、恶心 / 消化不良、妊娠并发症和小肠细菌过度生长。

肮脏 DAO 基因的潜在优势

可以立刻识别到过敏原以及过敏食物，这一反应在你生病之前都是有好处的。

认识肮脏的 DAO 基因

我亲身体会到，肮脏的 DAO 基因不是闹着玩儿的。从记事起，我一直在忍受进餐后延迟症状的困扰，这些症状在我吃完饭后 20 分钟到两个小时内都没有出现。这个时间差让我很难将症状与食物选择相关联，特别是因为症状有很多不同的类型。有时我的脉搏会变快，有时会变得烦躁或发炎，或者脚开始出汗。我的脖子可能会出现湿疹，或者鼻子会开始流血。我甚至会失眠，无法入睡，不知道是什么让我无法平静。

你可以想象到，我感到非常痛苦和沮丧。我也许能够找出一些有问题的食物，例如柑橘类水果、小麦，知道哪些食物有问题也许会对我有所帮助，但这远远不够。

多年后，当开始研究肮脏的基因时，我对于自己有肮脏的 DAO 基因并不感到惊讶。我可以享受一些富含组胺的食物，但不能过量。现在我知道，如果出现这些让人讨厌的症状，那可能是我在症状出现前两个小时内所吃的东西造成的。

现在，你从“净化清单一”中可能知道自己的 DAO 基因是否肮脏。另外，还有其他方法可以追踪这个肮脏的基因。[2]

☐ 我饭后经常会感觉烦躁、发热或发痒。

☐ 我不能忍受柑橘类水果、鱼、酒或奶酪等食物。

☐ 如果我的皮肤被划伤，它会在几分钟后仍然保持红色。

☐ 我不能忍受酸奶、酸菜或开菲尔（一种发酵乳）。

☐ 我不能忍受贝类。

☐ 我不能忍受酒精，尤其是红酒。

☐ 我不能忍受巧克力。

☐ 我的脚容易出汗。

☐ 我的皮肤经常发痒。

☐ 我经常感到胃灼热，经常需要服用抗酸药。

7. 食物过敏

- □ 我的眼睛经常发痒。
- □ 我有皮肤问题，例如湿疹或荨麻疹。
- □ 我经常流鼻血。
- □ 我患有哮喘或有时呼吸困难。
- □ 我经常偏头痛或其他头痛。
- □ 我晕车、晕船或经常感到眩晕。
- □ 有时我会耳鸣，尤其是在进餐后。
- □ 我似乎对许多食物有反应。
- □ 我患有肠漏综合征。
- □ 我有时会无缘无故地腹泻。
- □ 我患有溃疡性结肠炎。
- □ 我必须经常服用抗组胺药。
- □ 我经常流鼻涕或鼻塞。
- □ 我入睡困难。
- □ 我的血压低于 100/60。
- □ 我患有支气管哮喘、运动引起的哮喘或喘息。
- □ 我经常感到关节痛。
- □ 我心律不齐。
- □ 当我怀孕时，我可以吃比平时更多的食物，而没有任何症状。
- □ 吗啡、二甲双胍、非甾体类抗炎药（阿司匹林和布洛芬等）、抗酸药、可乐定、异烟肼、戊烷脒、阿米洛利等容易对我产生副作用。

与肮脏的 DAO 基因相关的疾病

正如我们看到的那样，肮脏的基因可能会造成健康问题，无论这些基因是天生肮脏的还是后天变脏的。以下是研究人员发现的与肮脏的 DAO 基因相关的一些疾病。

- 过敏反应
- 心律不齐
- 支气管哮喘或运动诱发的哮喘
- 结膜炎或角膜结膜炎
- 十二指肠溃疡
- 湿疹
- 胃部灼热
- 失眠
- 烦躁
- 肠易激综合征，[3] 包括结肠腺瘤、克罗恩病和溃疡性结肠炎
- 关节痛
- 恶心
- 帕金森病

7. 食物过敏

- 妊娠相关并发症
- 银屑病
- 眩晕

组胺：一位有问题的盟友

就像许多生化物质一样，组胺是一把双刃剑。我们需要它，但是它也可能会导致许多健康问题。这一切取决于组胺的含量、组胺的位置以及身体其他部位的行为。

组胺的一个重要功能是抵抗肠道中的病原体。毕竟，你永远都不知道食物或水里面可能含有什么。如果危险细菌或有毒物质潜伏在那里面，组胺就会来抢救！它可以诱发你的免疫系统释放可杀死危险入侵者的化学物质，来确保你的生命安全。

组胺在肠蠕动中也起着重要的作用。肠蠕动是指肠的波状收缩，先将食物储存在里面，然后排出废物的能力。你应该不希望食物或废物在你体内流连忘返。腐烂的物质会释放毒素，而毒素是你希望排出体外而不是留在体内的。因此，让我们感谢组胺，它让毒素保持活动。

最终，组胺可以帮助你的胃分泌消化蛋白质所需的酸。你吞下的每一口食物，都会进入你的胃中，并被分解。特别是动物肉类，需要胃酸才能将其完全分解，而组胺可以帮助胃释放足够的胃酸来完成这项工作。

因此，你的消化道中需要有组胺的存在，但含量不能过多。过量的组胺会错误地触发你自身的免疫系统，释放具有杀伤性的生物化学物质并诱发炎症。但是，由于在这种情况下发出了虚假的警报，没有真正的敌人需要杀死，你的免疫系统将一无所获，最终伤害你自身。

接下来介绍一下 DAO 基因，它的作用是帮助身体清除不需要的组胺。但是，如果组胺含量过多，则会造成 DAO 基因过度劳累，无法做得很好。而且，如果你的 DAO 基因不仅过度疲劳，还很肮脏，那么即使拥有正常的组胺含量，它也无法正常工作。

那么，组胺从何而来呢？当你吃蛋白质时，会摄入一种叫作组氨酸的化合物。然后，在消化过程中，某些细菌会将组氨酸转化为组胺。

另外，大量的组胺来自高组胺食品，即含有活性菌的食品（例如发酵食品，包括酸奶、腌制类菜）；以及由活性菌产生的其他食物（例如陈年奶酪、腌制类肉）。此外，果汁、酒精和康普茶中也含有大量的组胺。最近，被人们喜爱的骨头汤也是一枚组胺炸弹！

你又点了外卖？将这些食物中的组胺添加到肠道中已经存在的大量组胺中，可能会造成含量超标，尤其是在你拥有一个肮脏 DAO 基因的情况下。

组胺含量过多的食品与饮料

- 陈年奶酪
- 酒精，包括所有种类，尤其是香槟和红酒
- 骨头汤
- 巧克力
- 柑橘类水果和果汁（柠檬除外，大多数人都可以接受）
- 腌制肉类：萨拉米香肠、某些类型的香肠、咸牛肉、五香熏牛肉等
- 干果
- 发酵食品，包括酸奶、酸奶油、开菲尔、酸菜、泡菜、咸菜和发酵蔬菜
- 鱼，尤其是熏制和罐装的；以及某些类型的鲜鱼，尤其是生鱼片（如寿司）
- 果汁
- 变质的食物，例如用柠檬或橙汁腌制的食品
- 生西红柿（煮熟的一般都可以接受）
- 菠菜
- 醋（尽管有些人将未过滤的有机苹果发酵醋做得很好）

奇妙的微生物群系

几年前，几乎没有人听说过微生物群系，但这是人体解剖学中最重要的组成部分之一。

好吧，这并不是你认为的传统意义上的解剖学。你的微生物群系由数亿万个生活在肠道和身体其他部位的细菌组成，微生物群系的细胞数量比人的细胞多 1~10 倍，而基因比人的基因多 1~150 倍。这些微生物群系和我们一起进化，假如没有它们的帮助，我们体内的许多生物学功能根本无法发挥作用。

例如消化功能。我们不能自主消化纤维，但是我们的肠道细菌却能做到。它们对这些纤维进行发酵，产生酸和其他生物化学物质，从消化功能到思想和情绪调节方面，这些化学物质对人体的许多功能都至关重要。

你需要一个强大、多样、健壮的微生物群系，其中包括各种比例合适的肠道细菌。因为当你的肠道菌群失调时（某些类型的细菌过多而其他类型的细菌不足），你可能就会遇到麻烦。抗生素不仅可以杀死大部分危险的细菌，而且会破坏大部分微生物群系，因此服用抗生素也可能导致肠道菌群失调。压力、慢性病或感染、不良饮食、接触有毒物质，以及消化系统问题（如肠漏综合征）也可能会导致肠道菌群失调。

如果你的细菌平衡性被这些因素之一打破，那么你的肠道中可能会有过量的组胺，结果会导致你的免疫系统产生大量的致死性化学物质和一系列令人不愉快的症状。

现在，你可以通过尝试服用益生菌（粉末、药片或含有活菌的胶囊）或者吃一些发酵食品（也含有活性菌）来恢复微生物群系的平衡。通常情况下，这是比较推荐的两种方法，尤其是如果你最近正在服用抗生素。

但与此同时，这也是麻烦所在。发酵食品会促进组胺的产生，某些益生菌也具有此功能。另外，某些益生菌也可以帮助你的身体来分解一些组胺。因此，在理想的情况下，你需要一个平衡的状态：发酵食品和益生菌可以支持你的微生物群系；总体来说，肠道中的组胺含量要保持一个健康的状态，而不是过量。更重要的是，如果你的 DAO 基因太脏，那么就很难达到这种平衡。

你最重要的捍卫者

从嘴巴到肛门的通道像是一根连续的长管。你的嘴巴、喉咙、食道、胃、小肠、大肠、直肠和肛门都被连接在一起，消化道各部分之间都有一个小的阀门，可以根据需要来打开或关闭。

当我们摄入食物和饮料时会发生什么情况呢？消化过程从你的唾液开始，食物和饮料从喉咙滑过，通过食道进入胃中，然后被胃酸处理；进入小肠后，你的食物和饮料会被消化酶和胆汁进一步加工处理；在大肠中，有益的细菌会对此进行进一步处理；你体内剩下的东西都会变成大便排出。

这根长而且连续的管道不仅可以帮助你消化食物，还可以保护你免受食物和饮料中有害细菌、寄生虫、病毒和化学物质的侵害。这种保护是通过内置的防御措施来实现的，例如胃酸、消化酶、胆汁和微生物群系等。当该保护措施的任何一部分失效时，你的 DAO 基因都可能会不堪重负。

DAO 基因变脏的原因

- 摄入含组胺的食物太多
- 摄入含组胺的液体太多
- 微生物菌群失调
- 小肠细菌过度生长
- 由有害细菌、酵母菌（各种念珠菌属）、寄生虫、溃疡性结肠炎、克罗恩病等引起的肠道疾病或感染
- 某些药物——抗酸剂、抗生素、二甲双胍和 MAO 抑制剂
- 酸性饮食
- 高蛋白饮食
- 麸质食物

- 食物过敏
- 情绪 / 心理压力
- 化学疗法

你好，肠漏综合征

令人惊讶的是，肠道内只有一层细胞壁。其中的每一个细胞都与其相邻细胞紧密结合，并通过所谓紧密的连接（细胞之间的屏障，用来隔离肠道内的任何液体、固体或化学物质）来保持一个整体状态。

一方面，肠道内的这面墙里面，食物被分解成最基本的单元：蛋白质分子，也被称为氨基酸；碳水化合物，例如葡萄糖；脂肪，例如胆固醇；维生素和矿物质。只有这样，这些营养成分才足够小，可以通过那些紧密的连接被人体吸收，而其他剩余的一切则都保留在你的消化道内。

另一方面，许多部位的免疫系统都处于戒备状态，例如血液、肝脏和脾脏。这是有意义的：如果某些东西从你的消化道潜入体内，那么你的免疫系统就会处于待命状态，随时可以根据需要进行攻击。

如果那些紧密的连接变得松动会怎样呢？这种情况被称为肠道通透性或肠漏。食物穿过这些较大的开口，只有少量的一些会被部分消化，而这种形式是你的免疫系统所无法识别的。

起初，这些部分消化的食物可以轻松地通过。但是，如果有太多的“入侵者”穿过你的肠道细胞壁，那么你的免疫系统就会启动。它会将这些食物标记为危险的入侵者，这是对牛奶、麸质食物（能够促进肠道细胞壁紧密连接的开放）和许多其他食物产生的一些常见的反应。

在大多数情况下，当你患有肠漏综合征时，平时经常吃的东西也会触发免疫反应。这就是为什么人们经常在以前可以食用的食物上遇到麻烦。他们放弃了有问题的食物，去食用新的食物，一个月后，他们对新食物也出现了反应！这是不是听起来比较熟悉？

你的免疫系统会产生抗体，用以识别泄漏的食物。这种抗体一旦形成，你只要吃一点点有问题的食物，抗体就会提示免疫系统释放致命的化学物质。你摄入这些食物的次数越多，你的免疫系统抵抗入侵者的战争也就越多。你会感到关节疼痛，脑部晕晕沉沉，或者感觉很累。

这些免疫反应也称为炎症。正如我们看到的那样，慢性炎症对身体健康有害，因为这样持续不断地由饮食、压力和其他慢性因素触发的炎症并不会消失。

当肠道渗漏时，还有什么其他状况发生呢？你猜对了——身体正在产生额外的组胺。组胺的作用是平息炎症反应过程，但是如果含量过多则会形成恶性循环，重新触发免疫系统并导致更多组胺的释放。所有这些都会使渗漏的肠道难以愈合，同时也弄脏了 DAO 基因。因此，现在你体内至少存在三个恶性循环系统——肠道、免疫系统和组胺，每个恶性循环都会使另外两个恶性循环恶化，并进一步加重 DAO 基因的负担。

更糟糕的是，DAO 酶（我们之前提到过，它的功能是处理组胺）存在于肠壁细胞中。因此，如果你的肠壁受损，细胞较少，完整性降低，那么 DAO 酶的含量就更少了，大大减少了处理组胺的资源。这就是为什么修复渗漏的肠道可以大大提高你对某些食物的耐受性。最后，在紧密连接的部位，你可以利用 DAO 酶来处理这些食物。

幸运的是，只要注意调整饮食、运动、睡眠、有毒物质的接触和压力，你就可以补充微生物群系，治愈肠漏综合征，并降低组胺水平。这些方法都能减轻 DAO 基因的负担，补充 DAO 酶，并确保你有足够的甲基基团，从而使备用的组胺完全被甲基化修饰。

抗组胺的药怎么样

许多人问我，抗组胺药是否对本章描述的问题有效呢？这是一个合乎逻辑的问题。如果 DAO 基因难以承受过多的组胺，你可能会认为需要服用抗组胺药物（一种阻止人体对组胺发生反应的化合物）来支持它。

有两种方法可以回答这个问题。一种是“也许吧。依赖于你服用的抗组胺药，症状可能会减轻或完全消失”。

例如西替利嗪，一种比较流行的用于治疗季节性过敏的抗组胺药，会影响组胺与组胺受体的结合能力，从而减轻症状。

同样，苯那君也会阻断你的组胺受体，从而使组胺不能与它们结合。由于躁狂症和失眠都与高组胺水平有关，因此一些医生甚至会用处方药苯那君来治疗这些疾病。确实，服用西替利嗪或苯那君都会使症状减轻。不过请注意，我并不是说它们会降低体内的组胺水平。你的组胺水平仍然很高，这些药物只是会影响组胺与组胺受体的结合能力。一旦你停止服用药物，你的组胺水平就会像往常一样将你束缚，症状也会再次出现。这种悠悠球似的反复上下起落的效果使你更加依赖抗组胺药。

因此，这就是我的第二个答案，我更倾向于这个：“你想终生服用抗组胺药，还是想从根本上解决问题？”因为你已经知道如何从根本上解决这一问题的方法了——没错，那就是“净化基因”。这并不总是那么容易，但它却很简单！

抗酸连接

肠道中组胺含量过多会引发另外一个问题：胃酸反流和胃灼热。实际上，一类被称为质子泵抑制剂抗酸药的作用机理就像抗组胺药一样，会阻断组胺受体。

但是，就像抗组胺药一样，抗酸药并不会降低组胺水平，它仅仅是改变你的身体对组胺的反应。我更希望你停止食用高组胺食物，并净化 DAO 及其他肮脏的基因，这一解决方案比长期依赖西替利嗪或苯那君要好得多。

保持 DAO 基因健康的关键营养元素

DAO 基因正常运作所需的两种主要营养物质分别是钙和铜。[4]

富含钙的食物：羽衣甘蓝、西蓝花、豆瓣菜、发芽的谷物和豆类、低组胺奶酪（山羊或绵羊奶酪）、白菜、秋葵、杏仁。

富含铜的食物：牛肝、葵花籽、扁豆、杏仁、黑葡萄糖浆、芦笋、萝卜叶。

你还需要食用平衡高酸以及可以产酸的食物来强壮身体。

平衡高酸以及可以产酸的食物

杏仁奶	山羊奶
朝鲜蓟	草类（例如小麦草、大麦草、苜蓿和燕麦草）
芝麻菜	绿豆
芦笋	喜马拉雅山脉天然岩盐
牛油果油	羽衣甘蓝

净化基因

甜菜	海带
白菜	韭菜
西蓝花	扁豆
抱子甘蓝	芥菜
荞麦	秋葵
卷心菜	洋葱
萝卜	豌豆
菜花	藜麦
芹菜	大黄
奇亚籽	海菜
椰子	任何类型的豆芽
椰子油	豆瓣菜
菊苣	西葫芦
亚麻	生姜
大蒜	

充分利用 DAO 基因

在距离第一次见面几个星期之后，亨特找我谈话，他的情况和之前相比要好得多。他已经开始弄清楚哪些含组胺的食物会给自己带来麻烦（对他来说，是酸菜、泡菜、香肠和红酒），哪些是他可以少量食用的（陈年山羊奶或羊奶奶酪、酸奶和开菲尔）。此外，他还利用了有助于处理组胺的补充益生菌。

亨特还意识到，他需要减少摄入剩饭剩菜，只专注于新鲜的食物。（请记住，食物越不新鲜，可能产生组胺的细菌就越多。）

“有点儿痛苦，”亨特平静地告诉我，“但这是值得的，因为所有症状都消失了，而且我的精力比往年要充沛得多。”尽管亨特减少了腌制类菜食用量，但这些食物可能对微生物群系有巨大的好处。我向他保证，随着免疫系统变得越来越强大，他肯定还可以重新摄入这些食物。

以下一些是支持你的 DAO 基因的其他建议。你可以立即启动它们，无须等待开始完整的“沉浸与净化”阶段。

- 停止服用含有干酪乳杆菌和保加利亚乳杆菌的益生菌。（你必须仔细阅读标签以发现其特定成分。）在第十五章中，你将获得一些关于应该服用哪种益生菌的提示。
- 对于女性：请检查你的雌激素水平，尤其是如果你的组胺症状在排卵前后（在月经期结束后的 10～14 天）变得更糟糕。雌激素水平的升高会触发你的身体释放更多的组胺。请确保遵循第六章中的保持雌激素平衡的建议：避免使用塑料；控制体重；多吃甜菜、胡萝卜、洋葱、朝鲜蓟、蒲公英叶、萝卜和十字花科蔬菜（西蓝花、羽衣甘蓝、抱子甘蓝和卷心菜等）。

- 支持消化系统，以便你有足够的胃酸、消化酶和胆汁。这些都是保持微生物菌群平衡和清除病原体的必要条件。（我将在讨论“净化基因的方法”时详细介绍如何执行此操作。）
- 平衡可以产生酸的食品以及有助于减少酸的食品的摄入量，确保饮食均衡。例如，如果你吃很多蛋白质，则可以搭配一些熟的蔬菜。如果你有一些康普茶，则可以搭配一些发芽的蔬菜。利用“平衡高酸以及可以产酸的食物”清单来平衡“组胺含量过多的食品与饮料”清单中的食物。
- 优化睡眠并减缓压力，因为压力神经递质会增加组胺的释放。有效促进睡眠的方法包括冥想，在计算机等屏幕上使用蓝光滤镜，在就寝前一小时避开屏幕，在黑暗的房间中或利用优质的眼罩帮助睡觉，或者使用一些智能设备或应用程序监控你的睡眠。

“净化基因的方法”如何支持你的 DAO 基因

饮食

我们将确保你减少对高组胺食物和饮料的摄入量。我们会通过提供铜和钙来确保 DAO 酶发挥最佳功能。我们还将让你平衡饮食，保持体内酸含量水平足够低，从而使 DAO 酶可以发挥功能。

7. 食物过敏

化学制品

我们会以多种方式支持你的消化系统，从而避免病原细菌进入并束缚肠道。在这个过程中，足够的胃酸、胰酶和胆汁是必不可少的，“净化基因的方法”中的饮食和营养品可以确保你得到它们。

压力

压力神经递质会阻碍产生胃酸、消化酶和胆汁的能力。在“净化基因的方法”中，你将学到减轻压力和缓解压力的方法，让自己平静下来，以便帮助身体消化食物并排出有害细菌。

---

8 情绪波动与对碳水化合物的渴望

与 COMT 基因一样，MAOA 基因也有两种配置文件，分别是快速和慢速的。

凯莎的 MAOA 基因速度很快。她渴望碳水化合物和巧克力，就像以后再也吃不到了一样。在我们的第一次治疗中，她比标准体重至少多了 60 磅，她对自己的弱点感到非常沮丧。

“我知道应该变得更好一些，但是似乎无法自拔，”她告诉我说，“我似乎没有任何意志力。我在冰箱里存放了健康的蔬菜，并用烤鸡肉、蔬菜和沙拉做了一顿健康的晚餐。但是在一两个小时之后，我就改变了，我必须吃一些碳水化合物。如果我不跑到街角商店，给自己买几个糖果棒和小蛋糕，就会觉得陷入了一个黑洞。有几个晚上我忍住了，有几个晚上我没有忍住，但是无论哪种方式都让我感到疯狂。我觉得自己是世界上意志力最弱的人，因此我开始讨厌自己。”

“我不这样认为，”我告诉她说，“你不是一个软弱的人，不是！你正在努力聆听自己的身体，并为身体提供所需要的东西。唯一的问题是，你还没有找到合适的方法来做到这一点。我们今天将解决此问题。”

凯莎将她的基因检测结果发给了我，因此我知道她有一个快速的 MAOA 基因。其实即使没有这个结果，我也确定她的情况符合快速 MAOA 基因的特征。我说：“让我问你一些事情。你在吃碳水化合物或巧克力之前感觉如何呢？”

凯莎皱着眉说道：“在这之前，我感觉自己好像掉入了一个深渊。我知道吃了碳水化合物后会好起来，但也清楚地知道不应该这样。这种内疚感持续不断，但是那种忧郁的感觉实在令人难以忍受，所以我总会感到分裂。”

我点了点头问：“那么之后感觉怎么样呢？”

凯莎摇了摇头。“之后，我确实感觉好多了。我感到更加充满希望、更加平和，”她笑道，“最多持续大约一个小时。然后我就又崩溃了。这种现象一直不停地重复出现，我对此感到非常厌倦。这就是我想与你交谈的原因，它必须停止。”

我向凯莎解释道，她肮脏的 MAOA 基因导致身体处理血清素的速度变快。血清素是一种神经递质，可帮助我们感到平和、乐观和自信。当体内的血清素含量水平偏低时，我们会感到抑郁、沮丧和无助，对自己的能力没有太大的信心。

由于肮脏的快速 MAOA 基因，凯莎体内的血清素水平下降得太快。她只知道一种方法可以使它们的含量再次升高，那就是吃甜的、含淀粉的食物，这确实可以暂时提高血清素的含量，并且可能是目前为止最快的一种方法。所以凯莎的系统运行得很快，而且非常有效。

但是与此同时也有一些消极的因素，她对这一切太了解了：情绪像过山车般忽高忽低和体重增加。“你实际上是在正确的轨道上面，”我告诉凯莎，“只是你跑过头了。这与意志力、暴饮暴食或常用的其他任何羞愧的词无关。请从你的头脑中立即删除这些内容，因为我们不是在谈论意志力，现在谈论的是基础生物学，即与生俱来的人体的本质。”

我又问了凯莎一个问题，我知道这个问题会让她感到惊讶：“所以你是否经常在半夜醒来并且需要一些夜宵才能重新入睡？”

她用手猛拍桌子，说道：“是的！你是怎么知道的？”

我向她解释道，血清素的一个功能就是制造褪黑素，这是一种可以保证良好睡眠的激素。由于她体内燃烧血清素的速度过快，因此褪黑素水平很低。她立即问我需要补充多少褪黑素。

“让我们从最基础的开始，”我告诉她，“秘诀不是说要再多吃一种药，而是要给你的身体一个响亮而清晰的信息，那就是它有充足的食物。有研究表明，如果你每天消耗适量的蛋白质，那么神经递质将会更趋于稳定。[1] 这将减少你对食物的渴望、情绪波动和暴饮暴食的趋势，也将帮助你更快地入睡。”

凯莎承认，与鸡蛋或其他蛋白质相比，甜甜圈和咖啡更容易让她尽快开始工作。她不敢想象改变自己的早餐饮食习惯，这可能会打破正常的行动周期。

现在，还有一个需要考虑的重要因素：营养。MAOA 基因需要稳定的核黄素 / 维生素 B_2 供应才能发挥其神奇作用。它还需要一种存在于碳水化合物中的营养物质色氨酸。凯莎快速的 MAOA 基因迅速燃烧了两者，所以她自然渴望能迅速补充它们的食物——碳水化合物。我之前说过，她离目标已经非常近了！唯一的问题是，她选择了错误的碳水化合物，并且没有与其他正确的食物保持一个平衡的状态。她需要选择对身体影响更慢的碳水化合物（富含大量纤维的复杂碳水化合物），并将其与蛋白质和健康脂肪保持在一个平衡的状态。这样的饮食会使她的快速 MAOA 基因降至正常水平，没有更多的渴望，没有更多的坐过山车似的感觉，而且体重不再增加。

对话的最后，我与凯莎探讨了解决压力的不同方法。人们通常认为，缓解压力是一件感性的事情，这与科学和生物化学的艰巨任务不同。

不是这样的！压力是你的身体所感知的最有力的生物化学体验之一。控制压力是你可以为自己的基因、整体健康状况以及自己做的最好的事情之一。当你保持平静时，基因会以一种方式起作用，而当你感受到压力时，它们会以另一种方式起作用。这就是为什么减少压力是你的首要任务。

与凯莎的约会结束后，我与马库斯见了面。他的个人资料表明，他天生带有肮脏的 MAOA 基因，而且行动比较缓慢。这导致他经常因脾气暴躁而挣扎，在短短几秒钟内就能从相对平静的状态变成完全发疯的状态。他经常发现自己急躁、焦虑、容易受到惊吓。

从马库斯的角度来看，愤怒不是最大的问题。他向我说道："坦率地讲，如果换作是你，若这些事情发生在你身上，你也会发疯的。"真正让他担心的是，一旦他感到烦躁，就需要花几个小时才能让自己冷静下来。有时候，他根本无法冷静下来，整天都感觉到像被枪杀一样。

除了愤怒本身之外，马库斯也不喜欢失控的感觉。他告诉我说："我不喜欢这样的自己，这确实让我付出了代价。"

与凯莎一样，问题不存在于马库斯的意志力或精神控制方面，而这一切的根源正是在他的基因里。肮脏的慢速 MAOA 基因让他将压力神经递质从体内移出的速度比正常人更加缓慢。如果有什么让他不高兴的话，他会像我们所有人一样感觉到多巴胺和去甲肾上腺素的飙升。但是干净的 MAOA 基因可以将那些压力神经递质迅速移出身体，我们会感到生气、紧张或兴奋，然后克服它们。马库斯缓慢的 MAOA 基因造成这些神经递质从体内移出的速度变慢，这使他很难保持平静。就像在第六章中的马戈一样，由于缓慢的 COMT 基因，她在一天的辛苦工作之后很难保持平静。

缓慢的 MAOA 基因也有一些好处。马库斯大脑中的多巴胺和去甲肾上腺素含量很高，这意味着他可以随时准备应对任何挑战。但是这些高水平也使他脾气暴躁和易怒，脾气经常不受控制，体内的生化反应使他无法冷静下来。

当我向马库斯解释这一切的时候，我可以看到他眼里的一丝希望。他说："没错。我就知道！就是这种感觉，就像有什么东西无法让我平静下来一样。这对我来说就意味着全世界。现在，我们该怎么办呢？"

我告诉他，我还没有说完。我解释道，令马库斯感到更糟糕的是，他的 MAOA 基因处理血清素的速度太慢。

第一反应，你会认为这是一件好事，对吗？你可能会猜想，马库斯的血清素含量水平一直很高，所以他时刻都感到乐观、镇定和自信。但很遗憾地告诉你，事实并非如此。血清素含量偏低确实会让你感到沮丧和缺乏自信，就像凯莎经常感到的那样。但是，高血清素会使你感到焦虑和烦躁。正如凯莎体内的快速 MAOA 基因使其在系统中保留很少的血清素一样，马库斯慢速的 MAOA 基因在其体内也形成了过多的血清素。

同凯莎一样，改变饮食是第一步。马库斯也需要一份富含均衡蛋白质的早餐，并且需要全天限制碳水化合物和糖分的摄入量。这些“高能量”食品往往会导致能量水平猛增，然后使人崩溃，紧张的神经递质随之而来，就像乘坐过山车一样。由于马库斯的压力神经递质移出身体的速度太慢，因此他不需要增加糖或高碳水化合物来使问题恶化。

马库斯承认，零食也会使他的血糖失衡，从而导致压力神经递质的水平也失衡。我建议他在两餐之间停止进食，而应在早餐、午餐和晚餐时摄入所有必需的健康食品。

我还建议马库斯缓解压力，以减少 MAOA 基因必须做的工作。毕竟，压力越大，大脑释放的多巴胺和去甲肾上腺素就会越多。

最后，我告诉马库斯，当他感到压力时，要保证有充足的睡眠。如果缺乏睡眠，我们的情绪就会变得更加活跃。我希望他在晚上 11 点之前入睡，并在睡觉前禁止使用电子设备。这些明亮的屏幕会干扰人体褪黑素的产生，而且发出的蓝光会使大脑误以为是日光。马库斯缓慢的 MAOA 基因意味着充足的压力神经递质可以使他保持清醒。如果我们能帮助他冷静下来并尽快入睡，那么他会是闪闪发光的，因为过量的血清素会变成褪黑素，这会让他保持睡眠状态。

MAOA 基因如何运作

好吧，接下来该我坦白了。我有一个肮脏的 MAOA 基因，而且我的儿子也是如此！我非常喜欢碳水化合物，尤其是糖类。我曾经一次吃掉半加仑（约为1.9升）的冰激凌。我承认了吗？是的。没错！

那么，你认为我拥有哪种类型肮脏的MAOA基因呢？快速还是慢速？

我渴望碳水化合物。这是一个线索。我的MAOA基因像凯莎的一样快，这使我容易陷入对碳水化合物的暴饮暴食中。

我的经历使我知道，凯莎和你一样，都可以克服肮脏的MAOA基因带来的影响，而这种补救措施与意志力无关，一切都与平衡有关。当我彻底改变饮食习惯，开始吃高蛋白的早餐，并确保全天摄取足够的蛋白质时，我对碳水化合物的渴望就开始消退。我意识到我必须快速戒掉糖类食物，否则我的渴望就会迅速回升。但是，摄入足够的蛋白质会使这种转变容易得多。

当感到压力时，我确实再次感受到了那些渴望。但是现在我有了掌控它们的方法。我需要迅速了解发生的事情并停止催促自己，或者找到减少压力的方法，例如散步或冥想。当这样做时，我的渴望又消失了。

对MAOA基因较慢的人来说，情况也是相似的。吃适量的蛋白质，减少糖的摄入，并监测压力水平，这三个方法可以带来巨大的变化，这令人感到惊讶。此外，MAOA基因较慢的人可能需要在晚上吃得清淡一些，以免他们的系统中充满大量压力神经递质而导致无法入睡。

MAOA 基因简介

MAOA 基因的主要功能

MAOA 基因编码合成 MAOA 酶，该酶可以处理两种关键的压力神经递质——多巴胺和去甲肾上腺素。这两种神经递质都可以使你的身体从压力中恢复过来。MAOA 基因还可以加工血清素，这是一种可以使你感到镇定和乐观的神经递质。

肮脏 MAOA 基因的影响

肮脏 MAOA 基因会使你产生巨大的情绪波动，特别是如果你带有天生肮脏的 MTHFR 或 COMT 基因。这三个天生肮脏基因的组合可以为你提供巨大的精力和专注力，但也可能使你难以控制自己的脾气或摆脱恼怒的情绪。

慢速 MAOA 基因。慢速 MAOA 基因消除去甲肾上腺素、多巴胺和血清素的速度比平常要慢，这可能会导致你过度摄取这些神经递质。

快速 MAOA 基因。快速 MAOA 基因会过快地消除去甲肾上腺素、多巴胺和血清素，从而使你的身体缺乏这些重要的神经递质。

MAOA 基因变脏的迹象

慢速 MAOA 基因。常见的症状包括入睡困难、过度的惊恐反射、头痛、烦躁不安、情绪波动、长期焦虑、愤怒或攻击性行为，以及放松或平静困难。

快速 MAOA 基因。常见的症状包括酗酒或易成瘾、多动症、对碳水化合物和糖的渴望、沮丧、难以入睡、疲劳和情感冷漠。

8. 情绪波动与对碳水化合物的渴望

肮脏 MAOA 基因的潜在优势

慢速 MAOA 基因。当没有压力时，你可以变得机敏、专心、开朗、精力充沛、专注、富有成效和自信。

快速 MAOA 基因。当感到压力时，你会更有能力让自己冷静下来。通常来说，你会更加放松和随和。

认识肮脏的 MAOA 基因

阅读“净化清单一”可以使你对是否有肮脏的 MAOA 基因有所了解。但是，如果你需要一些更具体的问题来了解更多，请看看以下内容。

☐ 我被诊断出患有多动症。

☐ 我的家庭成员中有许多人患有严重的抑郁症。

☐ 我的家庭成员中有人酗酒。

☐ 我沉迷于碳水化合物。

☐ 当我摄入更多的蛋白质时，我可以做得更好。

☐ 当我感到压力时，我会呼吸加快。

☐ 我常常变得具有攻击性。

☐ 我常常需要一段时间才能平静下来。

☐ 我可以专注很长时间。

与肮脏的 MAOA 基因相关的疾病

无论 MAOA 基因是快速还是慢速的，它都会给你带来许多健康问题。请注意以下的神经系统疾病或情感性疾病。你会患有以下疾病是因为你的 MAOA 基因参与了神经递质的处理，[2] 而神经递质是一种可以促使大脑内外交流的生化物质。

- 对酒精、尼古丁等上瘾
- 多动症
- 阿尔茨海默病
- 反社会人格障碍
- 焦虑
- 自闭症
- 躁郁症
- 抑郁症
- 纤维肌痛
- 肠道易激综合征
- 偏头痛
- 强迫症
- 恐慌症
- 帕金森病
- 精神分裂症
- 季节性情绪失调

头发花白（一）

你见过一个承受巨大压力的人，在几天之内头发花白或者完全变白吗？这是真实的事情，它是由过氧化氢引起的。过氧化氢不是外部施加的，而是由人体内部产生的。

正如我们看到的那样，在承受压力时，身体会产生大量去甲肾上腺素和多巴胺。MAOA 基因需要将其从系统中删除，而该过程的自然副产物是过氧化氢。另外，谷胱甘肽（人体的主要排毒化合物）可以去除这种副产物。

如果极端的压力持续存在，那么 MAOA 基因会尽可能快地消除过多的压力神经递质（如果需要，它可以将工作效率提高三倍），同时会产生过多的过氧化氢。谷胱甘肽试图跟上这种速度，但可能做不到；这不是一种容易产生的化合物，最终身体将耗尽它。最后，多余的过氧化氢会释放出来并使头发变灰，或者如果持续存在强烈的压力，则最终会导致头发完全变白。

我希望这只是一个影响美观方面的问题，但事实并非如此。过氧化氢含量超标远不止影响头发的颜色这么简单，它还会对你的大脑产生危害，通常会导致行为方面的问题，例如情绪不稳定、记忆力衰退、烦躁和攻击性。它甚至可能导致神经系统疾病，[3] 例如肌萎缩性侧索硬化症、帕金森病或阿尔茨海默病等。

换句话说，压力是一个很严肃的问题。弄清楚如何减少它并减轻它对健康的影响，与获取全部维生素或减少毒素接触对你的健康来说同样重要，特别是如果你的 MAOA 基因较脏的话。

盗取色氨酸

为什么在承受压力的时候，你非常渴望碳水化合物和糖类?原因有很多种，但是我们现在集中讨论的是与 MAOA 基因相关的原因。

正如我们之前提到的，你体内的 MAOA 酶会产生血清素。因此，它需要色氨酸，而色氨酸主要来自碳水化合物。事实上，蛋白质中也有一些色氨酸，但是蛋白质中的色氨酸不容易进入大脑。人们常常将让他们饭后感到无精打采的色氨酸归咎于度假中吃的火鸡，但事实上这是一个神话故事。感恩节的大多数色氨酸实际上来自所吃的碳水化合物，例如地瓜和馅料，是的，它的确可以使你昏昏欲睡!

这就是色氨酸如此复杂的原因：它可以参与两种途径。你越平静，身体感染炎症的机会越少，你的色氨酸就越多地用于制造血清素。你承受的压力越大或炎症越多，你的色氨酸就越多地用于制造喹啉酸（一种对你的大脑有害的物质)。换句话说，压力会偷走你体内的色氨酸。

这就是为什么如果你承受着很大的压力，或正在面对慢性炎症，或患有慢性疾病（这种疾病被定义为是压力性和炎症性的），你就会渴望碳水化合物。你的色氨酸被盗取得如此之快，以至于MAOA基因即使出生时很干净，也会变得很脏。

请记住，问题不仅仅是色氨酸。当你体内的色氨酸含量水平下降时，血清素水平也会下降。突然，你会感到沮丧，就像凯莎一样，开始吃一些巧克力和碳水化合物。随着血清素水平的进一步下降，你的血清素含量不足以产生褪黑素，导致你无法入睡。这些是不是听起来有点儿熟悉？

防止色氨酸被盗的关键是，识别压力源，并减少一切可能造成慢性疾病的炎症。

MAOA基因变脏的原因

慢速MAOA基因

- 色氨酸过多
- 核黄素/维生素 B_2 含量太少

快速MAOA基因

- 色氨酸太少
- 核黄素/维生素 B_2 含量过多

两种类型的 MAOA 基因

- 谷胱甘肽含量太少
- 慢性压力

  - 身体压力，例如血糖失衡、感染、酵母菌过度生长、小肠细菌过度生长、肠漏综合征或其他任何会给身体带来持续压力的问题，包括呼吸不当（例如，在集中注意力时屏住呼吸或浅呼吸，而不是深深地从腹部呼吸）

  - 情绪压力，例如在工作、家庭或个人生活中持续产生的压力

慢性炎症

- 来自饮食——摄取过多的食物或者过敏及不耐受的食物
- 来自长期的身体或精神压力
- 来自慢性病——例如肥胖 / 超重、心血管疾病、糖尿病、自身免疫性疾病和癌症等，这些疾病都会引起炎症并使之恶化

MAO 抑制剂：小小的创可贴

在美国，有数百万人时常感到沮丧。他们每年花费数十亿美元，试图寻找可以治疗抑郁症的药物。我要告诉你的是，抑郁症是一种复杂的疾病，尽管有研究表明，神经递质失衡与抑郁症有关，但责任并不在于单一的神经递质。制药公司已经对 MAOA 酶进行了上千次研究，制造了大量能减缓 MAOA 基因速度的药物，以使大脑中的

血清素保持更长的时间，从而帮助人们从抑郁症中康复。

那么效果如何呢？对大多数人而言，情况并非如此。抑郁症背后的真正问题是炎症和压力。抑郁症并不单单是血清素缺乏症，而是一种健康缺陷。慢性病也会导致抑郁症。

通过“净化基因的方法”，我们可以帮助你大大减轻压力和炎症。四周后，情绪就会朝着你想要的方向发展。

当然，在没有经过医生的允许时，不要停止服用 MAO 抑制剂或其他类型的抗抑郁药或抗焦虑药。如果你突然停止或者逐渐减少服用该药物，则可能会遇到更多严重的问题。

保持 MAOA 基因健康的关键营养元素

为了维持 MAOA 基因正常运行，你需要两种化合物：核黄素和色氨酸。[4]

富含核黄素 / 维生素 B_2 的食物：肝脏、羊肉、蘑菇、菠菜、杏仁、野生三文鱼、鸡蛋。

富含色氨酸的食物：菠菜、紫菜、蘑菇、南瓜籽、萝卜叶、红莴苣、芦笋。

再强调一次，我建议你在饮食中增加这些食物的摄入量，而不是服用补品营养品。与其他形式的营养品相比，新鲜的、天然的食物更能给你带来快乐。请记住，尽管在蛋白质中也存在色氨酸，但它却不如从碳水化合物中获得的色氨酸更容易让人体吸收。

充分利用 MAOA 基因

你是否还记得，在第六章中，马戈与布莱克是如何意识到自我认知是管理肮脏 COMT 基因的关键所在的呢？

同样，自我认知也是管理肮脏 MAOA 基因的关键。无论你的 MAOA 基因是快速还是慢速的，你都需要注意某些警告信号，这代表着你的基因要求放慢速度并给它提供更多支持。

我们每个人都有属于自己的独特的警告信号，尽管有时可能需要做一些工作才能识别它们。我请凯莎和马库斯确定他们的警告信号，以下是他们的表现。他们的警告信号是否像你的警告信号一样？或者你会列出一份不同的清单吗？

凯莎的警告信号（快速 MAOA 基因）

- 我想吃巧克力。
- 我梦到了糖果。
- 我又开始感到抑郁。
- 我在半夜再次醒来，需要吃一些点心才能入睡。我对此感到十分疲倦，只想尽快入睡并保持一个好的睡眠！

马库斯的警告信号（慢速 MAOA 基因）

- 我又一次凝视着天花板，无法入睡。
- 我发现自己对任何事情都提不起兴趣。当我回家后，孩子在说笑打闹，妻子正在打电话，这都是小事。如果我对任何事情都不满意，那是一个不好的信号。
- 我不能平静下来。这一切仿佛都在告诉我，由于饮食不正确、睡眠不足或承受压力，我把所有事情都搞砸了。
- 我又头疼了，已经持续很久。我希望能够在下一次头疼之前识别出警告信号。
- 我经常屏住呼吸，或者呼吸很浅。例如，当我集中精力认真努力工作的时候。

在建立自我意识的同时，你将开始发现可以做一些事情来打破压力状态并停止对碳水化合物的渴望。

对凯莎来说，建议每顿饭摄入蛋白质，而且在工作的间歇吃一些高蛋白的小吃，例如南瓜籽、一两片火鸡肉、一些鹰嘴豆泥和胡萝卜。我不建议她经常吃零食，但是如果一定要吃零食，那么富含蛋白质的食物比甜的或富含淀粉的食物要好一些。在晚餐时，她开始摄入一些富含色氨酸的食物，这可以为她提供急需的血清素和褪黑素。

凯莎在净化自己的基因时，还发现自己从未真正尝试过减肥。在接受“净化基因的方法”之前，凯莎一直计划着减肥，这是一项巨大的工程，需要强大的意志力。但是一个月之后，她发现自己失败了。

“自从我采用这些方法以来，我的渴望就下降了，但是起初我并没有注意到它。一天，我的一个同事告诉我：‘你看起来更加乐观，而且变得苗条了！’这真的是一个惊喜。”

这是怎么发生的呢？首先，凯莎在每顿饭中都吃蛋白质，并不是等到饿的时候才吃。这使她不再渴望碳水化合物和糖类，从而使自己保持血糖稳定以及高效的新陈代谢，并且这也改善了她的心情。最终，她的细胞获得了燃烧所需的全部能量，这也改善了她的新陈代谢。凯莎既可以吃饱，又没有暴饮暴食，她为自己的体重达到最佳状态而激动不已！

在了解色氨酸盗取后，凯莎学习了一些释放压力的方法，包括深呼吸、听音乐和离开压力现场。（当事情变得很糟糕时，说一句“对不起，我需要去个洗手间”真是个减压的好方法！）

当发现自己变得烦躁时，尤其是在家里，马库斯会习惯于离开现场。现在，他知道由于基因问题，自己很容易受到刺激，因此必须学会控制自己愤怒的情绪。他会出去轻快地走五分钟，或者去另一个房间看看窗外，这为他充电和重新投入工作提供了帮助。他还特别注意自己的情绪、呼吸和身体。

“我发现在工作中遇到压力时，必须特别注意饮食和呼吸，”他告诉我，“度假时，我会感觉到放松很多，所以我可以少吃一点，而且感觉也还不错。”

“净化基因的方法”如何支持你的 MAOA 基因

饮食

均衡的饮食有助于保持神经递质平衡。确保每次进食都含有蛋白质、健康的碳水化合物和健康的脂肪是关键。不要说：“我吃了高蛋白的午餐，所以晚餐我可以只吃些糙米饭。”你需要平衡每一顿饭，但是这并不意味着比例必须始终保持相同。例如，一顿饭可能含有较多的蛋白质、少量的碳水化合物和少量的脂肪，而下一顿饭可能含有低蛋白质、低碳水化合物和高脂肪。要限制糖和加工食品的摄入量，并确保不要过量食用，否则会造成血糖紊乱并引发情绪异常。

化学制品

正如我们看到的那样，当你承受压力时，MAOA 基因会产生大量的过氧化氢。这会耗尽谷胱甘肽，并意味着你要尽可能地保护自己免受重金属和化学物质的侵害。根据“净化基因的方法”，我们将帮助你缓解压力，从而节省谷胱甘肽。

压力

色氨酸的盗窃是真实存在的事情。不要让自己成为它的受害者。通过减轻压力，你可以将色氨酸转变为让人感觉良好的血清素和有利于睡眠的褪黑素，而不是将其转化为对大脑有害的喹啉酸。你需要确定哪种减压方法最适合你。

对我来说，本章结束了，我要和妻子与孩子们一起去森林里远足。

9
排毒困境

当我与梅根第一次见面时，她举步维艰。

“我家人都认为我太敏感了，”她告诉我，“我的孩子一直在取笑我，而我的丈夫则向我翻白眼。因为最微不足道的事情似乎也会使我恶心。当从干洗店拿回来我的衣服时，我可以闻到化学物质的味道。实际上，我已经放弃了买需要干洗的衣服，但是上周我的丈夫在和我一起去参加婚礼之前把自己的衣服拿去干洗了，我几乎不敢跟他一起坐车。汽车中就像充满了烟雾！”

我问梅根，还有什么其他东西会引起她如此强烈的反响。她向我做了个鬼脸，问道：“你还有多少时间？”然后列出了一个长长的清单，其中包括空气清新剂、烘干纸、喷雾清洁剂、香水、洗发水、肥皂、油漆、农药、汽车尾气、新沥青、除草剂……

她感叹道：“无论走到哪里，我都无法摆脱化学制品的侵袭。而且甚至一个小小的碰触也会刺激我。我可怜的丈夫不能使用须后水，更不用说古龙水。我为家里所有人，甚至为孩子们购买了无香的洗发水和肥皂，我的大女儿对此感到不满甚至埋怨我。当我们去看望我的妈妈或姨妈，而她们正在点着蜡烛时，我就需要非常小心！”

突然，梅根的眼中充满了泪水。

“我对他们来说就是一个负担，”她黯然地说道，“他们不仅厌倦了我‘监控气味’，而且总是觉得我在胡编乱造。但只有我自己知道发生了什么事情。我处在这种状态里面已经很长时间了！我的皮肤粗糙、发红、发痒，这实在太恶心了。我知道当闻到一些带气味的东西时情况会变得更糟糕。我头疼，感觉很晕。我感到呼吸困难。而且我不知道这些现象是否相关，但是只有当我认为自己终于可以减肥时，我才不会这样。”

梅根坚定地看着我。“干净、新鲜的空气，我要的就是这些，”她说道，“为什么我们需要化学物质？！”

GST/GPX：排毒伴侣

GST/GPX 这两种帮助身体排毒的基因以相似的方式变脏，并且可以通过相似的方式保持清洁。两者对于清除系统中有问题的化合物至关重要！因为两者关系紧密，我也不能在不引入另一个的情况下进行讨论，因此本章将两者结合在一起进行分析。

GST/GPX 基因如何运作

现在请回想第一章中提到的我的一个病人凯莉，她的眼睛一直流泪，鼻子不停地流鼻涕，此时你看到了肮脏的 GST/GPX 基因会对人们产生什么影响。梅根对于化学制品释放出的烟雾具有超级灵敏的嗅觉和强烈的反应，这是另外一个例子。肮脏的 GST/GPX 基因，不管是天生肮脏还是后天变脏的，都很难处理！如果你认为自己也是如此，那么让我大声而且清楚地告诉你：你不是在编故事！你正在与天生肮脏或后天变脏的基因做斗争，它是可以帮助人体控制谷胱甘肽的基因之一，而谷胱甘肽是我们在前面几章中讲到的一种强大的生化物质。

当体内的谷胱甘肽处在一个合适的水平时，你就可以进入受保护的世界。你的免疫系统有强大的防御者，它是一种生物化学物质，可以阻止毒素和工业化学物质触发免疫反应。适量的谷胱甘肽可以帮助身体应对似乎越来越多地被工业化学品淹没的世界。

你每天都在接触工业化学制品和重金属，它们可能存在于室内空气、室外空气、食物、水以及绝大多数家用和办公产品——家具、复印机碳粉、地毯、床垫、炊具、清洁产品、个人护理产品（包括洗发水、乳液、化妆品）中，尤其是在塑料中分布广泛。例如，食物存放在罐子里的塑料内衬中，收银机打印的收据上面有一层塑料涂层，用塑料制品来储存和烹饪食物，用塑料瓶来装你的“干净的”和“过滤后的”纯净水。塑料几乎是无法避免的，并且每次当你与塑料接触时，都是在与有毒物质接触。

MTHFR 基因特性意味着我可以很快地将精力和热情从 0 迅速提高到 60，因此我尽量不屈服于我的脾气。但是当我想到倾倒在环境中如此多的化学物质时，我却无能为力：我发疯了，变成了战斗狂。

这样看起来，遗传多态性——SNPs——已经存在很长时间了。自然选择对它们进行了修改，因为它们帮助我们的祖先应对了各种不同的环境条件。

但是换个角度再考虑一下。我们忍受了多长时间的化学制品、加工食品、有害药物、高压力的工作、繁忙的上下班高峰期，以及超级病菌呢？

100 年？ 150 年？

但是，SNPs 存在的时间更长，很可能从人类生活在地球上的那一天起就有了。

到底发生了什么变化呢？人为什么会生病？我们的基因根本没有改变太多，因此肯定是我们的环境、生活方式和食物发生了变化。

现在，请不要误解：我们周围存在的化学制品伤害了每个人。如果你长时间或大量接触工业化学品和重金属，则可能会大大增加罹患严重慢性疾病的风险。

但是，如果你出生时带有 GST/GPX 基因中的 SNPs，那么你将在生病前很久就可以感受到这些化学物质的作用。这样你就可以早一步开始净化环境并保护自己的身体健康。而且，如果你出生时干净的 GST/GPX 基因变得肮脏不堪，那又是一项有力的提醒，请你采取一些行动。因为今天看起来像是轻微症状，明天就可能会变成主要症状。这一点儿都不好玩。

GST / GPX 基因简介

GST 基因的主要功能

GST 基因编码合成 GST 酶，其主要作用是帮助身体将谷胱甘肽（人体的主要排毒剂）转移到已渗透进体内的异源生物素（有害的环境化合物，例如农药、除草剂和重金属等），从而使你能够将它们排出体外。如果不能消除它们，那么这些化学物质会损害你的 DNA、细胞膜、线粒体、酶和蛋白质。

肮脏 GST 基因的影响

如果 GST 基因变脏了，你的身体将无法把谷胱甘肽与异源生物素结合在一起。假如你经常接触大量化学制品，这将是一个特别严重的问题。

GST 基因变脏的迹象

常见的症状包括对化学物质的过敏（会引起眼球充血、流鼻涕、眼睛流泪、咳嗽、打喷嚏、疲劳、偏头痛、皮疹、荨麻疹、消化不良、焦虑症、抑郁症和脑雾等反应），炎症增加，[1] 血压升高和超重 / 肥胖。[2]

肮脏 GST 基因的潜在优势

尽管每个人都不可避免地容易受到工业化学制品的侵害，但是不断增加的脆弱性使你可以更快地意识到问题所在，并为保护健康提供动力。由于 GST 基因无法轻松清除系统中的这些化学物质，因此你对化学疗法的反应也会更好。

GPX 基因的主要功能

GPX 基因编码合成 GPX 酶，该酶有助于促进谷胱甘肽与过氧化氢的结合（过氧化氢是体内压力反应的副产物），从而将其转化为水排出体外。

肮脏 GPX 基因的影响

由于肮脏的 GPX 基因，你将无法有效地利用谷胱甘肽将过氧化氢转化为水。而过量的过氧化氢会损坏你的甲基化循环过程。

GPX 基因变脏的迹象

常见的症状包括少白头、情绪不稳定、慢性疲劳、记忆力差、易怒和具有攻击性。

肮脏 GPX 基因的潜在优势

你越来越容易受到过量的过氧化氢的影响，这使你可以更快地意识到问题所在，并更有动力去做一些事情。

头发花白（二）

正如我们在上一章中讲的那样，当 MAOA 基因去除体内的压力神经递质时，人体会产生过氧化氢。你承受的压力越大，身体产生的过氧化氢就越多。过量的过氧化氢会损伤头发并使其变色。[3]

幸运的是，GPX 基因可以利用谷胱甘肽将过氧化氢转化为无毒害的水。如果缺乏足够的谷胱甘肽，你将面临各种潜在的伤害，不仅损伤头发，而且对大脑也有坏处。

因此，你不应该让 GPX 基因负担过重进而弄脏它。这就是为什么缓解压力变得如此重要：压力越大，释放的过氧化氢越多，你所需的谷胱甘肽就越多。

这也是为什么饮食如此重要。在重压之下，我们大多数人倾向于摄入碳水化合物、高脂肪食品和糖类，所有这些物质都将进一步消耗谷胱甘肽。

假如一直处在恶性循环中会怎么样呢？压力会增加过氧化氢的含量，促使你非常渴望碳水化合物，而碳水化合物会进一步增强它。压力和碳水化合物会迅速消耗谷胱甘肽。不幸的是，它们并不是你唯一的威胁因素。

当你感染任何类型的病毒、细菌、霉菌、酵母菌或寄生虫后，问题将会变得更加紧迫。那时，你的免疫系统会为之奋斗，而抵抗感染的武器之一就是过氧化氢。这意味着，每当你生病或患有慢性感染时，都会造成谷胱甘肽的大量损耗，从而使身体更容易受到伤害。

认识肮脏的 GST/GPX 基因

如果你浏览过“净化清单一”，那么你应该对自己的 GST/GPX 基因是否肮脏有了认识。但是，还有其他一些问题可以帮助你弄清楚。

☐ 我现在或曾经患有不孕不育症。

☐ 我对化学物质和气味很敏感。

☐ 经过桑拿或剧烈运动出汗后，我感觉好一些。

☐ 即使我吃得健康，也很容易发胖。

☐ 癌症在我的家族中很普遍。

是的，癌症。我不是想吓唬你。事实上，我想让你像我一样，为净化肮脏的 GST/GPX 基因做些什么。因为如果不这样做，癌症就是一种潜在的后果。让我们一起竭尽所能阻止这种情况的发生。

与肮脏的 GST/GPX 基因相关的疾病

研究人员发现的与肮脏的 GST/GPX 基因相关的健康问题令人生畏。

- 阿尔茨海默病
- 肌萎缩性脊髓侧索硬化症
- 焦虑
- 自闭症
- 自身免疫性疾病（包括格雷夫斯病、桥本氏甲状腺炎、多发性硬化症、类风湿关节炎）
- 癌症
- 化学敏感性
- 慢性感染（例如肝炎、霉菌反应、巴尔二氏病、幽门螺杆菌感染和莱姆病）
- 克罗恩病
- 抑郁症
- 1 型和 2 型糖尿病
- 湿疹
- 疲劳
- 纤维肌痛
- 心脏病
- 高血压
- 听觉损耗
- 高半胱氨酸过剩
- 不孕

- 克山病（一种心脏病）
- 精神性疾病（包括重度抑郁症、躁郁症、精神分裂症和强迫症）
- 偏头痛
- 肥胖
- 帕金森病
- 妊娠并发症
- 银屑病
- 癫痫发作
- 中风
- 溃疡性结肠炎
- 视力丧失（并逐渐恶化）

GST 基因和你的微生物群系

GST 基因有多种类型，[4] 每种都有其独特的功能。它们主要存在于肠道和肝脏中，但是微生物群系也有自己的 GST 酶。事实上，微生物群系是体内消除异源生物，使你免受化学和氧化应激影响的关键因素。[5] 我们要将微生物群系视为 GST 酶的主要备份，并对其加以保护！

GST/GPX 基因变脏的原因

- 接触大量工业化学品、重金属、细菌毒素和塑料。你越减轻 GST/GPX 基因上的化学物质负担，赋予该基因最佳功能的机会就越大。
- 压力。在身体和精神的双重压力下，你体内的甲基化循环所消耗的成分比预期的要多，但功能却不尽如人意，这意味着身体缺少制造谷胱甘肽所需的原料。压力以惊人的速度弄脏所有基因，包括 GST/GPX。
- 甲基化循环中断。每当甲基化循环处于挣扎的边缘时，你就很难产生身体所需的全部谷胱甘肽。这给你的 GST/GPX 基因带来了很大的压力。
- 核黄素 / 维生素 B_2 含量不足。你的身体使用核黄素进行再生衰减，功能障碍的谷胱甘肽可以再生为具有完整功能的谷胱甘肽。如果没有摄入足够的富含核黄素的食物，那么谷胱甘肽的供应就无法跟上。缺乏功能性的、健康的谷胱甘肽，就无法从体内去除工业化学品或过氧化氢，而且 GST/GPX 基因必须更加努力地应对化学制品的侵蚀。
- 硒含量不足。为了使你的谷胱甘肽将过氧化氢转变成水，它需要硒。没有硒，GPX 酶就无法去除过氧化氢。
- 半胱氨酸含量不足。半胱氨酸是谷胱甘肽中的关键成分，存在于许多营养食品中，由高半胱氨酸制成。如你看到的那样，如果 GST/GPX 基因没有足够的谷胱甘肽可利用，那么它根本就无法发挥作用。

谷胱甘肽是身体的主要保护者

你或许听说过有关抗氧化剂的许多好处，也许你注意到我在上一章中提到谷胱甘肽是一种抗氧化剂。实际上，我在这里想告诉你的是，谷胱甘肽是你主要的抗氧化剂。那抗氧化剂是什么意思，为什么氧化是一件坏事呢？

这是一个好问题。首先，一句话给出答案——我们的身体燃烧氧气（作为燃料），这是一件好事，但是该过程会产生各种有害的化学物质。（这些有害化学物质之一是过氧化氢，它是由无害的谷胱甘肽释放的。）

其次，我们来讲一些更详细的答案。人体燃烧线粒体中的氧气，而线粒体是人体细胞的主要能量来源。通过此过程，线粒体产生了人体的主要能量载体三磷酸腺苷（ATP）。但是这一过程会产生许多有害的副产物，包括自由基。为了保护你免受这些副产物（我们所说的氧化应激源）的侵害，线粒体需要大量的谷胱甘肽。否则，它们会被损坏并且无法产生足够的 ATP。发生这种情况时，细胞就无法获得所需的能量，你会遇到无数状况。总而言之，谷胱甘肽对身体的整体功能至关重要。

猜猜还有什么会破坏谷胱甘肽的清除能力呢？炎症性食品，尤其是糖和不健康的脂肪，以及平时吃得太多的东西。暴饮暴食会导致体内产生一种叫作甲基乙二醛的炎症性化合物，在糖尿病患者、高蛋白饮食的人以及生酮饮食的人体内通常含量会升高。谷胱甘肽可以将甲基乙二醛转化为无害的乳酸来保护你。

谷胱甘肽和你的体重

身体系统中的工业化学制品、氧化压力和毒素越多，你的体重就越高。因此从这一角度上讲，净化体内的有毒物质可能会使你变得苗条。我有一些患者仅仅通过减少接触化学药品就减了 5~10 磅。人体内的生物化学过程错综复杂，但结论很简单：当你不增加基因的负担或不损耗谷胱甘肽的储备量时，你会发现更容易达到理想体重。[6]

这怎么可能呢？从细胞和基因的角度来考虑食物，食物就不是作为美味或满足感，而是燃料和工具。当线粒体能够充分燃烧摄入的卡路里，并将其作为燃料时，你将会达到理想体重。如果你的谷胱甘肽含量水平较低，线粒体也将无法很好地发挥作用。那么未燃烧的燃料又去了哪里呢？为线粒体提供所需的足够的谷胱甘肽，这样你就可以保持最佳体重。这是终生的伙伴关系。

谷胱甘肽和维生素 B_{12}

维生素 B_{12} 对于预防贫血，为细胞提供氧气和防止神经损伤至关重要。

但是仅仅消耗维生素 B_{12} 还不够。你还需要载体蛋白质将其转运到细胞中去，而谷胱甘肽则是帮助维生素 B_{12} 黏附到载体上的胶水。因此，如果你体内的谷胱甘肽含量低，则可以服用所有需要的维生素 B_{12} 营养品，它不会被运送到身体所需要的地方，导致维生素 B_{12} 缺乏的症状将继续存在。重申一次，谷胱甘肽是关键因素。

谷胱甘肽和甲基化循环

正如第五章中讲的那样，你的甲基化循环也取决于谷胱甘肽。一旦过氧化氢水平升高，重金属积累，甲基化循环就会停止。如果 GST/GPX 基因不干净，那么甲基化循环也不干净。谷胱甘肽是维持健康甲基化的关键因素。

谷胱甘肽和你的大脑

为了使大脑产生多巴胺和血清素，你需要使用谷胱甘肽。当谷胱甘肽水平下降时，制造这些重要神经递质的能力也会下降。难怪谷胱甘肽水平的低下与如此多的心理健康和神经系统疾病有关，包括重度抑郁症、躁郁症、药物成瘾、强迫症、自闭症、精神分裂症和阿尔茨海默病等。

谷胱甘肽和你的心脏

一氧化氮对健康的心脏和血管至关重要。当谷胱甘肽水平下降时，[7] 制造一氧化氮的能力就会下降，导致心脏和血管无法正常运行。因此，谷胱甘肽对心脏健康至关重要。

谷胱甘肽和免疫系统的关系

谷胱甘肽可以帮助免疫系统有效地抵抗感染。当谷胱甘肽水平降低时，人们通常会经历自身免疫性疾病，也就是说，他们的身体不是在抵抗感染，而是在抵抗自身。结果是发炎。简而言之，如果没有谷胱甘肽，你的免疫系统就无法有效地消除感染，导致发炎率很高。

此外，免疫系统就像心脏一样需要一氧化氮。它利用该化合物来抵抗感染。当谷胱甘肽含量水平降低时，人体产生可以抵抗感染一氧化氮的能力下降，从而使感染持续存在。

保持 GST/GPX 基因健康的关键营养元素

正如我们看到的那样，GST/GPX 基因的工作是将抗氧化剂谷胱甘肽转移到需要从体内清除的化学物质和化合物上面。

首先，为了产生这种抗氧化剂，你的身体需要半胱氨酸，半胱氨酸是许多人体内缺少的一种含硫氨基酸。富含半胱氨酸的食物有：红肉、葵花籽、鸡肉、火鸡肉、鸡蛋、西蓝花、白菜、菜花、芦笋、朝鲜蓟、洋葱。

其次，你还需要核黄素将受损的谷胱甘肽转变为即用型抗氧化剂，否则受损的谷胱甘肽仍然会恶化，并进一步损害你的细胞。[8]富含核黄素 / 维生素 B_2 的食物有：肝脏、羊肉、蘑菇、菠菜、杏仁、野生三文鱼、鸡蛋。

最后，GPX 基因需要硒，这是许多人体内缺乏的一种微量矿物质。富含硒的食物：巴西坚果[9]、金枪鱼、大比目鱼、沙丁鱼、牛肉、肝脏、鸡肉、糙米、鸡蛋。

平衡硫

你的身体需要大量的硫元素，硫可用于血液流动，维持关节健康、肠道壁修复以及消除激素和神经递质。你还需要硫元素来制造谷胱甘肽。硫的主要来源为食物中的蛋白质和十字花科蔬菜，包括富含半胱氨酸（上述含硫氨基酸）的食物。

不幸的是，有些人似乎不能很好地耐受硫。一个不友好的微生物群系可能是罪魁祸首，因为它会产生过多的硫化氢。如果你身上的味道闻起来像臭鸡蛋，腋窝、呼吸、大便和气体中都有硫黄味，那么你体内的硫化氢含量可能很高。（便溏是这种情况的另一常见现象，但并不是必然现象。）

假如发生了这种情况，请减少摄入高硫十字花科蔬菜（西蓝花、抱子甘蓝、卷心菜、菜花和羽衣甘蓝），并减少你正在服用的任何基于硫的补品，例如 MSM（甲基磺酰甲烷）或 NAC（N–乙酰基半胱氨酸）。请让医生为你进行全面的消化粪便分析，以了解你的微生物群系中正在发生什么。

不管是什么原因导致的硫不耐受，从饮食中消除硫并不是万能的。摄入低硫饮食的人一开始可能会有较好的感觉，但长远来看可能会患严重的硫缺乏症。

我有许多患者都难以平衡饮食中的硫。例如，珍妮特患有慢性头痛，头昏眼花，感到浑身疼痛，并会流鼻血，而且进食后感觉很难受。我查看了她的饮食和补品，发现她摄入了很多硫。她恰好遵循了高蛋白 GAPS（肠道和心理综合征）饮食。最重要的是，她正在服用 MSM 补品来治疗关节痛和肠道修复，并服用 NAC 补品来帮助提高体内较低的谷胱甘肽水平，这两者都使她体内的硫元素含量更高。

停止使用含硫营养品并减少蛋白质摄入量，可以降低她体内的硫含量并消除症状。但是两个月后，珍妮特又回来了。

“我觉得自己快饿死了，”她告诉我说，“我无法呼吸！我感到很沮丧，而且情况越来越糟。”

我告诉她，现在她体内的硫含量太低了。为了能够正常呼吸，她的肺需要足够的硫化氢，[10] 不能太多，也不能太少。

“你正在体验悠悠球效应，”我解释道，“你将自己的身体置于极端条件。而现在，你坚持低硫饮食的时间越长，谷胱甘肽的供应就会越少。那是因为身体会分解消耗谷胱甘肽，以吸收所需的额外的硫。因此，低硫饮食意味着你最终会缺乏硫和谷胱甘肽。”

我为珍妮特制订了一个新的饮食计划，并教她一种脉冲法则——你将在第十二章中学习到。脉冲法则使你能够确定何时需要继续服用补品，以及何时更改剂量或完全停止。

两天后，我听珍妮特说：“这是魔法，简直太神奇了。我可以呼吸了！我现在了解了脉冲法则，会密切关注自己的感觉，并根据需要调整营养品和饮食。我感到非常有力量。谢谢！再次感谢你！”

亚硫酸盐敏感性

亚硫酸盐是一种存在于食物中的天然硫化合物，由于其具有抗氧化和防腐性能而被添加到其他食物中（例如亚硫酸盐通常被添加到葡萄酒和干果中）。正如有些人不能忍受硫黄一样，许多人同样对亚硫酸盐过敏；对他们来说，亚硫酸盐是过敏原，必须完全避免。

无论一个人是否对亚硫酸盐过敏，都必须清除体内的亚硫酸盐。如果允许它们一直积累，则可能会导致包括哮喘在内的健康问题。

在这里提到另一个关键基因——SUOX（亚硫酸盐氧化酶）。它不是本书关注的重点基因，但因为它是排毒过程中的“合作者”，因此我们在这里对其进行简单介绍。SUOX 基因可以利用食物中的钼来消除体内的亚硫酸盐。

高蛋白饮食或者高硫元素营养品导致这一基因不堪重负。这就是珍妮特在高硫阶段发生的事情：她的 SUOX 基因不堪重负，身体中钼元素缺乏，导致亚硫酸盐含量上升。

充分利用 GST/GPX 基因

就像对凯莉一样，我希望梅根知道她有希望，而且充满希望。她绝不是注定要生活在皮疹、头痛和家人的嘲笑中。

我提醒梅根，她接触的异源生物素、自由基、活性氧种类、糖类、过量的脂肪和过量的蛋白质越多，就越需要谷胱甘肽。谷胱甘肽的产生和回收是一个非常艰巨的过程，需要许多基因和酶共同调控。因此，净化环境和饮食将为缓解她的症状以及净化其基因提供一个良好的开端。

我还提醒梅根，她的谷胱甘肽基因 GST/GPX 越脏，细胞的工作能力就越差。细胞功能低下导致她出现了一些慢性症状。

以下是梅根净化基因的一些方法，你也可以参考。你甚至不必等待“沉浸与净化”阶段，请直接开始。

- 多吃纤维。你的微生物群系偏爱纤维素！这些肠道菌群会吃掉自己身体无法消化的纤维，然后帮助你的身体排毒。纤维有助于产生解毒酶，并且还会与外源性物质相结合。[11] 纤维与这些化学物质结合后，就会将它们从粪便中排出。因此问题就解决了！需要注意的是，如果你患有小肠细菌过度生长，则不应该一开始就食用大量的纤维。你必须先解决小肠细菌过度生长这一问题。

高纤维食品

- 朝鲜蓟
- 牛油果
- 黑豆
- 黑莓
- 西蓝花
- 抱子甘蓝
- 奇亚籽（你可以将其撒在沙拉和蔬菜上，或放入酸奶中搅拌）
- 亚麻籽粉（你可以将其添加到燕麦、冰沙、酸奶和烘焙食品中）
- 小扁豆
- 利马豆
- 燕麦片（不含麸质）
- 梨
- 豌豆
- 覆盆子
- 去皮干豌豆

- 净化环境。每当你进食、喝水、呼吸或接触工业化学制品（包括塑料、农药、空气清新剂、干衣机、除草剂和汽车尾气）时，都会给身体增加额外的负担。你接触这些东西的机会越少，身体要做的排毒工作就越少，所需的谷胱甘肽也就越少，GST/GPX 基因的工作也就越容易。你不应该让任何 GST/GPX 基因劳累过度，尤其是那些本来就肮脏并且已经无法正常完成工作的 GST/GPX 基因。请始终遵守“净化基因的方法”，饮用过滤水，吃有机食品，清洁室内空气（尤其是在家中）并避免使用有毒产品。
- 评估霉菌环境。如果你正在努力解决许多症状，即便净化饮食、空气、水和化学制品后这些症状也不会消失，那么你可能需要检测家里、办公室、汽车中以及任何可能地方的霉菌含量。环境检查员可以帮助你进行此项评估。[12]
- 出汗。身体通过四种渠道排毒——呼吸、尿液、大便和汗水。你正常呼吸，并且呼吸正常，这就可以了。你正常补水，就会小便。你吃了大量的纤维，就会排便。现在，你需要每周至少两次大汗淋漓。从充满活力到超级放松，你有许多种选择：桑拿浴、泻盐浴、剧烈运动、热瑜伽、性爱。如果你走桑拿路线，请选择较低的温度，以便你可以在其中停留更长的时间并保持流汗。即便生活在像亚利桑那州这样的炎热气候中，这些也是必不可少的，除非你一直在外面并保持不停地出汗。因为有 GST/GPX 基因的 SNPs，所以你必须出汗，而且要出很多汗。

- 了解。知道你对化学物质敏感，那就避免接触化学物质。同时，要知道其他人可能并不像你那么敏感，这就是为什么他们不遵循你的建议或不相信关于化学物质如何影响你的说法。说服一个多疑的家人或朋友可能很棘手，但是第一步是要让自己相信。
- 种植西蓝花和萝卜苗。我提醒你——它们的味道很浓！但是，你将获得大量的谷胱甘肽。这是发芽类蔬菜的功能。在西蓝花出芽后的第三天食用，可以带来最大的功效。

正如凯莉净化 GST 基因取得成功一样，梅根也在享受清洁 GST/GPX 基因带来的健康方面的改善。她已经在减少接触有毒化学制品方面做了许多工作，但是在我的帮助下，她又发现了一些自己忽视的东西。

她没有做的是通过呼吸、小便、大便和出汗来帮助身体排毒。因此，她开始专注于正确呼吸、定期补水、多吃纤维以及每周两次桑拿浴。在第二次见面时她告诉我："我能感觉到毒素正在从体内流出。这种感觉非常好，也很放松！"

梅根还根据"净化基因的方法"中的内容，在生活中获得了更多的支持，尤其是改善睡眠，减轻和缓解压力。这些关键步骤有助于支持整个身体系统，减轻所有基因的负担，并使肮脏的 GST/GPX

基因发挥最大的功能。

还记得吗？我告诉过你，大多数意大利人的MTHFR基因很脏，但是却没有任何症状，而且也不需要摄入营养品或药物。对GST/GPX基因较脏的人来说，这也是可能的——只要饮食健康，进行正确的运动，享受深度睡眠，尽可能避免毒素接触，以及减轻或缓解压力。这是我所遵循的方法，也是我家人遵循的方法。我们证明它确实可以减轻肮脏基因造成的负担。凯莉和梅根也通过这一方法成功了，我相信你一定也可以。

“净化基因的方法”如何支持你的GST/GPX基因

饮食

你将可以保持纤维素、硫和核黄素 / 维生素 B_2 的平衡，这将支持你体内谷胱甘肽的储存以及GST/GPX基因的功能。摄入健康的脂肪，并“删除”加工后的碳水化合物、糖类和不健康的脂肪，这些物质会引发多种谷胱甘肽问题，并给GPX基因造成负担。此外，摄入适量的蛋白质，而不是让基因和身体的负担过重。

化学制品

避免使用工业化学制品将减轻基因和谷胱甘肽储存量的负担。你将进行呼吸、出汗、撒尿和排便，这些也会对此有所帮助。

9. 排毒困境

压力

缓解压力可以减轻 MAOA 基因的负担，从而使人体产生较少的过氧化氢，进而减轻 GPX 基因的负担。识别并消除感染也可以大大减少过氧化氢的产生，并减少 GPX 基因承担的工作。

10
心脏问题

鲁迪是个高个子，曾经在建筑行业工作。由于受伤，他提早退休，并且发现自己的身体不再像以前那样活跃，血压开始慢慢上升。尽管这些年来他偶尔也会发生偏头痛，但现在几乎每周都会出现一次。

鲁迪体内有一个肮脏的NOS3基因，这是一个经常与心血管疾病和偏头痛相关的基因。就像我们在第一章中提到的贾马尔一样。鲁迪对此特别担心，因为心脏病在他的家族成员中很常见：他的祖父死于心脏病发作，父亲因高血压而饱受折磨，一个叔叔死于中风。

我向鲁迪保证，我们可以通过净化他的基因，尤其是NOS3基因，来扭转这种显著的“遗传命运”。NOS3是负责产生一氧化氮的关键基因，一氧化氮可以维持血管扩张。但是，当NOS3基因变脏时，它不会像本来那样高效地产生一氧化氮，导致血管变得狭窄，无法正常输送本应该流经血液的氧气。

“你试着这样想，”我告诉鲁迪，“细胞需要像你一样呼吸，否则它们大多数都会死亡。你体内的血液循环系统将血液和氧气输送到所有的细胞中。因此，如果你的血管收缩，那么细胞将无法获得足够的血液或氧气，从而无法呼吸。”

鲁迪点点头。

“好吧，”我继续说道，“即使你安静地坐着休息，你的心脏也会一点一点地消耗身体任何部位的氧气。那么，如果你的心脏细胞无法呼吸会怎么样呢？假如没有它们需要的氧气，许多细胞就会死亡。如果大量细胞死亡，你可能会出现心绞痛，甚至心脏病发作。”

我继续解释道，体内第二大的氧气使用者是大脑。如果你的脑细胞无法获取足够的氧气，它们也将无法呼吸。如果过多的脑细胞死亡，你可能会出现偏头痛，在严重的情况下甚至可能会导致脑损伤。

“最重要的是，”我对鲁迪说道，“现在你的血管没有适当地扩张，因此它们无法输送足够的血液，这意味着它们也无法输送足够的氧气。这就是我们必须要扭转的情况。”[1]

鲁迪一直在密切关注我，但我还没有讲完。

“现在，一氧化氮含量偏低会导致的另一个现象是，在紧急情况下会帮助血凝块的血小板变得‘黏稠’。当血液经过动脉时，你希望它能够顺畅流动。如果血液中的血小板开始黏在一起，那么当不需要凝结时它们就会形成凝块。通常这是一个缓慢而隐秘的过程，但这就是导致你叔叔中风的原因。”

鲁迪仍在听我说话，但他看上去瑟瑟发抖。

“我现在是在告诉你，如果不净化基因会发生什么状况，”我提醒他，“但是请放心，我们将对你的 NOS3 基因进行净化。同时我还想让你了解一件事情。NOS3 基因变脏就意味着你形成新血管的速度很慢。“形成”的科学术语是“血管生成”。[2] 如果你没有健康的血管生成，[3] 并且同时受伤了（例如割伤或很深的划伤），你的身体将难以制造出多余的血管来运送营养和氧气，而这恰恰是伤口修复所需的。因此，你的伤口将愈合得更加缓慢。”

鲁迪再次点点头。他说：“我确实在工作中遭遇到了严重的伤痕和刮伤，而医生告诉我，我需要比平常人更长的时间才能治愈。”

“有道理，”我说道，“但是请记住，我们可以扭转这一切。”

鲁迪问：“我的高血压呢？它们之间有什么关系呢？”

“当你的血管不能正常扩张时，流过它们的血液使血管壁的压力更大，”我解释道，“即便你的身体还不错，也可能发生这种情况。这种情况被称为原发性高血压。[4] 在退休之前，当你比较活跃的时候，你可以吸入更多的氧气，这样即使在 NOS3 基因变脏的情况下也有助于保持血管扩张。现在你不像以前那么活跃，肮脏的 NOS3 基因就可以发挥作用了。”

正如鲁迪了解的那样，肮脏的 NOS3 基因是一个很好的例子，说明了解肮脏的基因很重要，并且了解如何支持它们更加重要。是的，如果你有心脑血管疾病的遗传倾向，它可能会危及生命，但事实上并不一定如此。正确的饮食、营养品和生活方式可以改变这一切。

NOS3 基因如何运作

就像我们看到的那样，NOS3 基因可以使你的心脏和整个循环系统保持健康状态，这会影响为该循环系统服务的所有器官。它是一个非常关键的东西。

有趣的是，抑郁是医生用来评估你是否患有心血管疾病的一个独立风险因素。[5] 这是因为，抑郁症通常伴随着低水平的多巴胺和血清素。你可能还记得，多巴胺是一种神经递质，它可以使你精神振奋，时刻准备好迎接挑战，并使你享受坐过山车或坠入爱河之类的刺激。血清素也是一种神经递质，可帮助你保持乐观、沉稳和自信。

化学制品是导致 NOS3 基因变脏的主要因素。尽管目前我们可能无法感觉到化学物质对循环系统的影响，但可以感觉到它对情绪差异的影响。下次你接触任何种类的化学制品时，请注意感受它是否会影响你的情绪。如果是，就说明你正在见证 NOS3 基因与大脑化学物质之间的相互作用。我们将在本章后面探讨为什么会发生这种情况。

NOS3 基因简介

NOS3 基因的主要功能

NOS3 基因调控一氧化氮的产生过程，一氧化氮是维持心脏健康的主要因素，影响血液流动和血管形成等过程。[6]

肮脏的 NOS3 基因的影响

如果 NOS3 基因变脏，则不能产生足够的一氧化氮。结果造成血管无法充分扩张，血小板变得黏稠，从而导致血液凝块。[7]

NOS3 基因变脏的迹象

常见的症状包括心绞痛、焦虑症、手脚冰凉、抑郁、心脏病发作、勃起功能障碍、高血压、偏头痛、口呼吸症、鼻窦充血和伤口愈合缓慢等。

肮脏 NOS3 基因的潜在优势

潜在的优势包括减少癌症期间的血管形成，从而减慢癌症的增长。

认识肮脏的 NOS3 基因

肮脏的 NOS3 基因会导致高血压、心血管疾病、血液凝块、中风以及抑郁症。此外，它还可以为糖尿病患者带来并发症。

众所周知，糖尿病会造成血液流动和伤口愈合方面的严重问题。例如，双腿变冷，容易形成溃疡，脚趾必须被截掉。另外，糖尿病还会导致失明。所有这些问题都是由肮脏的 NOS3 基因引起的：[8] 一氧化氮不足会造成血流减少。因此，你的腿、脚和眼睛无法获得所需的营养和氧气。

为什么会这样呢？当患有糖尿病时，你体内的胰岛素水平会一直处于较高的水平。此外，胰岛素也会推动 NOS3 基因产生一氧化氮。

通常情况下，这对健康的人来说是一件好事。但如果不是天生的话，糖尿病会使你的 NOS3 基因变得肮脏。因此，NOS3 基因不会产生一氧化氮，而是会产生超氧化物，超氧化物是最危险的自由基之一。这种反应性化合物会在你的体内造成各种破坏，从而导致糖尿病并发症的发生。[9]

另一个危险是先天性的缺陷。在胎儿发育期间，你的宝宝正在快速成长，此时需要形成新的血管来滋养其发育中的细胞和组织。如果肮脏的 NOS3 基因减慢了你体内形成这些血管的能力，则婴儿的心脏将无法获得所需的支持，并且他（或她）可能会发展成先天性心脏病，[10] 而这恰巧也是人类最常见的先天性缺陷。[11]

是的，你将学习如何净化肮脏的 NOS3 基因，这对你来说是一件好事！“净化清单一”给了你一些指示，但以下因素可以帮助你确定肮脏的 NOS3 基因是天生的还是后天形成的。

☐ 我患有高血压。

☐ 我的家族中有很多人都患有高血压。

- ☐ 心脏病在我的家族史中很常见。
- ☐ 我得了心脏病。
- ☐ 由于糖尿病，我有很多血液循环方面的问题。
- ☐ 我经常感到手脚冰冷。
- ☐ 中风经常在我的家人中发生。
- ☐ 我怀孕时被诊断出患有先兆子痫。
- ☐ 在我的家庭成员中，许多人患有动脉硬化。
- ☐ 我经常用嘴巴呼吸。

与肮脏的 NOS3 基因相关的疾病

无论你的 NOS3 基因是天生肮脏还是后天变脏的，它都可能会让你出现一些潜在的严重症状，导致 400 多种疾病。[12] 以下是与肮脏的 NOS3 基因密切相关的一些疾病。

- 阿尔茨海默病
- 心绞痛
- 哮喘
- 动脉硬化
- 躁郁症
- 大脑缺血
- 乳腺癌

10. 心脏问题

- 心血管疾病
- 颈动脉疾病
- 慢性鼻窦充血
- 冠状动脉疾病
- 抑郁症
- 1 型和 2 型糖尿病
- 糖尿病肾病
- 糖尿病视网膜病变
- 勃起功能障碍（通常是心血管疾病的早期征兆）[13]
- 高血压
- 左心室肥大
- 发炎
- 慢性肾衰竭
- 代谢综合征（或 X 综合征）
- 流产、反复流产
- 心肌梗塞
- 神经系统疾病，包括肌萎缩侧索硬化
- 肥胖
- 先兆子痫
- 前列腺癌
- 肺动脉高压

- 精神分裂症
- 睡眠呼吸暂停
- 打鼾
- 中风

NOS3 基因变脏的原因

让我们仔细研究一下 NOS3 基因变脏的一些原因和后果。

鼻窦充血和流鼻涕

鼻窦充血和流鼻涕被认为是高血压的可能诱因。[14] 这是因为如果你没有吸入足够的氧气，NOS3 基因将会变脏。

鼻窦充血并不意味着你应该使用鼻用喷雾。你需要首先确定问题的根源并将其消除。这或许是肮脏的 DAO 基因造成的？还是对乳制品有反应？抑或是对食品或环境过敏的另一种体现？

罪魁祸首很有可能就是肮脏的 NOS3 基因。鼻窦充血可以归咎于一氧化氮水平低下。但是我们不希望这个轻微的呼吸问题最终变成高血压。

手脚冰冷

许多人都有手脚冰冷的现象。我们希望能自然保持一定温度，这样就不必总是戴着手套或听到有人说：“啊，我的手感觉好冷！”

四肢冰冷表明你的 NOS3 基因变脏了。如果血液到不了手指和脚趾，则说明你的血管过于狭窄。净化肮脏的 NOS3 基因会给你带来很大的不同。

用嘴巴呼吸

用嘴巴呼吸是一种给身体充氧的无效方法。低氧气含量会导致 NOS3 基因变得非常脏。

用嘴巴呼吸的原因有很多。一种可能是鼻窦充血迫使你必须通过嘴巴呼吸。在这种情况下，解决你鼻腔的拥堵应该就可以解决此问题。

评估家里的霉菌，评估食物过敏或不耐受，以及修复肮脏的 DAO 基因是解决鼻窦充血的其他好方法。净化肮脏的 NOS3 基因也可以解决某些同类的堵塞问题。

另一种可能是鼻窦被鼻息肉阻塞，尤其是当你感觉到鼻子中的气流不均匀时。鼻息肉通常与持续性的过敏有关，不论是对环境还是食物。虽然可以通过手术将鼻息肉取出，但是如果不解决过敏症的问题，它们可能就会重新出现。

鼻中隔倾斜是造成用嘴巴呼吸的另一个常见原因。如果你的膈膜出现问题，医生可能会通知你。但是他可能没有告诉你的是，需要将其固定好，以便进行正确的呼吸。脑颅重建术是一种通过鼻窦调节颅骨板的技术，是修复大多数偏斜膈膜类型的有效非外科手术。

其他造成嘴巴呼吸的原因可能与面部结构有关。一种被称为“短舌头”的情况非常普遍。假如舌头与口腔底部的附着方式异常，则会改变面部结构，从而导致用嘴巴呼吸。如果你的宝宝或年幼的孩子正在用嘴巴呼吸，请让哺乳顾问对他（或她）的状况进行评估。短舌头的类型多种多样：前舌打结（很容易发现）、后舌打结（很难识别）以及上下嘴唇打结（相当明显）。如果孩子在母乳喂养过程中吸奶不当、说话困难或吞咽食物及药丸有困难，则可能是由于舌头打结造成的。

将打结的舌头改正过来是可能的（理想情况是在出生时就改正，但在成年时应该也可以），因此请咨询你的牙医。如前所述，许多哺乳顾问对打结也非常了解。有时可以通过简单剪断的方法来矫正舌带，但通常情况下都需要激光治疗。结果是显著的：呼吸改善，更容易进行母乳喂养，更流畅的言语，更容易吞咽，以及更快乐的 NOS3 基因。

污染、抽烟和压力

污染、抽烟和压力都会污染 NOS3 基因，即使它本来是干净的。这是因为NOS3基因发挥功能依赖于人体产生的BH4（四氢叶酸）化合物。[15]BH4喜欢干净的东西。如果身体受到压力或者遭受毒素（包括尼古丁和工业化学制品）的污染，那么体内的BH4含量将下降。

但是假如没有BH4，则NOS3基因就不会产生一氧化氮。相反，正如我们之前看到的那样，NOS3基因会产生超氧化物，一种与糖尿病并发症相关的危险自由基。不幸的是，不仅仅是糖尿病患者需要担心BH4的减少。如果你体内缺乏BH4，那么无论是否患有糖尿病，你的血液流量都会减少，血小板变黏稠，并且罹患心血管疾病的风险也会增加。

NOS3基因和神经系统疾病

当情绪障碍持续存在于个体中时，它们往往变得更严重、更根深蒂固。最终可能会导致神经系统疾病，例如帕金森病、肌萎缩性脊髓侧索硬化症或癫痫发作。正如抑郁症与心血管疾病有关，它也与神经系统疾病有关。如果BH4继续供不应求并造成超氧化物的产生，那么你的大脑，即神经系统的“主管”，将受到持续和隐蔽的伤害。请注意并尽早发现这些迹象！

NOS3 基因对女性的影响

孕妇和绝经后的妇女尤其要注意肮脏的 NOS3 基因，让我们看看这其中的原因。

孕妇的 NOS3 基因

在怀孕期间，女性体内的雌激素和一氧化氮水平比较高。实际上，雌激素会刺激 NOS3 基因更好地发挥作用并产生更多的一氧化氮。这种额外的一氧化氮对于形成新的血管、防止血液凝结并增加流向发育中婴儿的血液至关重要。

如果怀孕期间 NOS3 基因较脏，则会导致反复流产、先天性缺陷和先兆子痫的风险增加。[16] 我希望你提前了解这些风险，以便可以根据需要支持 NOS3 基因并为安全怀孕做准备。

绝经后女性的 NOS3 基因

绝经后女性患上各种心脏疾病（高血压、中风和心脏病）的风险显著增加。[17] 这是因为正如前面讲到的，雌激素会刺激 NOS3 基因产生一氧化氮。绝经后雌激素水平下降时，一氧化氮的产量也会下降，心血管疾病风险随之增加。[18] 这是保持雌激素平衡和健康的又一个关键因素。

远离他汀类药物

他汀类药物有助于刺激一氧化氮的产生并支持 NOS3 基因，[19] 这是美国最常用的处方药物之一，许多医生都用它来降低胆固醇。但是，我始终对依靠药物来做自己身体本应该做的事情持怀疑的态度。毕竟，没有人出生时就患有他汀类药物缺乏症。

此外，他汀类药物还伴有许多严重的副作用，[20] 包括：

- 腹部绞痛或疼痛
- 水肿
- 便秘
- 腹泻
- 头晕
- 困倦
- 排气
- 头痛
- 肌肉酸痛、无力或压痛
- 恶心或呕吐
- 皮疹
- 皮肤潮红
- 睡眠问题

他汀类药物还可能造成更严重的副作用（尤其是对于老年人），包括记忆力问题、精神错乱、血糖升高和2型糖尿病。

因此，你是否更愿意通过自然的方法来完成他汀类药物应该做的事情？特别是正如研究结果表明的那样，如果你的NOS3基因变脏了，他汀类药物的效果似乎不理想。[21]

硝酸甘油的关联

NOS3基因的功能是，为你提供身体所需的一氧化氮。但是，当它无法发挥最佳功能时，医生可能会开具硝酸甘油处方药。是的，就是硝酸甘油，电影中用来炸毁东西的一种物质！短时间内使用硝酸甘油可以快速挽救生命。但我不建议将其作为心脏病的长期解决方案，因此，让我们走近它仔细看看。

硝酸甘油可促进一氧化氮的释放（一氧化氮可支持血流）。这太棒了：现在你的细胞正在获取所需的氧气和营养物质。

但是有时候硝酸甘油并不能起作用。有些人对此没有反应，而有些人对硝酸甘油产生了抵抗力。[22]

为什么会产生这些差异呢？我敢打赌你可能已经猜到了——是由于NOS3基因变脏了。如果你的NOS3基因有点儿脏，只需要一点支撑，硝酸甘油就可以提供帮助。如果你的NOS3基因非常脏并且需要大量支持，那么即便用很大的力气吹硝基气流，也不足以让充足的一氧化氮流过。这就是为什么吸烟者使用硝酸甘油通常无效。[23]

因此，我完全赞同将硝酸甘油作为一种短期解决方案，它实际上是一根救命稻草。但是，从长远来看，你必须净化 NOS3 基因以及其他变脏的基因。

同时，如果你正在服用硝酸甘油，并且开始注意到它对你的效果不如以前，那么你需要告知你的专职医生，让他知道你的 NOS3 酶可能是“解耦联”的，这一术语我将在下一节中解释。

精氨酸的偷窃

就像许多医生依靠硝酸甘油治疗心脏疾病一样，有些医生依赖一种称为精氨酸的化合物，精氨酸是一种普遍存在于动物和植物蛋白中的氨基酸。精氨酸确实可以支持干净的 NOS3 基因，但是，就像硝酸甘油一样，如果 NOS3 基因变脏了，它不一定能发挥作用。实际上，如果 NOS3 基因解耦联了，那么硝酸甘油和精氨酸都会使你的心脏病恶化。[24]

未耦合的 NOS3 基因是在精氨酸和 BH4 不足的情况下运行的。未耦合的 NOS3 基因不会产生血管可以利用的一氧化氮，而是产生超氧化物，我们知道这是非常危险的。工业化学制品会破坏 BH4，但是你最终会因精氨酸的缺失而死亡吗？

好吧，身体的多种机能都需要精氨酸——不仅仅是支持 NOS3

基因。例如，当你的身体正在抵抗感染并出现炎症时，直接参与该斗争的基因需要比平时更多的精氨酸来支持。那些迫切需要的基因是从其他基因（包括NOS3基因）那里“偷”来的。[25]由于NOS3基因可获得的精氨酸含量越来越少，它不会生成一氧化氮，而是生成超氧化物。超氧化物会损害BH4，所以现在你的BH4含量也很低。而且由于精氨酸和BH4含量都很低，所以肮脏的NOS3基因会产生更多的超氧化物。肮脏的NOS3基因变得更脏。

仅仅这些似乎还不够，微生物群系中的某些类型的细菌也会使用大量的精氨酸，[26]从而进一步从NOS3基因中“窃取”它。这也是需要评估你体内微生物群系的另一个原因。

现在，你可能会想：“好吧。我只需要补充精氨酸就够了。”

你能猜出为什么那样行不通吗？我敢打赌，你现在肯定已经知道答案了！

NOS3基因同时需要精氨酸和BH4。而且不要忘了，BH4是超敏感的。如果你在订购的食物中发现了虫子，它的行为可能与你的情况相同。请避免食用它，就像基因中一丁点儿的污垢就会导致BH4停止运转一样。因此，如果你在BH4含量下降时服用精氨酸，那么体内产生的只是超氧化物，这肯定会使情况变得更加糟糕。实际上，研究人员曾尝试让患有高血压的人服用精氨酸以增加一氧化氮。结果证明没有用处。[27]

研究人员还尝试给这些病人增加BH4，看看是否可以支持NOS3

基因和一氧化氮的产生。[28] 这种补充帮助了一些人，但对大部分人却没有用处。[29]

以下是我个人的看法。如果建筑物着火了，则无须放置任何新家具，因为它只会与其他所有物品一样一起被火烧毁。同样，如果你的血液和系统脏了，则没有必要额外补充 BH4，否则只会弄脏新补充的 BH4。

那么应该怎么做才能支持 NOS3 基因呢？你需要做三件事，而且这三件事必须同时做，否则它们不会发挥任何功能。

一是提供充足的精氨酸。

二是保持稳定供应清洁的 BH4。

三是保持所有其他基因的清洁。

现在，你知道我为什么不建议你从精氨酸补品开始了。但是，如果你服用了精氨酸怎么办？也许它可以提高你在运动中的表现，减轻头痛，使冰凉的手脚变热，但现在你没有发现任何好处，甚至发现自己变得更糟糕。在这种情况下，你可能需要一个非耦合的 NOS3 基因。请立即停止服用补品，并净化 NOS3 基因。

你的身体如何利用精氨酸 [30]

- 血管扩张
- 肌酸的形成

- 抗感染
- 免疫耐受
- 神经传递
- 阴茎勃起
- 减少血小板黏附

叶酸：你的敌人

你已经了解了叶酸对 MTHFR 基因和甲基化循环的有害性，其实它对 NOS3 基因也有害。

首先，NOS3 基因依赖于一种叫作 NADPH（还原酶）的化合物，叶酸也使用该化合物。因此，你摄入的叶酸越多，NOS3 基因的 NADPH 就越少。其次，随着叶酸水平的升高，你体内的 BH4 含量水平也会降低。[31]

请记住，叶酸是人工合成的。我们的身体并不是用来加工叶酸的。我们可以处理它，但代价很高。

NOS3 基因变脏的原因

- 呼吸异常

10. 心脏问题

- 叶酸
- 高血糖
- 摄入高碳水化合物
- 高半胱氨酸水平偏高
- 胰岛素水平偏高
- 感染
- 发炎
- 行动不便——坐着、站着、躺着
- 低抗氧化剂
- 低精氨酸
- 低 BH4
- 低雌激素
- 低谷胱甘肽
- 低氧
- 微生物种群失衡
- 用嘴巴呼吸
- 暴饮暴食
- 氧化应激（自由基过多）
- 甲基化反应不良
- 污染
- 鼻窦充血

- 睡眠呼吸暂停[32]
- 吸烟
- 打鼾
- 压力
- 短舌头

NOS3与其他肮脏基因

正如我们看到的那样，你体内所有的基因都在不断地相互影响，但是NOS3基因受到其他肮脏基因的影响非常大。

- 肮脏的MTHFR基因会增加高半胱氨酸的含量，这又会增加生化物质ADMA（血浆的一种成分）的含量。反过来，ADMA会解耦NOS3基因，导致其产生超氧化物。
- 肮脏的GST/GPX基因会降低谷胱甘肽清除异源生物素和消除体内过氧化氢的能力。这些有害化合物会降低BH4含量，从而使NOS3基因变脏，并使其生成超氧化物。
- 肮脏的PEMT基因会降低你维持坚固细胞膜的能力，从而导致炎症反应。炎症又会使精氨酸远离NOS3基因，这又会导致NOS3基因变脏并促使其生成超氧化物。
- 肮脏的慢速MAOA及COMT基因会增加压力，从而减慢甲基化循环并提高高半胱氨酸水平。与肮脏的 MTHFR 基因一样，这会导致 ADMA 含量增加、NOS3 未耦合以及超氧化物水平的增加。

- 肮脏的快速 MAOA 基因可能会增加过氧化氢水平，从而降低 BH4 含量。BH4 含量降低又导致 NOS3 解耦联和超氧化物水平升高。

请记住，如果这些基因中有一个是脏的，或者有几个是脏的，那么可以确定你的 NOS3 基因也变脏了。

NOS3 基因与痴呆症

如果你的甲基化循环不能很好地运行，那么就会导致高半胱氨酸含量升高，[33] 正如我们刚刚看到的那样，这会导致 ADMA 水平升高，进而导致 NOS3 含量降低。

在包括痴呆症在内的许多疾病的患者中，都发现其 ADMA 水平较高。[34] 有趣的是，阿尔茨海默病是与 NOS3 基因污染有关的主要疾病之一，而痴呆症患者的第二大死亡诱因是心脏病。[35] 这是合情合理的。如果大脑发炎并且甲基化循环异常，则 NOS3 基因就会变脏。肮脏的 NOS3 基因也会产生超氧化物，从而导致心血管问题。

这是按照“沉浸与净化”的方法以改善甲基化循环，然后对 NOS3 基因进行污点净化的另一个有力的理由。轻度痴呆症患者甚至可以通过这种方法逆转病情，而重度痴呆症患者则可以减慢病情发展。健康专业人士需要精通甲基化的意义，因为它似乎在所有方面都可以发挥作用。

保持 NOS3 基因健康的关键营养元素

正如我们知道的那样，你需要精氨酸和 BH4 才能使 NOS3 基因正常工作。精氨酸是你油箱中的燃料，而 BH4 是发动机。如果没有两者，你的车辆将无法行驶。

合成 BH4 的过程需要叶酸、镁和锌的参与。你无法直接从食物中获取 BH4，因此必须支持 MTHFR 基因，以使身体产生充足的 BH4。除非你出生时患有 BH4 缺乏症，否则请不要服用 BH4 补品。研究表明，如果存在氧化应激反应，那么服用 BH4 是无益的，它绝对不能解决潜在的问题。[36] 通过“净化基因的方法”来保护你的甲基化循环并维持足够的谷胱甘肽水平，是保证充足 BH4 的最佳方法。

但是，精氨酸也可以从饮食中获取。富含精氨酸的食物：火鸡胸肉、猪里脊肉、鸡肉、南瓜籽、螺旋藻、乳制品（山羊奶或羊奶）、鹰嘴豆、小扁豆。

NOS3 基因还需要以下营养元素才能发挥功能。

钙：奶酪、牛奶和其他乳制品（山羊和绵羊的奶制品）、绿叶蔬菜、白菜、秋葵、西蓝花、青豆、杏仁。

铁：南瓜和南瓜种子，鸡肝，牡蛎、贻贝和蛤蜊，腰果、松子、榛子和杏仁，牛肉和羊肉，白豆和小扁豆，绿叶蔬菜。

核黄素 / 维生素 B_2：肝脏、羊肉、蘑菇、菠菜、杏仁、野生三文鱼、鸡蛋。

最后，NOS3 基因还需要大量的氧气，这是你可以通过呼吸获得的。现在，这一切似乎很明显。不清楚的是，许多人有睡眠呼吸暂停、用嘴巴呼吸、慢性鼻窦充血、打鼾、不自觉地屏住呼吸或浅呼吸等症状。呼吸是一项自主的无意识的行为，我们平均每天要做两万多次，如果做错了，就会引起严重的问题。如果你只能改变一项自己的生活方式以支持 NOS3 基因，那么我会毫不犹豫地说："请改善你的呼吸。"

运动有益于健康，我们都知道。但是你知道吗，中等强度的运动实际可以更有效地帮助你支持 NOS3 基因。

充分利用 NOS3 基因

鲁迪一直致力于净化他肮脏的 NOS3 基因。高血压是迫使他做出一些改变的早期迹象。为了进一步激励他，我告诉他，之前他向我提到的勃起功能障碍也是 NOS3 基因变脏的一个迹象。

我给他的第一个建议是减少饮食，增强运动，每天至少走动几次，每次 20 分钟，并且将标准的美国人炎症性饮食改为更健康的饮食习惯。我知道，仅凭这三个变化就可以让他在净化肮脏的NOS3基因方面取得重大进展。

我还与鲁迪一起进行了一些深呼吸训练。我让他将手掌放在腹部，然后一直吸气，将空气吸入到他的腹部，直到他吸气时感觉到胃部被推出。我让他缓慢均匀地用鼻子呼吸，重复十次，这样他就可以感觉到完全充满氧气有何巨大的不同。我告诉他，全天都提醒自己以这种方式呼吸，这将在净化他肮脏的NOS3基因并减轻压力方面发挥重要的作用。

在我提出建议之后，鲁迪沉默了一会儿。“你知道的，”他若有所思地说，“其他医生只是告诉我要减肥、多运动和服用降压药。我认真考虑过服药，但对改变饮食或锻炼没有太多兴趣。”

鲁迪停留了片刻说道：“你如此清楚地解释肮脏NOS3基因的状况，包括它与血压的关系，以及是如何导致勃起功能障碍的，这使我真正希望可以做出一些改变。不仅仅是‘减肥’或‘运动’。现在我知道了为什么需要做这些事情。我猜想这带给我一种清晰感和目的感。现在，我知道这些改变将如何净化NOS3基因，从而使它们不会带来麻烦。我感觉有机会让自己变得更好。从来没有人告诉过我关于呼吸的事情！”

我为鲁迪感到高兴。他已经开始行动了，而且不需要我一直提醒他什么该做，什么不该做，他已经掌握了要领。处方药在你不服用的时候就会失效，但健康的生活方式却是永恒的。

以下是我告诉鲁迪的一些关键事项，即使在开始“沉浸与净化”阶段之前，你也可以采取以下措施。

- 食用富含天然精氨酸的食物。
- 食用一些含有天然硝酸盐的食物，这些食物也支持一氧化氮的产生，例如芝麻菜、培根、甜菜、芹菜和菠菜等。
- 保持有意识的呼吸。你应该以细微平稳的速度呼吸，既不要太快，也不要太慢，并且要规律。你还应该深入而饱满地从腹部呼吸，而不是从胸部浅呼吸。你有时会屏住呼吸吗？你会打鼾吗？考虑学习一些呼吸课程，或尝试一些瑜伽或太极拳课程。如果你的家庭成员中有人患有心脏病，或者医生告诉你自己应该关注这件事情，那么改善呼吸可能是你最好的解决方法。

“净化基因的方法”如何支持你的 NOS3 基因

饮食

我们将确保你平衡硝酸盐和精氨酸的摄入量，以及支持 NOS3 基因所需的所有其他营养物质的平衡。必须吃健康的食物而不是会导致炎症性的食物，否则你将面临贯穿所有 BH4 的风险。避免摄入任何含有叶酸的食物和饮料。

化学制品

通过减少化学物质的接触，你可以保持较高的 BH4 水平。你还可以确保健康的谷胱甘肽水平，以便维持甲基化循环的顺利进行。请记住，一个良好的甲基化循环就是一个良好的 NOS3 基因。

压力

正如我们反复讲的那样，压力神经递质会增加人体对谷胱甘肽和甲基化反应的需求。谷胱甘肽和甲基化都需要用来支持 NOS3 基因。过大的压力还会使你易患传染病，而感染会消耗大量的精氨酸和谷胱甘肽。对所需生化试剂的竞争进一步减少了 NOS3 基因的可用量，从而使其变得肮脏。最重要的是，压力常常会导致急促的呼吸。氧气不足促使 NOS3 基因迅速变脏，而适当的呼吸是净化它的最快方法。在“净化基因的方法”中，我将帮助你练习呼吸。

11 细胞膜与肝脏问题

玛莉索今年50多岁了，是一个高挑优雅的女人。她已经停经大约三年了，最近对开始出现的症状感到沮丧。

她告诉我说："我的甘油三酸酯很高。我的肌肉酸痛，关节也疼痛。我感到很虚弱，几乎无法从厨房的底部架子上拿起一个沉重的锅。而且我开始感到困惑和迷茫，几乎不能集中精力。我总是忘记事情。这真令人沮丧！"

我知道玛莉索的问题可能是什么，但还想了解更多。我问她："当你吃高脂肪的食物时感觉怎么样呢？"

她目不转睛地看着我："你为什么会这样问我呢？它们根本不在我这儿。我这里感到很沉重。"她将一只手放在右胸腔下方。

"还有，玛莉索，"我说道，"跟我讲讲你的饮食习惯。你多久吃一次肉、肝脏、鸡蛋或鱼类？"

玛莉索摇了摇头。"几乎从来都没有，"她告诉我，"我不是素食主义者，但我主要吃米饭、豆类或小扁豆作为蛋白质，可能还带些酸奶或奶酪。肉类不多。”

“玛莉索，”我说，“听上去好像是你的PEMT基因变脏了。该基因调控磷脂酰胆碱的产生，这是我们细胞膜的重要组成部分。但是，为了产生磷脂酰胆碱，你的身体需要大量的胆碱，这些胆碱是从肉类、肝脏和鸡蛋中获取的。有一些来源于蔬菜，但从你描述的饮食中摄取的胆碱含量可能不足。”

玛莉索看起来很惊讶，她说：“我认为过多的肉类对我们的身体不利。”

“太多了确实不好，”我说道，“但还是要有些肉类、鱼类和鸡蛋。至少，你必须确保获得足够的胆碱蔬菜来源。”

“但是我一直都这样吃啊，”玛莉索说道，“为什么到现在才出现问题？”

我向她解释说，对许多女性来说，即使她们没有摄取足够的胆碱，雌激素也能刺激PEMT基因作为后备，合成磷脂酰胆碱。在绝经前，体内雌激素水平含量较高，通常可以帮助弥补饮食方面的不足。在绝经后，雌激素水平下降。这意味着PEMT基因不能像以前那样发挥作用。

“好吧，”玛莉索缓缓地说道，“但是这与高脂肪食物有什么关系呢？”

我告诉玛莉索，肮脏的PEMT基因与一种称为脂肪肝的综合征有关。如果你患有这种情况，那就是肝脏功能不佳，有部分原因是

PEMT 基因不能将甘油三酸酯从肝脏中移出。肮脏的 PEMT 基因也会导致肌肉无力、疼痛和酸痛，以及脑雾。

“所有这些问题感觉都是独立的，”玛莉索最后说，“我不明白它们为什么都是由同一个原因引起的。”

我很理解玛莉索的困惑。PEMT 基因是一个具有多种功能的复杂基因。肮脏的 PEMT 基因也会以微妙的方式工作。你必须时刻关注体内许多不同的过程才能获得完整的图像。因此，让我们开始对 PEMT 基因进行深入的了解，因为它是你最重要的基因之一，而支持它可以极大地改善你的健康状况。

PEMT 基因如何运作

PEMT 基因负责处理多种任务。到目前为止，它最重要的功能是生成磷脂酰胆碱，所以让我们从这里开始。

我们体内的细胞膜依赖于磷脂酰胆碱。这些膜无处不在，围绕在 37.2 万亿个细胞周围，构成你强壮的身体。在成年人体内，每天有超过 2 200 亿个细胞死亡，必须对它们进行替换。每秒钟就有超过 250 万个红细胞死亡，需要替换。PEMT 基因一直在默默地帮助你修复和再生体内的大量细胞。

磷脂酰胆碱可以保持细胞膜的流动性和健康，从而使其发挥最佳的功能。如果它们变得僵硬、不健康且无功能，它们就无法将营养物质转移到细胞中或将有害化合物运出体外。

我们把细胞膜比作房屋的外墙。你家有可以打开和关闭的门窗。关上门窗可以保护你的财产和家人安全。但是窗户也可以打开，让新鲜的空气进入，同时阻挡鸟类、苍蝇和蚊子。你的门可以滑动或打开，甚至可能有专门的猫门，这样家庭宠物就可以进出而不会打扰到你。所有这些门窗都将温暖的空气保持在内部，以节省能源并确保舒适的室内温度。

现在我们想象一下，如果房屋的所有门窗都已拆除。你的宠物可以随心所欲来来去去，孩子也可以。陌生人也可以进入你的房屋并拿走你的物品。老鼠可能会侵入你的橱柜，留下黑色的、有臭味的“礼物”。你的熔炉将需要比以往任何时候都更加努力地为房屋供暖，但是在打开门窗的情况下，它会消耗过多的能量，而产生的效果却不太好，这是一笔非常昂贵的账单。

现在，我们将该模型应用于细胞膜，你可以将它看作房屋的墙壁。你的外部细胞壁可以保护含有 DNA 的细胞核。内壁环绕并保护着线粒体，它是人体产生能量的动力源。

破裂或有漏洞的细胞膜可以保护你的 DNA 吗？答案是不能。因为难免有一些环境化学物质和传染源会进入。如果没有健康的细胞膜，那么线粒体会怎么样呢？如果细胞膜不健康，那么线粒体能够有效地产生每个细胞所需的能量吗？答案是，不能。

11. 细胞膜与肝脏问题

实际上假如没有细胞膜，[1] 细胞就会死亡。你可以从细胞中移出细胞核，它将可以继续存活一段时间。但假如取下细胞膜，细胞将迅速死亡。

我们是万亿个细胞和谐工作的惊人集合体。如果你不支持细胞膜，它们也将无法支持你。

那么应该如何保持这些细胞膜的健康？

显然，你需要摄入健康的食物，并根据需要服用一些补品。但这只是第一步。你还必须消化食物并将其营养吸收到血液中。由于服用抗酸剂，摄入加工食品，压力过大，暴饮暴食或进餐时喝了太多液体，你可能不知道该过程是否会遇到麻烦。

不过，在理想的状况下，你的消化功能很好，食物和补品中的营养成分会在血液中运输，直到它们与受体结合或利用蛋白质通道在细胞内移动。这些受体和蛋白质通道是嵌入每个细胞膜内的“门和窗”。

现在你了解了，为什么我们希望细胞膜尽可能地保持健康，就像你希望房屋的墙壁、门窗正常工作一样。没有健康的细胞膜，某些营养物质将无法进入需要它们的细胞内，即使这些血液中的营养成分含量很高，你也会在功能上变得缺乏营养。如果没有高效能的 PEMT 基因，你将不会拥有健康的细胞膜。

PEMT 基因简介

PEMT 基因的主要功能

PEMT 基因在甲基化循环的帮助下，可以产生磷脂酰胆碱，这是一种重要的生物化学物质，它主要扮演以下重要的角色。[2]

- 磷脂酰胆碱是细胞膜的主要成分。没有足够的磷脂酰胆碱，细胞将无法正确地吸收营养。即使你饮食健康、体重超标，也会造成营养不良。
- 在怀孕和母乳喂养期间，你需要额外的磷脂酰胆碱。正在成长的儿童也需要额外的磷脂酰胆碱。基本上，每当身体产生许多新细胞时，你就需要大量的这种重要物质。
- 磷脂酰胆碱可帮助胆汁顺利地从胆囊流出，有助于消化，从而使小肠中的细菌含量减少。
- 磷脂酰胆碱还有助于将甘油三酸酯打包并从肝脏中移出。[3] 没有足够的磷脂酰胆碱，你可能会患上脂肪肝。
- 此外，磷脂酰胆碱对于神经功能、肌肉运动和大脑发育至关重要。

当你从饮食中摄取的胆碱不足时，PEMT 基因还有助于产生更多的胆碱。你需要胆碱来完成许多任务。

- 支持肝脏功能、神经功能、肌肉运动、能量水平和新陈代谢。
- 产生乙酰胆碱，这是一种对学习和集中注意力很重要的大脑神经递质。
- 如果没有足够的甲基叶酸（甲基化的维生素 B_9）或甲基钴胺素（甲基化的维生素 B_{12}），胆碱则可作为甲基化循环的备用组分。

肮脏 PEMT 基因的影响

如果 PEMT 基因不干净，你将无法产生足够的磷脂酰胆碱。这会导致你的细胞膜失去完整性，依赖磷脂酰胆碱的众多身体机能也无法正常顺利进行。

PEMT 基因变脏的迹象

常见的症状包括疲劳、脂肪肝、胆囊疾病、炎症、肌肉疼痛、营养不良（由于营养物质不能被受损的细胞膜完全吸收）、妊娠并发症、小肠细菌过度生长、甘油三酯升高和肌肉无力。

肮脏的 PEMT 基因的潜在优势

肮脏的 PEMT 基因可以使你更好地保存胆碱，从而有助于注意力和精神的集中。你的身体也可以对化学疗法有更好的响应。

认识肮脏的 PEMT 基因

PEMT 基因是你基因组中的无名英雄。它的工作对你的幸福和身体健康至关重要。但是，PEMT 基因做的工作很复杂，甚至很难解释肮脏的 PEMT 基因如何与身体可能出故障的所有方式相联系。

因此，除了在“净化清单一”中回答的问题之外，让我们从以下几个问题开始。以下因素可以帮助你确定 PEMT 基因是否变脏，并可以让你大致了解肮脏的 PEMT 基因可能影响的所有不同领域。

□ 我感觉全身疼痛，包括肌肉、关节等部位。

☐ 我是素食主义者。

☐ 我做过胆囊切除手术。

☐ 我患有脂肪肝，或我的家人中有人患有脂肪肝。

☐ 我很少吃绿叶蔬菜。

☐ 在怀孕期间，我的胆囊有不良反应。

☐ 我患有小肠细菌过度生长。

☐ 我已经进行了基因测试，并且发现自己 MTHFR 基因的 C677T 位点有遗传多态性。

☐ 我体内的维生素 B_{12} 含量不足。

☐ 我对高脂肪食物不耐受。

☐ 我的雌激素水平低。

☐ 我服用抗酸药。

☐ 我的右上腹偶尔有疼痛感或不适感。

☐ 我的右肩发紧，肩胛骨疼痛。

☐ 我容易便秘。

☐ 我浑身发痒。

☐ 我是绝经后的女人。

细胞的生与死

在支撑细胞膜的整个过程中，数百万个细胞正在面临着死亡。

这是自然而健康的：你需要保持每天都有一定数量的细胞死亡（实际上是每分钟），以便用全新的细胞替代它们。例如，在不到一周的时间之内，你的肠壁细胞就可以被全部更换了。在整个生命过程中的每个星期，旧的细胞都会死亡，而新的细胞将会取代它们。你的红细胞可以存活四个月，白细胞大约可以存活二十天。你所有的皮肤细胞大约在两到三周的时间内就全部死亡了，并被新的皮肤细胞取代。这是基本的生命循环规律。

细胞死亡并脱落的过程称为细胞凋亡，正如你看到的那样，这是一件好事。问题是，与新生细胞相比，有太多细胞死亡。感染、炎症、垃圾食品、运动过度和缺乏营养都会导致细胞凋亡，超出我们寻求的健康平衡。当我们的身体遭受重创（感染、度过紧张的一周、几个晚上没有充足的睡眠）时，细胞就会受损。我们必须快速修复它们，否则将开始出现新的症状。

假如你继续吃让自己过敏的食物，或者小肠中出现了一些酵母菌过度生长的现象，就会导致肠壁细胞膜发生一些明显的损伤，并开始凋亡。你需要将小肠细胞膜恢复健康，但是它们需要磷脂酰胆碱。否则，小肠将无法正常运作，你将无法吸收营养，并且很可能会出现所有与肠道泄漏有关的食物过敏和相关症状。

顺便提一句，你也不会希望细胞凋亡进展得太缓慢。这可能是导致癌症或使癌细胞迅速发展的原因。[4] 与体内大多数生物过程一样，你希望细胞凋亡的速度既不要太快也不要太慢，而是恰到好处。

PEMT 基因和肌肉酸痛

如果你的肌肉细胞膜功能不好怎么办呢？事实上，肌肉细胞膜非常脆弱，当它们破裂时，会引发炎症，你会毫无征兆地出现肌肉酸痛。磷脂酰胆碱的长期缺乏会加剧肌肉细胞膜衰竭的严重程度。随着时间的流逝，肌肉不仅变得疼痛，而且十分虚弱。

正如你所见，这也是玛莉索的症状之一。她肮脏的 PEMT 基因无法产生足够的磷脂酰胆碱，这导致她出现疼痛和肌肉无力等症状。

与肮脏的 PEMT 基因相关的疾病

- 出生缺陷
- 乳腺癌
- 抑郁症
- 疲劳
- 脂肪肝
- 胆结石
- 肝损伤
- 肌肉损伤

- 细胞内营养缺乏
- 小肠细菌过度生长

保持 PEMT 基因健康的关键营养元素

PEMT 基因产生的磷脂酰胆碱占总量的 15%～30%，而且在紧急情况下，它可以提供更多，但那是当它在重负下开始蹒跚的时候要做的工作。为了避免这种变脏的情况，你需要通过饮食提供充足的胆碱，以便其他基因可以利用它来制造磷脂酰胆碱。

富含胆碱的食物：肝脏、蛋、鱼、鸡、红肉。

对素食主义者和严格素食主义者来说，通过饮食来摄取胆碱是非常困难的。对只吃碳水化合物或主要吃碳水化合物的人来说，同样也很难。不吃肉或鸡蛋的人患胆碱缺乏症的风险很高，这意味着他们体内将缺乏利用胆碱制成的重要化合物，包括磷脂酰胆碱。无论如何，低胆碱饮食会使人面临患脂肪肝、肝细胞死亡和肌肉损伤的危险境况。我有理由确定，这种饮食在很大程度上是导致玛莉索出现症状的原因。

年轻的女性具有制造胆碱的额外能力，因为正如我们前面提到的，雌激素会刺激 PEMT 基因。这使她们对饮食中胆碱的依赖性降低：因为 PEMT 基因可以填补这一空白。年轻女性需要怀孕并且母乳喂养，这听上去很有意义。她们需要大量的胆碱来养育孩子，因此大自然为其安排了备份系统。

但即使是年轻女性，如果出生时带有某种类型的肮脏 PEMT 基因（这种类型对雌激素无反应），其饮食也会受到低胆碱的影响。事实证明，这种特定的 SNPs 很普遍，并严重危害健康。一些研究表明，女性消耗的胆碱越少，患乳腺癌的风险就越高。[5]

如果你不是素食主义者或严格素食主义者，请确保通过饮食摄取了足够的动物蛋白，但不要太多（我们不需要像第七章中那样摄取过多的组氨酸以及像第六章中那样摄取过多的酪氨酸），也不能太少。如果你是素食主义者或严格素食主义者，请尝试以下胆碱的替代来源：

- 芦笋
- 甜菜
- 西蓝花
- 抱子甘蓝
- 菜花
- 亚麻籽
- 豌豆
- 小扁豆
- 绿豆
- 斑豆
- 藜麦

- 香菇
- 菠菜

在“净化基因的方法”中，我还将告诉你补充胆碱或磷脂酰胆碱的方法，特别是如果你是素食主义者或严格素食主义者。但就像以前一样，我希望你首先从饮食和生活方式方面入手。

胆碱缺乏给谁带来的风险最大

- 孕妇和哺乳期妇女。正如本章中强调的那样，胆碱是制备磷脂酰胆碱所必需的物质，而磷脂酰胆碱可用于制备细胞膜。由于怀孕或哺乳期的妇女正在制造大量的新细胞，因此她们需要大量胆碱。
- 儿童。随着儿童的成长，他们每天都会产生许多新的细胞，因此他们也需要大量的磷脂酰胆碱。如果饮食中没有摄入足够的胆碱，他们可能会面临磷脂酰胆碱缺乏的风险。
- 素食主义者和严格素食主义者。尽管吃鸡蛋的素食者有一定的优势，但也很难从蔬菜中获得足够的胆碱。
- 节食者。如果你选择超过 48 小时不吃东西，请考虑补充胆碱或磷脂酰胆碱。但是，这不是一个健康的选择。我宁愿你给身体提供所需的充足营养。
- 低蛋白饮食的人。不消耗大量蛋白质，就很难获得充足的胆碱，但是高蛋白饮食也不是解决方案。我们一直在寻找适当的平衡。

- 绝经后妇女。高水平的雌激素会触发干净的 PEMT 基因制造磷脂酰胆碱，但绝经后雌激素水平会下降。即使你一出生就拥有干净的 PEMT 基因，更年期也会让它变脏，除非你从饮食中摄入了足够的胆碱。当然，如果你出生时就带有某种肮脏的 PEMT 基因，即使在更年期之前，你也不会拥有这种“雌激素优势”。
- 男性。因为没有高水平的雌激素来触发 PEMT 基因的后备动作，所以男性必须确保高胆碱饮食。
- 叶酸含量低或叶酸途径中的基因（MTHFR 或 *MTHFD*1）较脏的人。你体内的叶酸和胆碱含量是相关的。叶酸太少意味着身体会利用更多的胆碱，最终会导致你缺乏维生素。
- PEMT 基因肮脏的人。如果你的 PEMT 基因变脏了，它就不会对雌激素有反应，因此你需要从饮食中获取更多的胆碱。

PEMT 基因、叶酸和甲基化循环

你需要大量的胆碱来制备磷脂酰胆碱从而使细胞膜保持良好状态。但是，这其中还有另外一个因素：你可获得的甲基叶酸越多，所需的胆碱就越少，反之亦然。

这是为什么呢？因为甲基叶酸和胆碱都可以支持甲基化循环。因此，如果你有大量的甲基叶酸，那么甲基化循环就不需要消耗胆碱了。但是，如果你缺乏甲基叶酸——比如MTHFR基因或*MTHFD*1基因（叶酸途径中的另一个基因）很脏，那么你的甲基化循环将使用胆碱途径，这可能会造成胆碱含量不足，面临使PEMT基因变脏以及其他一些问题的风险。

那么最好的保护方法是什么呢？确保已准备好所有需要的甲基叶酸和胆碱。

但是监测这些生物化学物质并不能保证基因健康。即使你有充足的甲基叶酸，甲基化循环也可能在其他地方中断，然后你的PEMT基因就会变脏。

这是为什么呢？因为PEMT基因需要第五章中介绍的SAMe，并且为了拥有充足的SAMe，你需要拥有一个功能强大的甲基化循环通路来支持。

大约70%的SAMe都被PEMT酶用于支持细胞膜的生产，而仅剩下30%用于体内依赖于甲基化的200多种生物学过程。这就是为什么甲基化循环的额外需求对你的身体来说是如此难以应对，例如压力、过量的组胺、维生素B_{12}不足（素食主义者）、慢性病等。身体所需的SAMe数量庞大，而现在你却用光了它们。

同样，如果一开始甲基化循环就无法正常运行，则说明你的SAMe供不应求。然后，导致PEMT基因变脏，细胞膜受损，整个身体都受到冲击。这再次证明，甲基化循环是非常重要的。

PEMT 基因变脏的原因

- 饮食中胆碱不足
- 饮食中的甲基叶酸不足
- 没有足够的 SAMe
- 甲基化循环中断
- 肮脏的 MTHFR 基因
- 雌激素不足——如果你是绝经后的女性或男性
- 天生的 PEMT 基因 SNPs，导致对雌激素无响应

PEMT 基因与消化功能

PEMT 基因影响胆囊、胆汁流量和肝脏功能。

PEMT 基因、胆结石和小肠细菌过度生长

除维持细胞膜的健康外，PEMT 基因触发的磷脂酰胆碱对胆汁流动也至关重要。胆囊会制造胆汁，以帮助消化，并具有抗菌特性，可保护你免受小肠细菌过度生长的侵害。如果磷脂酰胆碱水平过低，那么胆汁流动就会缓慢。然后，你的胆囊开始出现故障，可能导致胆结石、脂肪吸收不良、营养缺乏、小肠细菌过度生长和化学敏感

性。胆结石在孕妇中特别普遍，因为孕妇对磷脂酰胆碱的需求很高。

PEMT 基因和脂肪肝

很多不同的因素都可以造成脂肪肝，而脂肪肝恰好是世界上发展最快的疾病。研究人员发现，引起脂肪肝的原因有很多种，例如高果糖玉米糖浆、代谢综合征、肥胖症和药物治疗。科学家最近发现，肮脏的 PEMT 基因就是这其中的原因之一：它促进脂肪肝的形成。我们在本章开始时提到的玛莉索还没有脂肪肝，但症状表明她正朝此发展。有许多年轻的女性出生时 PEMT 基因就比较脏，而且胆碱摄入不足。

肮脏的 PEMT 基因是如何导致脂肪肝的呢？[6] 有两种方法，并且都与 PEMT 基因在生成磷脂酰胆碱中的作用有关。

首先，如果你的 PEMT 基因变脏了，并且未触发足够的磷脂酰胆碱的产生，那么你将遇到甘油三酸酯的问题。你需要磷脂酰胆碱将甘油三酸酯排出肝脏，这是通过肝脏分泌的低密度脂蛋白（VLDL）完成的。如果胆碱缺乏（因此导致磷脂酰胆碱缺乏），则肝脏中的 VLDL 不足，就会造成甘油三酸酯堆积。很快，就会有过多的脂肪残留在肝脏里，而不是转移到血液中，最终将被线粒体运输并用作燃料。

其次，你需要磷脂酰胆碱来生成细胞膜。随着磷脂酰胆碱水平的降低，线粒体燃烧燃料的能力下降。当你无法燃烧脂肪时，它们会被存储在细胞中，在细胞中引起氧化应激反应。这种压力会进一步损坏线粒体，从而导致燃烧更少的燃料。现在，你进入了一个恶性循环，直到细胞膜恢复健康，它才能自我修复；与此同时，你的身体正在以脂肪的形式储存燃料。

PEMT 基因、怀孕和母乳喂养

可悲的是，大多数孕妇和哺乳期妇女都缺乏胆碱。令人惊奇的是，大多数婴儿配方奶粉中几乎都没有胆碱。如果你打算怀孕，请咨询专业的医师或营养学家，他们可以确保你从饮食中摄取足够的胆碱。研究表明，饮食中胆碱含量偏低的女性，孕有患脊柱裂等神经管缺陷婴儿的风险比正常女性要高 2.4 倍。[7] 最高的胆碱水平与最低的风险相关联。我建议女性在怀孕和母乳喂养期间每天摄入至少 900 毫克的胆碱。

在婴儿出生后，母乳喂养会进一步增加胆碱水平，因为这种营养素会以很高的浓度分泌到母乳中，以支持婴儿的大脑、肝脏和细胞膜的发育。换句话说，发育中的婴儿由于以下三个主要原因需要额外的胆碱：

- 促进认知
- 支持甲基化修饰
- 生成细胞膜

研究人员还发现，如果怀孕期间母亲的胆碱含量较高，那么婴儿的记忆力和学习能力也可以得到很大的改善；而怀孕期间胆碱含量较低的母亲，其孩子记忆力下降而且学习障碍更大。[8] 大量的研究发现，美国大多数孕妇都缺乏胆碱，[9] 因此请用自然疗法或中西医结合的方式治疗，以确保你和宝宝都能得到所需的充足胆碱和甲基叶酸。

充分利用 PEMT 基因

玛莉索在充分了解自己的健康问题后变得很担心，但得知自己可以扭转局面后感到放心。我督促她从饮食开始做起。由于她仍然不愿过多地依赖肉食，因此我建议她制作鸡蛋沙拉，这也是我自己饮食的主要内容。（我喜欢用不含大豆的蛋黄酱、酸黄瓜、盐、胡椒粉和切碎的长叶莴苣制成的鸡蛋沙拉，也可以与无麸质烤面包一起食用。）我还推荐芥末鸡蛋，我比较喜欢普通的平底锅炒蛋或煎蛋。

以下是支持肮脏 PEMT 基因的一些建议，即使在你进行“净化基因的方法”之前，你也可以立即开始。

- 确保每天吃一些高胆碱食物。无论选择肉类还是蔬菜都可以，只要确保获得足够的胆碱即可。当我对自己的饮食进行评估并发现自己的胆碱摄入量不足时，我感到很惊讶。当我开始感到不适时，我的肝脏引起了我的重视。如果你从饮食中摄取了足够的胆碱，那么拥有天生肮脏的 PEMT 基因就不再是问题。

- 适度进餐。这对所有人都有好处，但对你来说尤为重要，因为多余的蛋白质、碳水化合物、脂肪和糖类会给已经紧张的肝脏带来额外的负担。解决方案很简单。当你感到大约八分饱时就停止进食。清理盘子 15 分钟后，就会有饱腹感。你的肝脏也会感谢你。
- 控制压力。我们都需要缓解压力，但这对你尤为重要，因为压力会肆无忌惮地造成胆碱燃烧。保持适度压力，让你肮脏的 PEMT 基因有机会变得更好。
- 吃绿叶蔬菜。甲基叶酸含量越低，用于支持甲基化循环的胆碱含量就越高。
- 确保蛋白质的吸收和消化。这要求彻底咀嚼，保持平静饮食，进餐时不喝超过 8 盎司 * 的液体，不服用抗酸剂，以及进餐时不开车。
- 减少精制碳水化合物的摄入。这意味着放弃薯条和饼干！寻找蛋白质、健康脂肪和复杂的碳水化合物，例如豌豆、嫩胡萝卜和鹰嘴豆泥。
- 在进餐之前或去过飞机、医院、学校、办公室和体育场馆等人流密度大的公共场所后，请使用天然肥皂而非抗菌剂洗

* 1 盎司约为 0.03 升。——译者注

手。这将有助于减少感染细菌和病毒的机会，从而减轻系统负担，并减少对胆碱的需求。

- 用牛油果油、葵花籽油或酥油烹饪，以减少脂肪酸的氧化作用。不要用椰子油或橄榄油烹饪，因为它们的吸烟点低。另外，一定要在烹饪时打开炉灶风扇。
- 爱护你的肝脏。由于85%的甲基化反应都发生在肝脏中，因此减轻该器官的压力将有助于保护你的磷脂酰胆碱水平，以及你的肝脏。限制饮酒，并戒掉防腐剂和所有不必要的药物（在医生的许可下）。
- 如果胆囊功能减弱，请考虑咨询从事内脏处理的专业工作人员。这些从业者可以轻柔地以手动的方式排干胆囊。我尝试过，并且效果很好。该操作快速有效，可以在你改变饮食和生活方式时立即缓解症状。

“净化基因的方法”如何支持你的 PEMT 基因

饮食

我们将确保你在饮食中摄入足够的胆碱和甲基叶酸，同时去除最有可能对肝脏造成压力的食物和饮料：包括高脂食物、含防腐剂的食物和酒精等。

化学制品

通过帮助你修复泄漏的肠道并增强消化功能，我们可以保护你免受致病菌感染的侵害，这些细菌和感染会给你的系统带来压力，吞噬胆碱并给甲基化循环造成负担。

压力

身体和情绪上的压力都通过胆碱来燃烧。通过专注于减轻和缓解压力，我们将帮助你节省胆碱并支持 PEMT 基因。

第三部分

净化基因的方法

12 沉浸与净化：前两周

当你从健身房回到家中或刚结束一场激烈的足球比赛时，衣服上满是汗水和臭味。此时，你要脱下衣服，进入淋浴间，用肥皂洗去汗水，然后将自己擦干，最后换上一身干净衣服。

然而，你可能看不到，你的基因很脏。人类总是倾向于修正可以看到的内容，而忽略没有看到的内容。但是头痛、皮疹、体重增加和失眠都是一种或多种肮脏基因共同作用的结果。药物或补品无法解决任何问题，它们只是将你的基因关闭。

问题在于，基因并不听它们的指挥。它们已经设定了指示，仅此而已。如果你了解基因的工作原理，就可以与它们一起实现最佳的遗传效率。

到现在为止，我们一起走了这么远。你会发现我一遍又一遍地讲道，我们必须解决导致肮脏基因问题的根源。现在我们到了这一步。在本书的第三部分，你将了解哪些基因需要时刻保持最佳的功能。在接下来的两周里，以下内容正是你要给它们的。

该方案旨在为你的基因提供所需的全部支持。

因此，在执行任何操作之前，我希望你首先停下来问问自己：

这些食物、补品或运动会支持你的基因或者让其更努力地工作吗？

请记住，如果你的基因只是不得不更努力地工作，那么你可能会出现自己不想看到的症状。

试着这样想想。在工作时，你会感到疲倦。当休假时，你会精神焕发，并准备重返工作岗位后解决遇到的任何问题。在接下来的两周中，你要为基因休假。没有人可以一年 365 天每天工作 24 小时而不会产生任何后果，更不用说你的基因了。请让它们休息一下吧。

一旦了解了这一行为的后果，你将做出更好的决策。基因会为此而感谢你，你将开始感到自己变得更强壮、更苗条、更有活力。

最重要的是，知道这些惊人的信息后，你会感到无所不能。面对困扰你一生的许多问题，你将最终获得答案。

沉浸与净化：第一周

你现在可能在遵循我之前提供的一些净化基因的建议。如果是这样，那么你已经接近成功了。太棒了！继续保持这些改变。你只需添加下面的一些新方法，即可进一步增强对基因的清洗能力。如果你尝试了一些较早的建议而没有成功，那么请停止使用，并按照下面概述的“沉浸与净化”方法进行操作。另外，如果你还没有尝试过，请不要担心，现在就抓紧开始做吧。

在下文中，根据“沉浸与净化”涵盖的饮食和生活方式等对建议的方法进行以下分组：

· 食物　· 睡眠　· 补品　· 减压　· 排毒

让我们首先来关注最重要的方法——食物，现在开始吧！

食　物

正如希波克拉底说的那样：“让食物成为你的药品。”

这里也存在一个问题。正如每个人需要的药物类型不一样，每个人需要的食物种类也不同。

我们都知道，虽然某种药物可能对某人有帮助，但它也可能产生明显的副作用，从而阻碍另外一个人。食物也是如此。发酵食品对我可能很有益处，可以补充我的微生物群系并治愈肠漏综合征，但肮脏的 DAO 基因可能无法处理多余的细菌。也许你可以忍受少量的面筋，但我却不能。我的儿子马修经常因接触牛奶制品而流鼻涕、烦躁不安，并且耳痛；而西奥在同样的情况下则经常眨眼并不断地清嗓子；与此同时，塔斯曼可以摄入牛奶制品而没有任何症状。我们都是不同的，对食物的反应也从侧面证明了这一点。

我们每时每刻都在变化。也许去年对你没有影响的食物在今年却给你带来了严重的症状，或者可能正好相反。不同的基因变得肮脏或变得干净，而且所有的基因都在相互作用，相互影响，因此作为回应，你体内的整个生物化学过程也在不断地发生变化。

这就是为什么“关注自己的感受”是“净化基因的方法”中提到的生活的基石。本书的目的是教你如何尽可能优化生活，以便你可以达到并维持你的遗传潜力。通过了解如何关注自己，你可以做到最好，这样你就始终知道该吃什么，以及什么时候开始吃。

关注你的身体和情绪

让我们面对现实吧。有时你想外出就餐，而有时你会觉得仅仅吃沙拉就足够了。这就是生活。

多年来，我已经学会时刻关注自己在精神、身体和情感上的感受。这可以让我判断自己需要吃什么。如果你像大多数人一样，在面对很大的压力时，就会去吃碳水化合物，然后摄取高热量的食物，以增加自己体内的多巴胺含量。那么问题是什么呢？多巴胺带来的愉悦感不会一直持续下去。因此，你一次又一次地这样做，只是增加了体重，并对所做的选择感到烦恼，但你却无能为力。

我知道了。

这就是为什么进行调整的第一步是要意识到“渴望与饥饿”之间的区别。当然，说起来容易做起来难。

当你处于渴望状态时，你很难理解渴望和饥饿之间的区别。渴望是你想吃一些特定东西时的感觉，而饥饿则是你肚子咕咕作响的空虚感。

我们都有肮脏的基因，这造成了渴望的状态。我们的基因越脏，就越渴望。这是一个非常好的信息：继续遵守“净化基因的方法”将大大地减少你的渴望。

不过一开始，你的渴望会向你发出尖叫：“投降！失败！这太难了！”不要听它们的话。我已经了解了将其关闭的方法，后面将与你一起分享。

但就目前而言，只需简单地将你的思维方式从渴望食物转变为真正感到饥饿。只需问问自己：“我需要吃东西还是我想吃东西？”如果你能做到这一点，那么余生你的基因将会感谢你。但是在此期间你还要做到其他几个方面。

不留遗憾

我们都是普通人，都会有渴望。我们都喜欢品尝味道美妙的食物，它们会刺激我们的味蕾。每个人都应该体验美味的食物，以及吃完一顿丰盛的饭之后温暖的感觉。

是的，因此不管白天还是夜晚我们都会到城里去吃一顿大餐，而且可能会消费一些对你而言并不理想的食物。没关系！我也是如此。下次你这样做时，请尽情享受。第二天不要为此痛打自己一顿，也不要有内疚感。你做了决定，而且享受了晚餐，第二天又是新的一天。用我的同事萨钦·帕特尔博士的话来说："在下一顿饭之前下定决心保持健康。"这有多美妙？只需回到我们之前提到的净化基因的方法，并支持需要额外帮助的基因即可。最酷的是，现在你知道该怎么做了。

只需要保证，在下次暴饮暴食或吃不适合自己的食物时，请享受它。感到内疚或者遗憾只会让你的基因变得更加肮脏。

试想一下，你邀请了许多好朋友到家里来，雇了一支乐队，为孩子们准备了一个大房子，而且为20个人做饭。大家在欢声笑语中度过了一段美好的时光。在离开的时候，每个朋友都给了你一个大大的拥抱，并说："哇，特别棒的聚会！谢谢！"你自己也感觉很好。

但是当你第二天早上醒来时，你却感到疲惫又沉重，双眼呆滞。家里一团糟，地毯上沾满了污渍，到处都是饭菜，狗在吃着桌上的残渣，院子里被孩子们弄得乱七八糟。你微笑着，回想起美好的昨夜。打开自己喜欢的CD（激光唱片）并开始清理垃圾，一次只清理一个房间。不要留有遗憾！

计划你的饮食

对于食物，我们大多数人只是遵循着自己的渴望。但是，我希望你可以多多关注、聆听自己的身体并做好计划。

为什么？

食物应该具有滋补和营养的作用，但很多人却不这样认为。反而一直在想："哇，我的感觉怎么样呢？这是咸的、甜的、肥腻的、难嚼的、松脆的吗？"或者是"糟糕，我有很多工作要做，但必须吃饭。我要出去拿东西，然后很快把它们吃掉"。

我希望你切换到一种不同的思维方式中。食物很美，食物是你的燃料，这并不是一个让人讨厌的东西。试着这样想："嗯……今天是个很重要的日子。我需要在工作中做演讲，带孩子们去踢足球，然后去看电影。为了今天的成功，我需要吃些什么呢？蛋白质可以帮助我思考。当我在足球场上跑来跑去时，我需要一些复合的碳水化合物，让我继续前进。在坐下来看电影之前，我还可以吃些浅色沙拉。"

制订此类计划需要了解你将要做的事情，以及完成这些事情你的身体需要什么。根据以下因素关注你的身体并制订饮食计划。

- 你的活动水平，包括脑力活动和体力活动。大量的脑力活动需要更多的蛋白质来保持敏锐，而进行更多的体力活动则需要蛋白质、健康的脂肪和碳水化合物来持续供给能量。
- 你的情绪——快乐、悲伤、疯狂、热情、无聊。同无聊相比，快乐和热情需要的食物更少。根据情况的不同，极端的情绪（例如悲伤和愤怒）可能需要更多或更少的食物。但是，无聊、悲伤或生气通常会驱使人们对食物的渴望，那不是真正的饥饿。
- 你的症状（或缺乏症状）。你感到头疼吗？感到沉重吗？有脑雾吗？无法入睡？没有能量？感到压力？或者你感觉很好——头脑清晰、精力充沛、思维敏锐？感觉很棒、清晰和敏锐的头脑需要更少的食物。你的工作进展顺利，所以不要让多余的食物将其弄乱。头痛、精神不振、入睡困难、压力和脑雾可能是由于食物选择不当，并且你也正在承受不良后果。另外，如果你很久没有进食了，那么这些症状可能就是你需要进食或补充水分的迹象。请关注它们，以便做出正确的判断。

- 你的基因。哪些需要净化？哪些需要额外支持？食物为基因提供燃料。给予它们所需的支持是你的工作，以使其发挥最佳性能，同时你也将保持最佳状态。给予它们垃圾，它们也将提供同样的“回报”。给它们优质的营养和充足的时间，它们会竭尽全力为你服务，帮助你取得成功。

追踪你的饮食

知道食物如何对你有益或者如何阻碍你，这很重要。时刻将饮食保持最佳状态对你绝对有帮助。进一步采取措施，并在饮食日记中记录你所吃的食物，这样效果更好。通过这种方法，当出现症状时，你可以回头看看自己所吃的东西，并推断出可能导致这些症状的原因。追踪还可以帮助你了解饮食的概况，例如，所吃的蛋白质、碳水化合物和脂肪的含量，以及一天中什么时候吃得多，什么时候吃得少。

当我开始追踪自己的饮食时，我发现自己吃的碳水化合物比想象中要多，这导致我感到困倦、脑雾和体重增加。我还发现了自己晚上睡不好的原因——吃得太多、太晚以及蛋白质摄入太多。

我更喜欢使用便捷的 CRON-O-Meter（一个计算卡路里并记录你的饮食和健康指标的应用程序）之类的应用程序，或许还有其他程序也可以帮助你。

通过饮食净化基因

- 保持基因清洁的最简单方法是保持健康的生活。通过食用有机食物，你可以减少基因必须要做的工作。与非有机种植食物相比，有机食物还具有更多的营养成分。[1]
- 成本可能是有机食品的最大限制因素。如果你家是这种情况，那就仅给最需要的人购买有机食品——那些传统种植的水果和蔬菜毒素含量较高。请查看由环境工作组提供的“健康”和“不健康”食品清单，这些食品是受工业化学品污染最多和最少的传统农业食品。环境工作组每年都会确定“最不健康的十二种”和“最健康的十五种”食品。这些清单通常变化不大。如果不购买有机食品，请尽量避免以下水果和蔬菜：[2] 草莓、苹果、油桃、桃子、梨、芹菜、葡萄、樱桃、菠菜、甜椒、西红柿、樱桃番茄、黄瓜、辣椒和羽衣甘蓝。

- 如果你不感到饥饿，请不要吃饭。当然也有一些例外情况（例如，如果你知道自己将长时间无法进食的时候），但是在大多数情况下，此禁令通常适用。
- 每餐吃到八分饱，然后停下来。
- 每天最多只能吃三餐。如果可以，最好戒掉零食。如果做不到，至少要控制它。
- 如果发现自己在吃零食，请参考以下常见原因：
  - 你是渴望而不是真正的饥饿。不要屈服于渴望，坚强一些。问问自己："我到底是想吃还是仅仅需要吃？"
  - 你有一个坏习惯，就是两餐之间要吃点东西，这是你需要改掉的习惯。突破它！
  - 你的燃料燃烧功能无法正常工作。
  - 你在吃东西，但却没有吸收营养。
  - 你没有吃有益于健康的食物，这意味着你的身体永远不会感到满足。最重要的是，吃得不好会导致发炎甚至营养不良。
- 每天禁食 12~16 小时。如果你在晚上 7 点停止进餐，然后在早上 7 点醒来吃早餐，这很容易实现。如果你在晚上 7 点吃完晚饭后到第二天早上 11 点之间不再吃任何东西，那么就是禁食 16 个小时。就我而言，感觉最好的状态是，晚上 7 点 30 分停止进食，在第二天上午 11 点或中午的时候开始进食。如果我上午出门参加会议或早上做演讲，我会选择早点吃早餐。在血糖下降的第一个迹象（思维缓慢）出现之前，我必须吃早餐。

- 咀嚼，咀嚼，咀嚼。吃一点东西，放下你的餐具，完全咀嚼，享受味道，吞咽，重复。我要说的是，我们中有99%的人都没有彻底咀嚼，让时间来赞赏每一口食物，但是仅此一项，就可以增加饱腹感。
- 用餐时限制饮水。喝一杯过滤水、山羊奶、杏仁奶、茶或酒，但不要超过一杯。不要稀释你体内的消化酶。这样做会限制你吸收所摄入食物营养的能力。请相信我。
- 用餐时不要喝冷饮。喝室温或更高温度的饮品是最好的。饮品温度低的话，就需要用你的身体加热它，从而消耗更多能量。通过喝常温的饮用水，可以节省能源。抱歉，喝冰水并不会让你减肥。冰水也可能引起胃部痉挛和肠绞痛，尤其是在运动的时候。
- 没有“大部分”无麸质这一说法。如果你只吃一两口麸质食物，那么可能会引发与吃一块面包相同的生化反应。为什么呢？因为你的免疫系统通过抗体做出反应，而少量的食物就有可能触发抗体。因此，99%无麸质等同于0%无麸质的食物。要么是100%不含麸质，要么就是含有麸质。
- 如果你正在发烧，请不要吃饭。只需用电解质为身体补充水

分即可。当然，如果你发烧时间较长或发高烧，则需要健康专家来帮助你解决问题

- 喝果汁就像喝苏打水。它完全是糖分，请限制它。我从不饮用果汁和苏打水。我花了几年时间来适应这一点，但我做到了。不摄入任何一个之后，我感觉好多了。喝果汁可以平息渴望，但它也会使你的基因变脏。
- 在家榨汁喝很好，但一定要榨蔬菜汁而不是水果汁。理想的情况下，使用破壁机来混合全部蔬菜和香草以获取所有营养和纤维。当然，有机产品是首选，这样你就不会让自己有机会接触除草剂和杀虫剂。

明智地选择食物

明智地选择食物，这将帮助你在净化肮脏的基因方面取得重大进展。关键是要知道什么可以吃，什么不能吃。我为你简化了一切，在下一章中，你会发现三餐的美味食谱。

在选择食谱之前，请你完成第四章中的“净化清单一”（如果尚未完成），以发现哪些基因肮脏。了解这些后，请选择可以帮助你净化这些基因的食谱。请给自己列一个购物清单并开始行动吧！

以下是一些通过饮食来净化基因的附加准则。

- 避免购买在杂货店的中间过道中存放的食物、带有未知成分的食物，以及白色的食物：

- 苏打水，常规饮料
- 快餐食品
- 任何含有叶酸（大量存在于加工食品中）的东西
- 速冻食品或速食包装食品
- 冷的早餐燕麦片（燕麦片和其他无麸质的热麦片可以）
- 格兰诺拉麦片
- 薯片
- 小吃，包括薄脆饼干、混合果汁、格兰诺拉麦片棒、能量棒和其他不会产生饱腹感的东西
- 糖果
- 冰激凌
- 能量棒
- 果汁
- 未经过滤的水
- 麸质
- 大豆
- 乳制品
- 酒精

• 重点关注杂货店外围摆放的食物、不含任何添加剂的食物，以及大自然为你提供的食物：

- 过滤水

- 新鲜蔬菜
- 一些新鲜水果，每天不超过三次；最好早上或下午吃，而不是晚上吃
- 鸡蛋（有机或散养）
- 自由放养的动物肉，最好来自当地的牧场主或当地的肉店——草饲牛肉、羊肉、野牛、鹿肉
- 鱼类和贝类（野生新鲜捕获）
- 坚果和菜籽
- 豆类、谷物和坚果
- 野生稻米
- 藜麦
- 来自自然食品合作社的新鲜熟食，如辣椒、汤、沙拉、主菜。当你忙碌时，所有这些都是极好的。请务必阅读成分表，并避免食用对你和你的基因无益的健康食品。

• 个性化你的饭菜。根据你在“净化清单一”中的得分，对每顿饭进行单独调整。下一章将提供有关何时吃、怎么吃的完整饮食指南。

• 烹调或蒸煮新鲜的食物。避免冷冻食品和剩菜。如果你要清理肮脏的 DAO 基因，剩菜就是个大问题。

• 消化食物。30% 的胃酸会因准备进食而释放：观察食物、闻

到气味并期待进食。花时间去做这三件事情。食物应该滋养你，包括思想、身体、精神和基因。一顿饭不应该是你匆忙完成的事情。为了明白我的意思，请在脑海中想象一下柠檬。你是否已经感觉到唾液在你口中流动？这表明你的消化功能已准备就绪。以这种方式预期和保留食物将使它的味道感觉更好——你也会减少进食，更有效地消耗食物并支持健康的新陈代谢过程。

- 烹饪时请使用炉灶排气扇。我知道这很吵，但是油烟有毒。呼吸进去的油烟越少越好。
- 仅使用高烟点油烹饪。酥油、牛油果油、葵花籽油和红花油最适合烹饪或烘烤。橄榄油、椰子油、亚麻籽油和核桃油则非常适合沙拉。

补　品

虽然我们的目标是从食物中获取所有营养，但这并非总是行得通的。食物中的营养元素由于各种原因而流失，就像土壤贫瘠化一样。此外，运输、极端温度、烹饪过程以及上货架的时间都会造成营养元素的流失。此外，我们每天也面临着大量会消耗掉我们急需的营养的化学物质和压力源。因此，有时我们也需要补品。

以下是一些大多数人不遵循的有关补品的基本原则，但是如果你这样做，将会对健康产生巨大的影响！

选择最适合你的补品形式

当谈论补品的形式时，我指的不是营养物质，而是营养物质的输送方式。补品最容易吸收的形式是脂质体（通过液体中的微观脂肪球传递），最难吸收的形式是片剂。以下排列是从最容易吸收到最难吸收的顺序：脂质体（液体）> 锭剂 > 粉末 > 咀嚼片 > 胶囊 > 片剂。

当你想要调节剂量时，顺序是相同的。当你想要微调剂量时，液体是最容易的，片剂是最难的。取 1/4 的液体很容易，但是要将片剂平分成相等的 4 份就很难！

在决定采用哪种形式的补品后还需要考虑以下几个问题。

- 如果你对补品敏感，则只需从一滴脂质体形式开始。如果你对补品的耐受性良好，则从 1/4 茶匙开始。营养可以以这种液体形式直接传递到你的细胞中。
- 服用锭剂也很不错，不仅可以吸收，还可以调节你要摄取的量。如果将锭剂放入嘴中并吸收，通常可以很快地体验到这种补品的作用，有时只需几分钟的时间。如果你感觉很好或什么症状都没有，那就太好了，请让它继续溶解。不过，如果你感觉更糟糕，那么请将其取出——可能此特定产品对你来说效果不佳，或者你可能需要将锭剂分成两份或四份来调节剂量。

- 粉末也很棒，因为你可以轻松调整剂量。对某些人来说，味道是一个问题，但也有很多口味极好的粉末。口味不太好的可以与一盎司的果汁或一点儿苹果酱混合食用。
- 如果需要调整剂量，咀嚼片通常可以切成 2 份或 4 份。
- 胶囊很方便，因为它们掩盖了味道并保护营养免受空气和水的侵蚀。大多数高质量的胶囊在胃或小肠中溶解性良好。人们常常打开胶囊，然后将内含物直接撒到嘴里或食物和水中，只要你与制造商或医务人员确认过就可以。但某些胶囊不应该以这种方式打开，例如盐酸甜菜碱，因为它是高酸性的，会燃烧。
- 片剂除非设计成烟酸等补品的缓释形式，否则通常没用。如果你的胃酸含量过低或正在服用抗酸剂，则片剂可能无法在肠道中很好地溶解，最终只能通过大便排出体外。一位公园护林员曾经告诉我的一位教授，他在园林里看到了许多维生素，这些药片使维生素完全没有被吸收就直接排出体外了！X 射线也可以显示人们消化系统中未溶解的药片。药片的制造（和购买）价格通常较便宜，但最终的服用方式导致它们变得很昂贵，因为这是在浪费时间和金钱。

不要被“建议使用”绑架

你在补品上看到的“建议使用”说明仅仅是建议。请遵循专业医生的处方或自己的感觉。我始终相信从少量开始，以了解补品对你的影响。如果“建议使用”量为每天四粒，则每天只需服用一粒。这样一来，你所获取的营养成分就将是补充成分标签上显示的营养成分的 1/4 的量。

一次只服用一种补品

我了解人们想要摄入许多新补品的冲动。我也很兴奋！刚开始与患者接触时，我知道哪些补品可以帮助他们，并且我经常一次推荐几种补品。当它起作用时，这感觉真棒。如果没有作用，那将是一场噩梦，因为我们不知道是哪种补品导致出现了问题。我已经学会了一次仅尝试一种补品的艰难方法。花几天时间，看看它如何为你工作。只有这样，一旦你看到有益或者没有变化，就应该添加其他补品。（这里所说的“没有变化”，可能是因为补品还没有来得及起作用，但至少不会对你造成任何伤害！）

了解你的身体和补品

在吞服任何补品之前，你需要了解服用该补品的目的是什么。是要提高血清素水平并减慢你的快速 MAOA 基因？还是要清除多巴胺并支持你的慢速 COMT 基因？

当你购买了特定的补品并准备首次服用时，请花一点时间注意一下自己的感觉。保持清醒的意识，注意“收听”身体的感受。

然后请关注你的感觉。某些补品会在几分钟内起作用，例如还原型辅酶，有些可能需要 30 分钟（例如乙酰基左旋肉碱）或 24 小时（例如南非醉茄）才起作用。请再次感知并关注补品是否在按照你的预期工作。你的慢速 COMT 基因现在工作得更快吗？你放慢了快速 MAOA 基因的速度吗？

你需要对自己的健康负责任，但更重要的是，你比任何人都更了解自己的身体。只有听完身体的信号，你才能决定需要哪些补品，以及何时不再需要它们。

遵循脉冲法则

脉冲法则是我确定需要服用多少补品的方法，了解应该在什么时候增加剂量、减少剂量或停止服用。了解和使用此方法对你来说至关重要。否则，你可能在需要补品时结束服用，甚至在它们开始对你造成伤害之后，还一直服用。如果身体缺少某种东西，而你用一种补品填补了这种缺陷，那么你将不再需要这种补品。如果继续服用，最终可能会过剩，将身体系统推向新的极端，出现新的令人不愉快的症状。这就是脉冲法则，是你服用补品的指南。

你感觉良好的那一刻，就是应该停止或减少服用补品的时刻。首先降低剂量，然后继续降低剂量，直到降低到很少或停止为止。

如果随着时间的推移你再次感到不适，则可以逐渐增加剂量。但是，如果你开始出现不同的症状，则可能意味着你服用的补品过多。如图 12.1 所示。

对于以下所有补品的建议，你需要使用脉冲法则。这些补品功能强大而且高效，仅在需要时使用它们。要在感觉良好的时候停止或减少用量。当你再次需要支持时，可以将它们重新加入。试着这样想，当你在度假时，也可以给补品放一些假期。我就是这样做的。另外，当你面对重重压力、睡眠不足或生病的时候，则需要更多的补品支持。添加一些基本的补品可以弥补这些不足。以下是我发现的非常有用的三种补品。

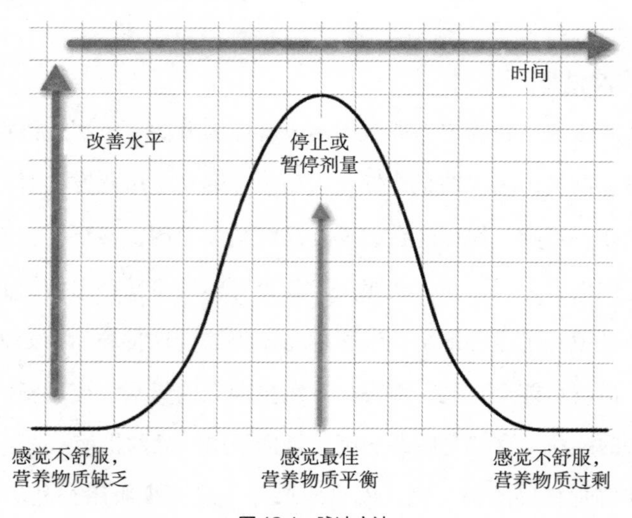

图 12.1　脉冲方法

- 复合维生素 / 复合矿物质——不添加叶酸。你的基因需要依赖特定的营养元素才能正常工作。我们大多数人没有获得足够的营养物质来支持实现最佳的遗传功能。好的复合维生素 / 复合矿物质可以很好地解决该问题。只要确保你获得的营养元素是不含叶酸的，就如你现在知道的，叶酸会弄脏基因，而不是净化它们。相反，请选择含有甲基叶酸和亚叶酸的多种维生素，它们是补充叶酸的最佳形式。铁元素可能会引起炎症，因此理想情况下，应摄入不含铁的多种维生素（除非你知道自己缺铁）。
    - 只有当你感到疲倦、有脑雾或通过其他方式得知需要额外的支持时，才应服用多种维生素。如果感觉不错，请不要服用。
    - 如果你感觉有需要，请在每天早餐时服用维生素建议剂量的 1/4 至 1/2。
    - 在午餐时再摄取 1/4 至 1/2 的多种维生素，仅在你确实需要补充时再服用。
    - 切勿在睡前五个小时内服用多种维生素。维生素 B 可能会有刺激性并阻止你进入深度睡眠。
- 电解质。许多人体内缺乏电解质，电解质中含有钠、钾、氯、钙、镁和磷酸盐。当电解质含量不足时，你的电能量也很低。电解质缺乏的常见症状是肌肉收缩、心律不齐、精神和身体疲劳、脑雾、排尿频繁、在饮水后几分钟内就排尿、突然站立时头晕目眩、不爱出汗。你应该服用至少含有钾、镁、氯化物、钠和牛磺酸的电解质补品，其中不含糖、食用色素或任何人造物质。你需要牛磺酸，因为它也含有电解质。

- 运动前或早晨醒来时服用电解质。
- 如果你没有上述症状，并且不运动或蒸桑拿，请停止服用电解质。
- 如果你因电解质而便秘，则需要多喝水或间隔一天再服用。

• 调理素。支持你应对压力的草药复合物称为调理素。常见的调理素有印度人参、红景天、西伯利亚人参、西番莲和野燕麦。维生素 B_5 和维生素 C 也有助于缓解压力。

- 每天最好可以摄取一定量的调理素，因为它们能为你提供在压力下保持弹性的资源。另外你可以在度假时跳过它们，因为那个时候压力水平比较低。
- 请在早餐后服用。如果你感到压力很大，就请同时在早餐和午餐后服用。

除了根据需要服用上述补品外，还需要尽可能少地服用药物，但始终需要专业医生的帮助。

• 停止服用非医嘱的药物。一些非处方药（例如抗酸药）需要逐渐减少，因此请与你的专业医疗保健提供者进行合作开始该过程。突然停止服用某些药物可能会产生一些反弹效果，也就是说，在停止服用抑制某些症状的药物后，你的症状会变得非常强烈。这种情况很糟糕，因此请在专业人员的指导下逐渐减少药量，以避免发生这种情况。

- 对于处方药物和补品，请询问你的医生是否可以停止用药或逐渐减少剂量。未经医生的许可和帮助，请不要停止服用任何处方药或补品。如果你突然停止了，则可能会危害健康。

排　毒

- 避免用塑料容器保存食物。这包括你用于烹饪、储存、饮食和饮用的所有容器。
- 依靠不锈钢、玻璃或黏土。同样，这也适用于厨房中的所有容器。
- 避免使用不粘锅或炊具。保持食物不粘锅的技巧是不要在高温下烹饪，并且在翻转或放置食物之前先将锅从高温的状态下移开几分钟。
- 避免使用空气清新剂和有香味的产品。现在肥皂、烘干纸、卫生纸、纸巾等产品中的气味普遍较重。我们仅仅是为了闻起来“干净”吗？营销方式使许多人确信，如果某个东西是干净的，则必须有气味。事实上并非如此，如果某个东西很干净，它应该没有任何气味。如果闻起来有气味，这可能会使你的基因变脏。

- 避免接触农药、杀虫剂和除草剂。这些物质无处不在——食品中、学校里、公园内、工作场所中。首先在你的后院开始做出改变。醋和水的混合液体是很好的除草剂，丙烷喷灯焰也是如此。健康的土壤可以种植健康的植物，不需要任何化学物质。
- 调查你的生活环境。寻找可能的霉菌或其他毒素来源：潮湿的地方，出现的霉菌或霉菌斑块，地板、墙壁或天花板上的水渍。制订清理或清除计划。另外，请访问 www.scorecard.org，以了解当地环境中最常见的化学制品，然后尽可能地保护自己免受这些物质的伤害。
- 出汗。尽可能地这样做：保持运动，穿上暖和的衣服快走，以及泡泻盐浴。如果你正在服用电解质，请考虑在 120 华氏度（约 48 摄氏度）下进行热瑜伽或桑拿，只要你可以舒适地忍受，在长凳上放一条毛巾以保持木材表面的清洁，并在运动后一定要淋浴并用肥皂清洗出汗的皮肤。当你在桑拿浴室中时，请集中精力进行呼吸，并尝试使用按摩滚轮对皮肤进行按摩。切勿强迫自己在桑拿浴室里待的时间过长。一旦你感到好了，就完成了。如果 30 秒后你有这种感觉，那也很好。第二天可以再试一次，此后请休息一两个小时。在此期间不要进行运动或做爱。

睡 眠

- 最佳就寝时间是晚上十点半。如果你睡得比这晚得多，请隔天以半小时为增量开始早点睡觉。
- 改善你的睡眠质量。结合以下策略，则会产生很大的变化。
  - 除非你的 MAOA 基因是快速的，否则就别在睡前三个小时内进食。如果你的 MAOA 基因速度较快（如果你整夜未睡），则在就寝前的一小时内享用简餐可能会有所帮助。那天晚上的晚餐只要吃几口就足够了。
  - 下午两点以后不要喝含咖啡因的饮料。理想情况是整天都不要喝。
  - 在睡觉前停止使用电子设备，并设置飞行模式，直到第二天早晨。
  - 在计算机、电话和电子设备上安装蓝光滤镜。
  - 关掉所有小夜灯。
  - 打开窗户，呼吸新鲜空气。如果天气寒冷，请盖上暖和的毯子。
  - 阻挡路灯或邻居的明亮照明灯，如果可以，请邻居关闭那些灯。它们会毁掉你的熟睡状态。
  - 询问别人你晚上是否打呼噜或者用嘴巴呼吸。如果是，请咨询你的牙医。打呼噜与用嘴巴呼吸会导致彻夜难眠，就像我们看到的那样，这是由肮脏的 NOS3 基因造成的。

- 睡前不要服用复合维生素，因为它可能会让你彻夜难眠。酪氨酸和一些中草药兴奋剂等补品也可以使你保持清醒。
- 使用 Sleep Cycle（分析、记录的应用程序）或智能手环追踪你的睡眠质量。跟踪睡眠有助于你发现趋势。通过跟踪，我发现了自己睡眠中的许多变化，并且改变了一些不好的习惯以获取更深的睡眠和快速眼动睡眠（REM）。我的睡眠时间从每晚平均 6 分钟（是的，只有 6 分钟！）提高到现在平均 45 分钟的深度睡眠和 3 个小时的 REM。好消息是，在本书中我已经与你分享了所有技巧。

减　压

- 走出去。散步、运动、结识新朋友或欣赏周围的美景。夏季，让自己每天在阳光下待 15 分钟，皮肤裸露。之后，请涂上防晒霜。
- 每天进行 5 分钟简单舒适的拉伸。瑜伽中的拜日式很棒，尤其建议在早晨醒来的时候做。

- 深呼吸。专注于你的呼吸，用鼻子以缓慢而稳定的速率呼吸。请注意你是否屏住呼吸、打鼾、打哈欠或用嘴巴呼吸，并有意识地改变呼吸方式。你应该感觉到空气从鼻子缓慢进入，然后缓慢呼出。当人们承受压力时，通常的反应是从胸部向上呼吸得更快、更浅，而不是从腹部缓慢地深呼吸。尽力扭转这种状态，以便即使在有压力的情况下也可以继续深呼吸和缓慢呼吸。这样可以极大地缓解压力，还有助于你更好地集中精力并保持清晰的头脑。

当你感到压力或焦虑、手脚冰凉、无法放松或者口干时，可以进行以下五分钟的简单练习。

- 身体坐直或者仰卧，将一只手放在胸部，另一只手放在腹部，这样你就可以感觉到手在移动。首先将你腹部的手移开，其次是位于胸部的手。只专注于呼吸。每次吸入或呼出算作一次。
- 请注意，凉风进入你的鼻子，紧接着凉风离开你的鼻子。然后开始故意放慢呼吸。你感觉略微有些喘不过气来，就像在爬山一样。
- 准备好后，请进一步放慢呼吸。轻柔地呼吸，以至于几乎没有空气进入和离开鼻子。继续执行此操作，直到你的五分钟计时器关闭。在此期间和之后，你应该感觉到手和脚变暖，鼻子不那么堵塞，嘴里唾液增多，以及整体上感到平静。

下次你在工作或生活中需要休息的时候，请练习一下这种简单的呼吸方法，以恢复血液循环并保持平和的心态。

典型的“沉浸与净化”日

以下是一份“沉浸与净化”日的日程，我们可以用它来创建自己的“健康时间表”，以确保预定的事情可以完成。请使用“净化清单一”中的结果来确定你应该如何选择最佳饮食（请参考下一章的“净化基因饮食指南”），以支持相应的基因。

- 苏醒。在阳光下自然醒来，或者将睡眠周期应用程序闹钟设置为最适合你的时间唤醒你。（睡眠周期闹钟会在你处于轻度睡眠状态时唤醒你，但不能晚于你设置的闹钟时间。）
- 晨间例行之事。在开始新的一天之前，请认真倾听自己的身体。
    - 喝 4 盎司水，加 1 茶匙苹果醋或鲜榨柠檬汁。
    - 做拜日式瑜伽。
    - 吃早餐（只有当你感到饥饿的时候）。
- 早餐。如果你早晨不感觉饥饿，请跳过它，晚些时候再吃。
    - 不要因为你必须吃而吃，而是在发现自己饿的时候再吃东西。我通常在早上 7 点起床，然后在 10:00 ~11:30 吃早餐。

- 有时候我根本不吃早餐。我喜欢这种感觉——头脑清晰，保持专注。如果你不饿那就不要吃，当开始感到疲倦或有点饿的时候再吃。
- 不要在你感到饥肠辘辘的时候再吃饭。出现这些症状意味着你的血糖已经很低了，你可能会选择摄入大量碳水化合物以恢复血糖，这将导致血糖峰值和崩溃的悠悠球效应，并可能持续一天。尽量将血糖保持在平均水平。关键是有意识地学习聆听自己的身体。建立这种意识可能要花一些时间，但是当你开始问自己“我现在感觉如何？”时，你会惊讶地发现它会很快地实现。

• 工作。随身携带一瓶过滤水，并随时补充电解质。你可以从使用海盐开始。

- 开始工作之前，在户外行走十分钟，以呼吸一些新鲜空气。
- 专注于提高效率。排除一切干扰，让自己有空闲时间。确定每天最重要的三件事，然后完成它们。如果你清单上的事情超过三件，则很难将它们全部完成，这可能会令人沮丧，并加剧了你无法控制自己一天的想法，所以坚持只做三个！
- 对任何会干扰你的主要目标和行程的事情说“不”。学会拒绝，你会惊讶于自己的生产力。
- 每小时站起来活动几分钟。可以做一些俯卧撑或去爬楼梯，更好的方法是到户外去呼吸新鲜的空气。

- 午餐。这可能是你一天中最丰盛的一餐。
  - 进餐时不要使用电子设备；不要在开车时进餐；坐下来吃午餐，并与他人交谈。
  - 充分地咀嚼食物。
  - 别着急，慢慢来。享受你的食物。
- 工作之余。完成一天的工作任务后，为自己计划一项远离电子设备的活动。
  - 锻炼、阅读、徒步或任何业余爱好。
  - 去商场购物、洗衣或打扫房间。
- 晚餐。根据你当天的活动量和感觉来进餐。
  - 请参阅第十三章中的“净化基因饮食指南”并据此进食。
  - 除非你有快速的 MAOA 基因（根据“净化清单一”），否则不要在睡前三个小时内进餐，在这种情况下，睡前一小时内可以吃鹰嘴豆泥和胡萝卜，或者吃一些晚餐剩下的东西。
- 晚上例行之事。晚上的活动会影响你的夜间睡眠。
  - 过滤掉屏幕上的蓝光。将所有电子设备调整为手机内置的夜间模式下，或者在所有设备上安装 f.lux（护眼应用程序）。

- 写下当天让你感恩的事情。
- 冥想五分钟。

• 就寝。保证 7~8 小时的睡眠时间。累了就去睡觉。不要熬夜（请记住，你的目标是在晚上十点半之前入睡）。

- 喝一杯过滤水。
- 将手机调至飞行模式，设置你的睡眠周期应用程序，关闭无线网络。

以上建议主要是针对工作日，我们还要注意如何安排其他日子。以下是一些建议。

• 周末。使你的睡眠和唤醒时间与工作日保持一致。

- 祝你周末愉快。除非面临最后的期限，否则请不要工作。
- 写在日记本上：过去的一周，你最感谢的人和事是什么。
- 为下一周做好准备。例如购物、洗衣服、打扫房间和院子。让全部家庭成员参与进来，分配杂务并委托日常工作。
- 与朋友、家人或者自己计划每一天的活动。它可以让你感到安心，并且无论面对多么复杂的工作，都像是在度假。

• 假期。提前计划，和家人们畅所欲言。

- 你想去哪里？
- 孩子什么时候放学？如果可能的话，不要受日历上的计划所限。我是自由职业者，所以有一定的灵活性。一旦我开始按照自己的行程来规划一切，我们的家庭生活质量就会大大地改善！现在，我总是围绕着孩子做计划。

- 自发的一天。偶尔旷工一天，给你的伴侣和孩子们一个惊喜。
  - 白天去滑雪、家庭野餐聚会或者去周边郊游，这些都很有趣，仿佛在宣告："放松，我要玩一天。"

请注意，此计划的关键是要保持平衡。你需要时间上班，也需要时间休息、娱乐和放松。你可以根据身体的自然规律进食和睡眠，但也可以通过设置常规流程来帮助身体更好地运行。如果你的工作需要长时间坐下来，那么你每60分钟左右就需要站起来活动一下。当你吃饭时，你会感到放松和愉悦，因此身体会从压力模式切换到休闲模式。请记住，压力是影响你健康的真实、可度量的生理因素。这个时间表可以帮助你真正地缓解压力，你的基因将为此而感谢你。

沉浸与净化：第二周

继续保持第一周的日程，并做一些适当的调整。

食物

- 采取措施来更好地消化食物。饭后还会打嗝和腹胀吗？也许你的消化功能需要更多的支持。早晨醒来后，将 4 盎司过滤水与一茶匙未过滤的苹果醋混合，一小口一小口地喝下去，直到感觉肚子有些温度后停下来。如果你有（或怀疑有）胃溃疡，请不要这样做。

- 专注于平静地进食，与朋友或家人交谈或充分享受自己的独处时间。请确保桌子上没有任何电子设备！享受就餐的乐趣，让食物有机会滋养你的细胞和基因。消化没有捷径。我们有时会进入快餐店，边吃边工作，那样只是把汉堡胡乱塞入胃里。千万不要那样做，进食不是为了让你的胃安静下来，而是为了使你可以重新开始工作。请享受食物滋养你的过程，这也是你与同事或伴侣以及孩子互动的好时机，孩子的成长只有一次，仅此一次。共同进餐是通过饮食和交谈建立和谐的家庭关系的一种好方法。

补 品

- 添加脂质体谷胱甘肽。许多人都缺乏这种营养元素，它对体内多种生物学过程都有重要的作用。但是，除非你已经服用复合维生素，否则不要单独服用。复合维生素为你利用谷胱甘肽提供了所需的营养。

  - 最初三天请在每天早餐或午餐前服用 3 滴。

- 如果你感觉没有变化或只有轻微的改善，请增加至每天1/2 茶匙，持续三天。
- 如果仍然没有变化或只有一点儿改善，则增加至每天一茶匙，再持续三天。如果感觉有所改善，请继续保持三周再停止。
- 如果你感到很好，请停止服用谷胱甘肽，直到你感觉再次需要它。
- 如果你感到不舒服，请停止服用，直到你服用了钼和消化酶两周后（见下文）。然后再试一次。

• 如果你的呼吸、腋窝或体味有硫黄味，或者你对亚硫酸盐敏感，请服用钼。使用脉冲法则从 75 微克钼开始，这将在几天内解决问题。如果没有，请继续服用钼，增加钼的摄入量，减少含硫食物一周，然后再次尝试脂质体谷胱甘肽。

• 如果需要，请添加消化酶。如果你在用餐期间或餐后仍感到有气体、腹胀或打嗝，则需要其他消化酶支持。考虑与胰酶一起服用甜菜碱盐酸盐。如果你对脂肪或油不耐受，请添加脂肪酶或约 250 毫克的牛胆汁。

- 随餐服用甜菜碱盐酸盐、消化酶和牛胆汁。但是如果你吃便餐，则可能不需要它们。你可以根据经验判断是否需要额外的支持。
- 你有胃溃疡吗？在胃溃疡得到治愈之前，请勿服用甜菜碱盐酸盐或者消化酶。使用锌肌肽、芦荟凝胶和L－谷氨酰胺来帮助治愈胃溃疡。

排　毒

- 避免使用家用清洁剂。最基本的操作效果也很好：热水、无味肥皂、醋、盐、小苏打。请记住，如果闻到某种气味，就可能会使你的基因变脏。
- 使用滤水器。使用多级滤水器是一种饮用纯净水的最佳而且廉价的方法。由于包装和大量运输的要求，瓶装水通常质量较差并且对环境有害。不推荐使用碧然德式滤水器，因为它们仅过滤氯气，不仅比其他过滤器贵，而且是塑料材质。在淋浴设施中安装过滤器，以去除水中的所有氯。氯对你的肺、皮肤和头发有害。使用过滤器一周后，你会发现自己的皮肤和头发变得更好。一旦皮肤适应了无氯的环境，你甚至可能不需要乳液或乳霜。
- 使用高效微粒过滤真空吸尘器。廉价的真空吸尘器造成的危害要比尘埃严重，使用高质量的真空吸尘器将受益多年。这是一笔不小的投资，但会持续很长时间，因此你也将受益很长时间！理想情况下，在家里少用地毯。如果可以的话，请考虑用瓷砖、石头或木头代替它，以减少会刺激基因的灰尘和化学物质。

- 清洁或更换炉子空气过滤器。不要跳过这一步骤。肮脏的炉灶会给你的 GST/GPX 基因带来更多麻烦，然后弄脏其他基因。
- 清洁空气管道。如果你使用加压气流为房屋供暖，并且两年内没有清洁管道，则需要完成这项工作。
- 清洁每个灶台下的水槽和排水管道。拧开或拆开后用热肥皂水对其进行冲刷。同时也要擦洗管道内，这些脏东西有多么令人讨厌，你会为之惊讶！

睡　眠

- 继续将就寝时间调至晚上十点半。你会惊奇地发现，当你晚上准时入睡并在早晨醒来时会获得很多能量，而不是让昼夜节律与太阳的周期失去平衡。
- 随着太阳的升起而起床。每天早晨让阳光照进你的房间。在百叶窗（如果需要在夜间遮挡灯光）上安装自动计时器。如果无法做到这一点，请考虑使用日出闹钟帮助创造晨光。

减　压

- 每晚上床睡觉前至少冥想三分钟。请参阅我在 www.DrBenLynch.

com 中的建议，以获取有关应用程序和其他方法的帮助，除非你更喜欢使用传统的冥想方法。关键在于要坚持冥想，每天三分钟比每周一次二十分钟更有效。

- 进行“新闻斋戒”。停止浏览新闻。面对现实：大多数新闻都是负面的。这些信息充斥着你的大脑，它们正在伤害你。我不看新闻已有十多年了。我仍然了解正发生的事情，你也可以。订阅你喜欢的在线报纸，并只让它推送重要新闻。只阅读你真正需要的内容，忽略其余的部分。
- 减少使用社交媒体的时间。每天可以使用两次社交媒体，但是如果你经常访问自己喜欢的网站，尤其是如果你总是忍不住去查看它，那我可以保证，它会让你感到压力很大，而不是让你感到放松。更重要的是，你在网上与“朋友”一起度过的时间使你脱离了现实生活中的朋友和家人。导致压力水平直线上升的部分原因是计算机上刺激眼睛的蓝光，以及你关注并阅读令人沮丧的新闻（没有人来处理这些事情）。与亲人共度时光后，压力水平会下降，因为你会感到安全、亲密并融入现实世界。你对此有所怀疑吗？完成“沉浸与净化”阶段后，请在接下来的几周内尝试继续进行“污点净化”。到时候你将知道清除社交媒体垃圾的感觉有多棒！

彻 底

我和家人已经对自己的基因进行了多年的“沉浸与净化”，并向来自世界各地的患者分享了它。我不断收到有关这种方法如何帮助人们克服健康问题的电子邮件。我相信它一定也可以帮助到你。

但是纸上的文字毫无意义，我们需要采取行动才能感觉更好。致力于尊重你自己及自己的健康水平，致力于在受到遗传水平调控之前，从一开始就恢复你的健康状况。

不用着急。如果你认为此方法有所帮助，那就意味着你现在已经完全掌握它了，很棒。你已经处于领先位置了。只要你感觉需要，就可以一直进行“沉浸与净化”阶段。为期三个星期，一个月，九十天，一年，只要你不断改进并向前迈进，就无须继续进行“污点净化”。实际上，我不希望你转向“污点净化”阶段，除非你觉得已经尽可能地完成了“沉浸与净化”阶段。如果仍能获得成果，那么请坚持下去。除非你感觉到自己已经达到瓶颈期，否则不要继续进行“污点净化”阶段。

试着这样想吧。“沉浸与净化”是我每天坚持的生活方式，这并不是暂时的，这是一种保持基因清洁的生活方式。大多数时候，我的感觉很好，尽管基因很脏，但它仍然满足了我的需求。当我感到压力很大，生病或受伤，接触额外的化学药品感觉不适时，我会通过调整自己的感觉并填写“净化清单二”来评估哪些基因肮脏，然后开始进行“污点净化”。一旦恢复，我便回到通常的“沉浸与净化”日常护理中去。

就像你穿着自己喜欢的衣服一两天以后，便将它们扔进洗衣机清洗，通常情况下“沉浸与净化”可以顺利地完成工作。但是，有时你会弄脏衣服而且不得不进行“污点净化”。你这样做，然后再回到常规的“沉浸与净化”状态。这正是我希望你考虑此方法的方式。你就是自己的衣服。直到现在，还没有人教过你如何净化基因。

请尽情享受“沉浸与净化”！两周后，我相信你会感觉比之前好多了！

13 净化基因饮食指南

我知道你很繁忙，你想轻松地改变饮食习惯，并让自己感觉好一些。你需要制订一个为期 28 天的计划，该计划将为你提供所需的答案，使你变得比现在更好。

好吧。但是六个月后会发生什么呢？一年、两年，或者十年后又会怎么样呢？

如果我给你一个菜单，那可能对你无效。因为我不知道你的日程。我不知道你住在哪里，不知道你那里的气候和食物供应状况，也不知道你喜欢、反感或讨厌什么食物。

有时候，制作菜单很方便，但如果你要针对特定的疾病，例如体重超标、肠漏综合征、自身免疫性疾病等，则可能需要量身定制菜单计划。

不过在本书中，我们正在做一些完全不同的事情。我正在教你了解身体的运作方式，一直深入到遗传水平。你现在知道了甲基化循环的工作原理，知道“七大巨星”的重要性，并且知道它们是如何变脏的。

因此，与提供统一的菜单相反，我创建了许多超级健康的食谱，其中包括一些我与家人在家里吃的食谱。每个配方都标有其相应支持的基因，以及可能弄脏的基因。

我为什么要给你一个可能使某些基因变脏的食谱呢？因为每种食谱几乎不可能都支持细胞内的每个基因。根据哪个基因或哪些基因给你带来麻烦，你将需要专注于某些特定食谱而避免使用其他食谱。

例如，某些食谱需要西红柿。如果你的 DAO 基因变脏了，那么也许你应该从食谱中删除西红柿，或者利用其他食谱来支撑你的 DAO 基因。如果你有一个干净的 DAO 基因并且喜欢西红柿，那么我们为你准备了绝妙的食谱！

如何确定使用哪种食谱

- 在“净化基因的方法”开始时，你将完成“净化清单一”。两周后，你将完成“净化清单二”。每个清单将帮助你找出那些肮脏的基因。
- 查找支持那些肮脏基因的食谱。查看哪些对你有益，然后将其添加在你日常的食谱中。

净化基因饮食指南

以下是一些适用于所有人的饮食建议，无论你哪些基因肮脏：

- 每天禁食 12~16 个小时。
- 仅在平静和放松时进餐。
- 专注于饮食（没有工作，没有电子产品，仅进行咀嚼和交谈）。
- 每天最多吃三餐，不吃零食。
- 吃到八分饱为止。
- 学会区分渴望与真正的饥饿。
- 仅在饥饿时进食。
- 不要在睡前三个小时内进餐（除非你有快速的 MAOA 基因，然后你睡前一小时可能需要吃些零食）。
- 确保每餐都平衡蛋白质、碳水化合物和脂肪的摄入量。
- 尽可能食用有机种植的食品，或至少避免使用脏污食品（参考环境工作组建议的“污染最严重的食品”）。

现在，让我们更加深入地看一下如何选择针对不同肮脏基因的食谱和膳食计划。请记住，本章中的每个配方都标识了其最能支持的基因。

肮脏的 MTHFR 基因

- 任何带有绿叶蔬菜或豆类的食谱
- 任何支持 PEMT 基因的食谱

13. 净化基因饮食指南

慢速 COMT 基因、慢速 MAOA 基因

- 早餐含均衡蛋白质、碳水化合物和脂肪
- 午餐含均衡的蛋白质、沙拉和脂肪
- 晚餐含少量蛋白质、更多沙拉和脂肪

快速 COMT 基因、快速 MAOA 基因

- 早餐含均衡蛋白质、碳水化合物和脂肪
- 午餐含均衡蛋白质、碳水化合物和脂肪
- 晚餐含均衡蛋白质、碳水化合物和脂肪

肮脏的 DAO 基因

- 仅限于近期准备的食物，没有剩菜
- 仅限于新鲜的海鲜和肉类，烹饪前需冲洗和干燥
- 任何包含低组胺食物的食谱
- 任何适用于去除或减少高组胺食物的食谱

肮脏的 GST/GPX 基因

- 任何沙拉食谱或包含鸡蛋、绿叶蔬菜或十字花科蔬菜的食谱

肮脏的 NOS3 基因

- 任何支持 GST、MTHFR 或 PEMT 基因的食谱
- 任何平衡 COMT 和 MAOA 基因的食谱
- 任何包含坚果和种子的食谱

肮脏的 PEMT 基因

- 任何包含鸡蛋、甜菜、藜麦或羊肉的食谱

- 任何支持 MTHFR 基因的食谱

净化基因的菜单

尽可能选择有机食物，并使用过滤水进行烹饪。从传统意义上讲，工厂化养殖的肉、鱼、农产品，以及未经过滤的水都会污染你的基因。另外，我建议你放弃标准食盐，改吃喜马拉雅盐或凯尔特海盐，它们都富含矿物质。如果要吃食物，就必须吃清洁的健康食品！

早　餐

突尼斯早餐汤配水煮蛋

这是时下最流行的突尼斯早餐炖菜和鹰嘴豆。如果你愿意，可以用煎蛋代替水煮蛋。为了正宗，辣酱应该使用哈里萨辣椒酱，一般超市都可以买到。

这顿丰盛的早餐可以支持你的所有基因。如果你的 DAO 基因变脏了，则可能需要去掉辣酱（除非你有适合自己的酱料）。

四人份

- 4 杯鸡肉或蔬菜汤（自制或购买）
- 1 个 15 盎司的鹰嘴豆罐头（沥干）

- 4 杯甜菜果或芥菜，切成 2 英寸[*]大小的块状
- 1 汤匙小茴香粉
- 1 茶匙辣椒粉
- 1/2 茶匙粗海盐（或更多）
- 1 茶匙辣椒酱
- 锅中装 3 英寸深的水
- 2 汤匙鲜榨柠檬汁
- 4 个生鸡蛋
- 4 片厚的无麸质面包（烤好的）

步骤

1. 在一个小锅中，用中火加热肉汤。加入鹰嘴豆、蔬菜、小茴香粉、辣椒粉、盐和辣酱。煮至青菜熟透为止。

2. 煮鸡蛋，在平底锅装 3 英寸深的水，加入柠檬汁，搅拌，然后用中火煮开。将鸡蛋打碎倒入水中，一次煮两个鸡蛋。鸡蛋约煮三分钟（流质蛋黄煮两分钟，成形蛋黄煮四分钟。）用漏勺轻轻取出鸡蛋，将它们放在纸巾上。

3. 吐司面包放入四个碗中，将平底锅的鹰嘴豆汤平均分配到面包上，在上面放一个鸡蛋，与辣酱一起食用。

---

[*] 1 英寸约为 2.54 厘米。——译者注

我家的早餐奶昔

味道浓郁的浆果、杏仁奶和一些富含蛋白质的种子，色香味美，而且快速、轻松、营养丰富，是你旅途中完美的早餐。

这种快速简便的奶昔可支持你的全部基因。如果需要支持快速的 MAOA 基因或快速的 COMT 基因，请添加更多的蛋白粉；如果你的 COMT 基因或 MAOA 基因的速度较慢，则添加少量的蛋白粉。

两人份

- 3 杯杏仁奶
- 1/2 杯冷冻蓝莓
- 1/2 杯冷冻覆盆子
- 2 汤匙奇亚籽
- 2 汤匙亚麻籽
- 2 汤匙大麻种子
- 1~1.5 汤匙豌豆蛋白粉

将所有成分加入搅拌机中，搅拌均匀。准备享用吧！

羽衣甘蓝和胡萝卜炒鸡蛋

这道菜提供了炒鸡蛋的家常味道，以及蔬菜中的一些额外纤维和营养成分。你将从鸡蛋的胆碱和羽衣甘蓝的甲基叶酸中受益。

13. 净化基因饮食指南

这份早餐支持所有基因，但带有肮脏 DAO 基因的人可能需要去掉辣酱。

两人份

- 2 汤匙酥油（分开放）
- 5~6 个鸡蛋
- 1/2 茶匙粗海盐
- 1/8 杯水
- 1 瓣大蒜（切丁或通过搅蒜机搅成丁）
- 1/2 洋葱（切成薄片）
- 1 束羽衣甘蓝，切成薄片，茎切成 1/4 英寸左右的块，叶子切成 1.25 英寸的碎片
- 1 个大胡萝卜，去皮切成薄片，再切成半个月牙状
- 3 片熟火腿或培根，切碎
- 1/4 茶匙现磨黑胡椒
- 辣酱（可选）

步骤

1. 在锅中用中火加热 1 汤匙酥油。

2. 当锅变热时，用盐和水将鸡蛋打散。

3. 将混合物倒入热锅中，然后用刮铲轻轻搅拌鸡蛋直至煮熟。将它们放在锅中，从火上移开，然后开始处理绿色蔬菜。

4. 在另一个锅中，用中高温加热剩余的酥油。当锅热时，加入大蒜和洋葱。煮至浅褐色。再加入羽衣甘蓝茎、胡萝卜、火腿或培根。胡萝卜变软后，加

入羽衣甘蓝叶并混合翻炒。加入胡椒粉和其他盐调味。盖上锅盖并关闭燃气灶。让混合物再凝固 3~4 分钟。

5. 食用时，首先将炒鸡蛋放入碗中，然后放入蔬菜混合物。如果需要，可以添加一些你喜欢的辣酱。

莴苣菜和羊乳酪菜肉馅煎蛋饼

这道美味的菜肉馅煎蛋饼可以在加热、温热或常温下食用。加入火腿或香肠以增加蛋白质的含量。

这道菜既适合 GST/GPX 基因、PEMT 基因，也适合快速和慢速 COMT 基因，以及快速和慢速 MAOA 基因。如果你的 DAO 基因变脏了，请去掉奶酪和蘑菇，并确保使用新鲜的（而不是腌制的）火腿。

四人份

- 8 个鸡蛋
- 4 汤匙杏仁奶
- 4 汤匙绵羊或山羊奶乳酪，切成 1/2 英寸的碎片，分成两部分
- 1/2 茶匙粗海盐
- 1/2 茶匙现磨黑胡椒粉
- 4 汤匙酥油
- 2 汤匙切碎的洋葱
- 6 个中号蘑菇，切成 1/2 英寸的块

- 1 磅莴苣菜，切成 1/2 英寸的块
- 1/2 杯切成丁的熟火腿，或 2 块切成 1/4 英寸的熟火腿或甜火腿

步骤

1. 将烤箱预热至 475 华氏度（约 246 摄氏度）。

2. 在一个小碗中打鸡蛋，加入杏仁奶、一半羊奶乳酪、盐和胡椒粉，搅拌均匀。

3. 在耐热的 12 英寸煎锅中加热酥油。加入洋葱，中火炒至半透明，约 5 分钟。加入蘑菇并炒 5 分钟。加入莴苣菜，再过 5~7 分钟，煮至熟透。

4. 加入火腿或香肠，搅拌均匀，在平底锅中均匀铺开这些东西。

5. 将鸡蛋混合物倒在蔬菜和肉上，煮至鸡蛋开始凝固。

6. 将剩下的羊奶乳酪洒在上面。将煎锅放入热烤箱中，烘烤 5 分钟，直到菜肉馅煎蛋饼变硬而没有变成褐色。

藜麦粥

与许多传统的替代品相比，一种快速美味的早餐和更健康的热麦片是你更好的选择。要获取其他蛋白质的话，请搭配培根、一杯羊奶或鸡蛋一起食用。

如果你早晨食欲不振，那么这道菜非常适合你。尽管它不能直接支持你的基因，但也不会因食物过多而增加负担。这是一顿很棒的早餐，可帮助你从传统的谷物早餐中转变过来。

净化基因

两人份

- 1.75 杯水，再加一些用来冲洗
- 1 杯藜麦
- 1/2 茶匙粗海盐
- 1 汤匙酥油，用于装饰
- 葡萄干，用于装饰
- 杏仁或山羊奶，用于配菜
- 枫糖浆（可选）

步骤

1. 将藜麦放入一个小锅中，加一点水冲洗。沥干，将冲洗过的藜麦放入锅中。

2. 将其余的水和盐加到藜麦中，煮沸。然后盖上锅盖，用小火煮 17 分钟。

3. 放入盛有酥油、葡萄干、杏仁或山羊奶的碗中。如果需要，加入一滴枫糖浆。

坚果燕麦片

燕麦、大量坚果和种子可以帮助你快速健康地开始新的一天。

这是支持 NOS3 基因、慢速 COMT 基因和慢速 MAOA 基因的好方法。那些具有快速 MAOA 基因或快速 COMT 基因的人应添加香肠肉饼、培根或煮鸡蛋以获取额外的蛋白质。

13. 净化基因饮食指南

四人份

- 4 杯水
- 1 汤匙椰子油
- 1 汤匙肉桂粉
- 1 茶匙五香粉
- 1 茶匙肉豆蔻粉
- 1/4 茶匙姜黄粉
- 1 汤匙香草精
- 2 汤匙杏仁黄油
- 2 杯无麸质燕麦片
- 3/4 杯亚麻籽
- 1/2 杯生南瓜种子
- 1/4 杯生葵花籽
- 1/2 杯生核桃碎，切碎
- 1/4 杯无糖椰子奶油（或更多）
- 1/2 杯切碎的开心果，用于配菜
- 1/4 杯切碎的杏仁，用于配菜

步骤

1. 在一个中等大小的锅中，加热水、椰子油、香料、香草精和杏仁黄油。慢慢煮沸，搅拌，然后用慢火煮。

2. 加入燕麦、种子和核桃仁。盖上锅盖并煮 10 分钟，或直到混合物达到所需的稠度为止。与椰子奶油一起食用，并加入开心果和杏仁调味。

魔鬼早餐

该食谱需要的熏制鳟鱼片可以在超市的鱼制品包装区域中找到。

此食谱是支持 GST/GPX 基因、PEMT 基因、快速和慢速 COMT 基因，以及快速和慢速 MAOA 基因的绝佳方法。此食谱对 DAO 基因而言是中性的，但如果你对组胺敏感，则不要食用鳟鱼、芥末和西红柿。

四人份

- 8 个新鲜鸡蛋
- 适量水
- 3 汤匙蛋黄酱
- 1 汤匙芥末酱
- 1/4 茶匙辣酱
- 1 茶匙粗海盐
- 1/2 茶匙现磨黑胡椒粉
- 1 茶匙辣椒粉，用于调味
- 4 个成熟的橙色或黄色西红柿，切成薄片
- 1 个小的甜红洋葱，切成薄片（可选）
- 12 个萝卜，切成两半
- 12 盎司熏制鳟鱼，切成 1 英寸的块

• 4 把混合的嫩绿叶菜或芝麻菜

步骤

1. 将鸡蛋放在厚底的平底锅中，并加入至少 1 英寸的冷水。

2. 将水烧开。

3. 当有大气泡时，将锅从炉灶上移开，并盖上锅盖。让平底锅静置 15 分钟。从水中取出煮鸡蛋，并将其在一碗冷水中放置 10 分钟。

4. 剥去鸡蛋壳，将其切成两半。轻轻地去除蛋黄。用蛋黄酱、芥末酱和辣酱捣碎蛋黄。加入盐和胡椒粉，调节口味。

5. 用蛋黄混合物填充白色。把辣椒粉撒在鸡蛋上。

6. 在盘子中依次放入鸡蛋、西红柿、洋葱、萝卜、鳟鱼和蔬菜。

姜绿色奶昔

令人愉悦的甜奶油味是这款美味奶昔的优点。

这种营养早餐支持 MTHFR 基因、GST/GPX 基因、慢速 COMT 基因和慢速 MAOA 基因。

一人份

• 1/2 杯去皮、去核、切碎的牛油果

• 1/2 杯切碎的新鲜欧芹

• 1/4 杯切碎的新鲜罗勒

• 1/2 杯切碎的羽衣甘蓝茎

净化基因

- 1/2 茶匙磨碎的鲜姜
- 1 茶匙鲜榨柠檬汁
- 1/2 杯杏仁奶
- 1 茶匙中链甘油三酸酯油
- 2 汤匙豌豆蛋白粉

在搅拌机或食品加工机中，将所有成分搅拌均匀。

午餐或晚餐

根菜汤

红薯、胡萝卜、芹菜根和龙蒿为这道深入灵魂的鸡肉汤增添了美妙的香甜味！菊芋是一种非常好的蔬菜，不仅可以为肝脏提供支持，还可以为微生物群系提供支持。

请享用这碗丰盛的支持所有基因的汤。添加你选择的鸡胸肉或其他肉类，以支持快速 COMT 基因或快速 MAOA 基因。

四人份

- 2 汤匙椰子油
- 1 个洋葱，切碎
- 2 瓣大蒜，切碎

- 3 块地瓜，去皮切成小块
- 3 根胡萝卜，去皮切成小块
- 3 个欧防风，去皮切成小块
- 2 个萝卜，去皮切成小块
- 1 根芹菜根（芹菜），去皮切成小块
- 3 个菊芋，去皮切成小块
- 1/4 杯鸡汤（自制或购买）
- 适量水
- 3 汤匙切碎的新鲜龙蒿
- 2 汤匙切碎的新鲜欧芹
- 1 茶匙切碎的新鲜百里香
- 1 茶匙粗海盐（或更多）
- 1 茶匙现磨的黑胡椒粉（或更多）
- 2 个去骨去皮的鸡胸肉，煮熟并切成半英寸的块（可选）

步骤

1. 在一个大汤锅中，用中火加热椰子油，然后放入洋葱翻炒直到变软。

2. 加入大蒜，煮 30 秒钟。加入蔬菜，搅拌均匀。

3. 如有必要，加入鸡汤和额外的水。加入香草、盐和胡椒粉。

4. 用中火煮 45 分钟或直到蔬菜变软。加入煮熟的鸡胸肉（可选），加入适量的盐和胡椒调味，即可食用。

冷罗宋汤

请享受这个终极液体沙拉，你将感觉超爽和美味。在炎热的夏季每天至少食用两次！这个俄罗斯版的西班牙凉菜汤会滋养你的全部基因。

四人份

- 2.5 升水
- 1/2~3/4 磅煮熟的甜菜，冷却，去皮并切碎
- 1/2~1 个柠檬果榨汁，如果你不喜欢酸味，可以少量
- 粗海盐和现磨黑胡椒粉调味
- 1 小把红萝卜或 6 盎司白萝卜，切成两半，然后切成薄片，再切成半月牙状
- 1 根大英式黄瓜，切成两半，然后切成薄片，再切成半月牙状
- 1/3 杯新鲜莳萝，切碎
- 1/3 杯新鲜的葱或细香葱，切碎
- 1/3 杯新鲜欧芹，切碎
- 6~8 盎司切碎的火腿（可选）
- 1~2 个煮熟的鸡蛋，切碎（可选）
- 蛋黄酱或纯山羊奶酸奶配菜（每份 1/2~1 茶匙）
- 额外的葱、香葱、香菜或莳萝，用于配菜

步骤

1. 在一个大锅中，加入水、切碎的甜菜、柠檬汁、盐和胡椒粉。放入萝卜、黄瓜和切碎的香草。

2. 将混合物在冰箱中冷却至少 30 分钟，让调味剂混合。

3. 将冷汤倒入碗中。如果需要，加入火腿和鸡蛋，并以蛋黄酱或酸奶和其他新鲜切碎的香草调味。

泰国椰子鸡汤

蔬菜和香料的特殊组合，使它成为一款令人陶醉的营养汤。如果需要有其他变化，请尝试将其与煮熟的印度香米一起食用。

这是所有基因的滋补汤，但是如果你的 MAOA 基因或 COMT 基因较慢，请在晚餐时减少虾和鸡肉的摄入量。

四人份

- 2 罐 14 盎司的罐装椰奶
- 1.5 杯鸡汤（自制或购买）
- 1/4 杯绿咖喱酱
- 2.5 汤匙鲜榨的酸橙或柠檬汁
- 1 汤匙新鲜磨碎的姜
- 1 磅鸡胸肉，切成薄片（或 1 磅新鲜虾，去皮）
- 1 个大胡萝卜，切成两半，再切成 1/4 英寸的半月牙形
- 2 根芹菜杆，切成 1/4 英寸的块
- 2 个小白菜，切成 1 英寸的小块
- 1/4 杯新鲜香菜，切碎，用于配菜

- 1/4 杯新鲜罗勒，切碎，用于配菜

步骤

1. 将椰奶、鸡汤、绿咖喱酱、酸橙或柠檬汁和生姜放入锅中，中火加热，搅拌均匀。煮沸。

2. 加入鸡肉或虾仁。充分搅拌，煮 10 分钟，直到鸡肉或虾完全煮熟。

3. 加入胡萝卜煮 3 分钟。加入芹菜和白菜。然后关火，盖上锅盖，让混合物再静置 3 分钟。

4. 将汤分在四个碗里，并用香菜和罗勒叶装饰。

俄罗斯“皮外套”沙拉

这种沙拉的传统做法是用咸鲱鱼，但是我和家人更喜欢使用熏制阿拉斯加野生三文鱼制作的西北风味沙拉。

这是我最喜欢的沙拉之一。对那些慢速 COMT 基因或慢速 MAOA 基因的人来说，这是很棒的选择，它将支持你的所有基因，包括肮脏的 DAO 基因。

四人份

- 1 磅甜菜，洗净但不去皮
- 1 个大号或 2 个中号的胡萝卜
- 2 个中等大小的土豆
- 1 包 8 盎司冷熏野生阿拉斯加三文鱼，切成小块
- 1/4 杯切碎的红洋葱或黄洋葱

- 1~2 汤匙葡萄籽或核桃油
- 1/4 茶匙现磨黑胡椒粉
- 1 茶匙干莳萝或切碎的 1/4 杯新鲜莳萝
- 1/2 杯蛋黄酱（常规或无蛋）

步骤

1. 在你想吃沙拉的前一天晚上将蔬菜煮熟，这样就不必等它们冷却下来了。将甜菜、胡萝卜和土豆分开煮，这样就可以很快将它们煮熟，并且甜菜不会让其他蔬菜着色。将甜菜全部浸入水中，持续煮 40~60 分钟；将胡萝卜和土豆也完全浸入锅中，再煮 20~40 分钟。

2. 在 5 英寸 ×8 英寸 ×3 英寸的玻璃面包盘中，将鱼、洋葱、油、胡椒粉和莳萝混合在一起。将混合物均匀地撒在盘子里。

3. 冷却后，切碎土豆，形成第二层。

4. 冷却后，将胡萝卜去皮并切丝，形成第三层。

5. 冷却后，将甜菜去皮并切碎，形成第四层。

6. 将蛋黄酱和少量水混合制成浓稠的糊状物。将糊状物均匀地倒在沙拉上。盖上盖子，在冰箱中放置 15~20 分钟，使蛋黄酱层沉降。

7. 如果需要的话可以加入盐，然后冷藏，确保每个部分都包括所有的四层。我们喜欢用铲子上菜。

蔬菜坚果咖喱

这道菜富含杏仁，素食主义者可享用。可以与煮熟的鸡肉或猪肉一起食用。搭配绿叶或三色叶沙拉十分美味。

这道美味的菜为所有基因提供了强大的支持，特别是慢速 COMT 基因或慢速 MAOA 基因。拥有快速 COMT 基因或快速 MAOA 基因的人应补充更多蛋白质。DAO 基因较脏的人对这道菜的耐受性很好。

四人份

- 4 杯水
- 1 个花椰菜，去核并切成小花
- 6 个小地瓜，去皮并切块
- 3 根大胡萝卜，去皮并切成 1/2 英寸的块状
- 1 个切碎的洋葱
- 1/4 杯核桃油
- 1 汤匙蒜末
- 2 汤匙切碎的鲜姜
- 1 茶匙切碎的墨西哥胡椒粉，去籽
- 2 汤匙咖喱粉
- 1 茶匙姜黄粉
- 1/2 个白菜，切成薄片
- 2 杯杏仁奶

- 1 汤匙杏仁黄油
- 1 杯鹰嘴豆，煮熟或罐装并沥干
- 1 茶匙粗海盐（或更多）
- 1/2 茶匙现磨黑胡椒粉（或更多）
- 3 汤匙切碎的杏仁
- 3 汤匙切碎的新鲜欧芹或香菜，用于配菜
- 4 茶匙未加糖的椰子片（可选），用于配菜

步骤

1. 在一个大锅中，加入水、花椰菜、地瓜和胡萝卜。水应覆盖蔬菜 2 英寸。煮沸并用高火煮 7 分钟，或者直到可以用叉子刺穿土豆为止。将锅从炉火上移开。沥干蔬菜，放在一旁。

2. 在 12 英寸的煎锅中，用中火在洋葱油中炒洋葱约 3 分钟，或直至其变软。加入大蒜、生姜、墨西哥胡椒、咖喱粉和姜黄。搅拌混合，然后小火煮 2 分钟。

3. 加入煮熟的花椰菜、地瓜、胡萝卜和生白菜，将混合物用小火慢煮 5 分钟。

4. 加入杏仁奶、杏仁黄油和鹰嘴豆，煮 15 分钟。

5. 如有必要，请添加更多杏仁奶，以确保炖汤鲜美可口。

6. 加入盐和胡椒粉调味。上菜时，撒上切碎的杏仁、欧芹、香菜和椰子片。

懒人白菜卷

准备传统的卷心菜卷需要很长时间。“懒人”白菜卷具有相同的成分，味道也一样，而且所需的时间要少得多，因为你无须将白菜叶子塞满并卷起来。为了进一步简化，你也可以省去米饭，然后这道菜就变成了牛肉和蔬菜的美味炖汤。

这道懒人菜很好地支持了所有的基因，味道很棒。这是我们一家人最喜欢的冬季晚餐。

六人份

- 1 汤匙酥油
- 1 个白洋葱或黄洋葱，切碎
- 1 磅碎牛肉
- 粗海盐和现磨黑胡椒调味
- 1 杯胡萝卜丝
- 1/4 杯切碎的红灯笼椒（可选）
- 1 个中型白菜，切丝
- 1 杯白米饭或 1 杯半煮熟的糙米（可选）

酱汁

- 1.5 杯水
- 1/2 杯番茄酱或新鲜番茄泥
- 2~3 汤匙蛋黄酱、酸奶油或纯山羊奶酸奶（另加可选配菜）
- 1~2 瓣大蒜，切碎

步骤

1. 在中高火的大煎锅中，加热酥油。加入洋葱，炸至金黄色。加入牛肉、盐和黑胡椒，让混合物一起煮 10 分钟。如果需要，排干脂肪。

2. 加入胡萝卜和甜椒，煮 2 分钟。加入白菜和米饭（可选），调小火，慢火煮至蔬菜变软，大米煮熟。

3. 在一个碗里，混合所有调味料，将其倒入锅中。将混合物煮沸，盖上锅盖，然后用小火煮 15 分钟。如果酱汁变稠，则在煮饭时加入更多的水。

4. 分成六个碗，上桌。根据需要添加一小撮蛋黄酱、酸奶油或酸奶进行装饰。

鲜艳的绿色蔬菜沙拉（搭配林奇家庭调料）

在制作这道鲜艳的绿色沙拉时，你可以使用以下所有成分，也可以选择其中几种，或者添加自己喜欢的种类！

此沙拉支持 MTHFR 基因、慢速 COMT 基因、慢速 MAOA 基因和 GST/GPX 基因。那些带有肮脏 DAO 基因的人可能需要去掉橄榄。那些带有快速 MAOA 基因和快速 COMT 基因的人应添加切成薄片的鸡肉。

四人份

- 2 杯去梗的羽衣甘蓝，切成薄片
- 4 杯混合的扇面菜心
- 1 杯西洋菜，去掉茎

净化基因

- 2 杯芝麻菜
- 1 汤匙加 2 茶匙切碎的新鲜龙蒿
- 林奇家庭调料
- 16 片菊苣叶
- 16 根很细的芦笋尖
- 2 杯糖豌豆
- 2 个牛油果，去皮、去核并切成薄片
- 1/2 个黄瓜，去皮、去籽并切成薄片
- 1/2 杯切碎的青椒
- 1 个大茴香球茎，切成薄片
- 1/2 杯去核绿橄榄（或更多）

步骤

1. 在碗中将羽衣甘蓝、扇面菜心、西洋菜和芝麻菜混合在一起。

2. 在另一个碗中，在林奇家庭调料中加入 2 茶匙龙蒿。向青菜中放入 2 汤匙调味料。

3. 将青菜分成四个盘子。将菊苣分别朝四个方向排列，每片叶子卷起一点，塞在堆满的青菜下面，但尖头留在外面。将芦笋尖放在菊苣上，切去末端塞在青菜下面。

4. 在另一个碗中，将豌豆、牛油果、黄瓜、青椒、茴香和橄榄与两汤匙调味料混合。用勺子舀到青菜上。将剩余的龙蒿撒在上面。

温热的朝鲜蓟、芦笋和松子仁沙拉

这是一年四季都可以食用的温热沙拉，尤其是这种沙拉，其口味和质地多种多样。

对那些 MTHFR 基因较脏、COMT 基因较慢、MAOA 基因较慢或 GST 基因肮脏的人来说，这将是一个很棒的午餐或晚餐。如果你的 DAO 基因较脏，则可能需要减少芥末酱和松子的数量，但是其实里面数量很少，因此你或许可以忍受它们。

四人份

- 4 个中等朝鲜蓟
- 适量水
- 1 茶匙鲜榨柠檬汁
- 16 根芦笋尖，去除底部 1/4
- 2 杯煮熟的野生稻米
- 1 汤匙酥油
- 2 汤匙松子仁
- 1 磅小白菜切成薄片

酱汁

- 6 汤匙鲜榨柠檬汁
- 2 茶匙磨碎的柠檬皮
- 1 茶匙芥末酱

- 粗海盐和现磨黑胡椒调味
- 1/2 杯橄榄油
- 3 茶匙亚麻籽油

步骤

1. 用剪刀将每个朝鲜蓟的刺和茎的末端剪掉，留下约 1 英寸的茎。将蒸笼放在有盖的大锅里。锅内装满水，直到水面与蒸笼底部持平为止。加 1 茶匙柠檬汁。将朝鲜蓟放在蒸笼中，茎朝下。盖上锅盖，把水烧开。调至中火，然后蒸 40 分钟，或者直到可以用叉子刺穿朝鲜蓟为止。沥干并放在一边。（将锅盖上，你将再次使用它。）

2. 在同一锅中，将芦笋放入盐水中煮至酥脆。沥干并放在一边。

3. 在锅中先放入朝鲜蓟，再放入芦笋，然后将米饭和酥油混合起来，使其变热。加热后，将松子仁加入锅中并混合。

4. 制作蘸酱，请在小盖罐中混合柠檬汁、柠檬皮、芥末、盐和胡椒粉。加入两种油并剧烈摇动。放入更多的盐和胡椒粉调味。

5. 在四个盘子的中间铺上一层白菜，米饭放在中间，朝鲜蓟放在上面，然后在周围放芦笋。加入适量的盐和胡椒粉调味，然后搭配柠檬蘸酱一起享用。

烤扇贝

并非所有的扇贝都一样！购买“干”扇贝，而不是“湿”扇贝，这些术语是指去壳后如何对扇贝进行包装。干贝不含湿的化学防腐剂，可以通过其珍珠色或粉红色的外观来识别。搭配印度香米，配以青豆炒胡萝卜片和核桃仁。

这种营养餐可支持快速 COMT 基因、快速 MAOA 基因、肮脏 NOS3 基因和肮脏 PEMT 基因。那些 COMT 基因和 MAOA 基因缓慢的人，如果很少吃扇贝，就应该很好地搭配这道菜食用。如果扇贝是新鲜的，那么那些带有肮脏 DAO 基因的人应该也可以很好地享用这道菜。

四人份

- 1.25 磅大的干海扇贝
- 1/2 茶匙粗海盐
- 1/2 茶匙现磨黑胡椒粉
- 2 汤匙牛油果油或酥油
- 2 汤匙鲜榨柠檬汁
- 1 茶匙刺山柑（泡在盐中），漂洗
- 1 汤匙切碎的新鲜欧芹

步骤

1. 洗净干贝。用盐和胡椒粉调味。

2. 将油或酥油放入 10 英寸的平底锅中，用大火加热。

3. 快速将扇贝铺入煎锅中，不要碰触。扇贝的每一面煎 1~2 分钟，直到外壳变成金黄色为止。将它们从锅中取出并放在盘子上。

4. 将柠檬汁、刺山柑和欧芹加入锅里面剩余的油或酥油中。加热。将混合物倒在扇贝上即可食用。

什锦肉糜

这道经典的酸甜古巴菜可以用猪肉或牛肉制作。与糙米和有机玉米饼一起食用。

这种口味浓郁的菜肴可为那些具有快速 COMT 基因或快速 MAOA 基因的人提供支持。MAOA 基因和 COMT 基因较慢的人在晚餐时应该少吃这些食物，以限制蛋白质摄入量。如果你的 DAO 基因变脏了，那么你应该可以接受这道菜，因为西红柿和橄榄都是煮熟的。但是，如果你非常敏感，就要跳过这两种材料。

四人份

- 4 汤匙椰子油
- 1 个洋葱，切碎
- 3 瓣大蒜，切碎
- 1 磅瘦猪肉
- 1.5 茶匙小茴香粉
- 1.5 茶匙五香粉
- 1 茶匙干牛至叶
- 1.25 茶匙肉桂粉
- 1 茶匙粗海盐

- 1/4 茶匙现磨黑胡椒粉
- 1 个 28 盎司的罐装番茄，不沥干
- 3 汤匙鲜榨柠檬汁
- 2 汤匙蜂蜜
- 3/4 杯葡萄干
- 2 茶匙刺山柑，加盐漂洗干净
- 2 汤匙切碎的青橄榄填入切开的甜椒中

步骤

1. 用中火在中等大小的油锅中加热油。加入洋葱，煮至变软但不变成褐色。加入大蒜，煮 30 秒钟。

2. 在一个碗中，将猪肉、小茴香粉、五香粉、干牛至叶、肉桂粉、盐和胡椒粉混合在一起，用勺子将其打碎。

3. 将猪肉混合物与煎锅中的洋葱和大蒜混合，煮 6 分钟。

4. 加入西红柿、柠檬汁、蜂蜜、葡萄干、刺山柑和橄榄。煮 15 分钟，或直到调味酱变稠。用调料调味。

鱼汤

这是一道简易的炖菜，富含贝类。

这道美味的炖菜可为那些具有快速 COMT 基因、快速 MAOA 基因以及肮脏的 GST/GPX 基因、NOS3 基因或 PEMT 基因的人提供支持。那些 COMT

净化基因

基因变慢或 MAOA 基因变慢的人应该考虑减少蛋白质的摄入，或者只食用建议量一半的鱼类和可选贝类。如果鱼和贝类都是新鲜的，并且在烹饪前已充分冲洗，则那些带有肮脏 DAO 基因的人应该可以享用这道菜。

四人份

- 2 汤匙椰子油
- 1 杯切碎的洋葱
- 4 瓣大蒜，切碎
- 1 杯切碎的茴香茎（保留绿色以作装饰）
- 1 杯切碎的胡萝卜
- 2 茶匙粗海盐（或更多）
- 1 茶匙现磨的黑胡椒粉（或更多）
- 2 杯鱼汤或瓶装蛤蜊汁
- 2 杯水
- 1 个 28 盎司的罐装番茄
- 5 颗八角茴香种子
- 24 个贻贝（可选）
- 1.5 磅新鲜的鳕鱼或黑线鳕，切成 2 英寸的块
- 2 汤匙切碎的新鲜欧芹
- 12 个中号“干”扇贝（可选）
- 1 汤匙茴香叶，用于配菜

步骤

1. 在 10 英寸的荷兰烤箱中，将油加热并炒洋葱，直到洋葱变软、变金黄。加入大蒜，煮 30 秒钟。注意不要让大蒜变成棕色。

2. 加入茴香、胡萝卜、盐和胡椒粉，煮 5 分钟。加入鱼汤或蛤蜊汁、水、西红柿和八角茴香，再煮 15 分钟，或者直到胡萝卜变软为止。

3. 如果使用贻贝，就将它们添加到锅中，并继续烹饪直至打开。

4. 从锅中取出煮熟的贻贝，然后放在一旁。

5. 加入鱼和欧芹。将汤用慢火炖煮约 5 分钟，直到鱼肉容易剥落。

6. 添加扇贝并煮至不透明。从锅中取出扇贝。

7. 品尝汤中的盐和胡椒粉是否合适。

8. 准备上菜时，将 3 个扇贝和 6 个贻贝放入每个碗中。将热鱼汤装入碗中，并用茴香叶装饰。

味噌烤鸡和蔬菜

这道美味佳肴深受亚洲传统烤鸡的影响。可以与糙米或藜麦一起食用。

这道美味的菜肴可为那些 COMT 基因、MAOA 基因或 PEMT 基因较脏的人提供支持。晚餐时，MAOA 基因变慢或 COMT 基因变慢的人应少吃鸡肉，多吃蔬菜。味噌会弄脏 DAO 基因，因此，如果你的 DAO 基因很脏，那么请考虑去掉此成分。但是，由于味噌是煮熟的，而且使用的量很少，所以大多数人应该都可以接受。

净化基因

四人份

- 4 汤匙白色或黄色的味噌
- 1/2 杯葵花油或红花油
- 1/4 杯蜂蜜
- 2 汤匙鲜榨柠檬汁
- 1 茶匙切碎的鲜姜
- 1 茶匙粗海盐
- 1/2 茶匙现磨黑胡椒粉
- 4 个鸡胸肉或 8 个鸡大腿肉，去骨，去皮
- 3 根胡萝卜，切成 1/2 英寸的块
- 1 个花椰菜，去核并切成 1/2 英寸的块
- 2 茶匙烤白芝麻，用于装饰

步骤

1. 将烤箱预热至 425 华氏度（约 218 摄氏度）。

2. 摆放两排用油刷过的烤盘纸。

3. 在碗中将味噌、油、蜂蜜、柠檬汁、姜、盐和胡椒粉混合。留出 2 汤匙这种混合物，将剩余的分成 2 个大碗。

4. 在一个碗中，将味噌抹在鸡肉上，使其腌制 30 分钟或更长时间。即将煮熟之前，将胡萝卜和花椰菜倒入另一个碗中。鸡肉单层放在一个烤盘上，然后将蔬菜转移到另一个烤盘上。

5. 在烤箱中烤 30 分钟，或直到鸡肉表皮变脆并且内部温度为 160~165 华氏

度（约 74 摄氏度）。蔬菜应该又嫩又脆。

6. 将鸡肉和蔬菜分成四盘。用芝麻装饰。

三文鱼配姜汁醋

这道菜有点儿像亚洲美食。搭配印度香米、野生稻和炒芦笋，尽享美味佳肴。

这道菜可以支持肮脏的 MTHFR 基因、快速 COMT 基因和快速 MAOA 基因。PEMT 基因较脏的人应替换掉椰子油。DAO 基因脏污的人应该可以接受新鲜和洗净的三文鱼。那些 COMT 基因变慢或 MAOA 基因变慢的人应该少吃三文鱼，多吃蔬菜。

四人份

- 4 片野生三文鱼片，每片约 7 盎司
- 3 茶匙磨碎的鲜姜
- 1 汤匙无麸质酱油
- 1 茶匙香油
- 1 汤匙橄榄油
- 粗海盐和现磨黑胡椒调味
- 2 茶匙椰子油

步骤

1. 将烤箱预热至 450 华氏度（约 232 摄氏度）。

2. 将三文鱼洗净并沥干。

3. 在食物处理器中，将生姜、酱油、香油和橄榄油混合在一起。加工至光滑，搁置一旁。

4. 将一个小的厚底的适用于烤箱的平底煎锅或铸铁锅放在高温下。

5. 在鱼的两面撒上盐和胡椒粉。

6. 当锅很热时，加入椰子油，然后将三文鱼放入锅中，肉朝下。用高火烹饪，直到鱼的 1/3 处出现不透明状，大约 3 分钟。烹饪期间不要翻动鱼。

7. 将平底煎锅放入烤箱中，烘烤三文鱼 5~7 分钟，直到肉不透明且变硬。用长铲子将鱼放到盘子上。

8. 搭配姜汁、油醋汁食用。

香草羊排

口味清淡的薄荷酱，与羊肉搭配，也可以搭配猪肉或鸡肉。烤土豆和炒绿豆可以与这道菜搭配在一起食用。

这道菜可以支持快速 COMT 基因、快速 MAOA 基因和肮脏的 PEMT 基因。那些 COMT 基因变慢或 MAOA 基因变慢的人应该少吃羊肉，多吃蔬菜。那些带有脏 DAO 基因的人应该将凤尾鱼放在食谱之外。

四人份

- 5 瓣大蒜，切碎，分成两份
- 1/2 茶匙切碎的新鲜迷迭香

- 2 茶匙粗海盐
- 1/2 茶匙现磨黑胡椒粉
- 8 块羊排，每块约 1.25 英寸厚

酱汁

- 1 杯新鲜薄荷，切碎
- 1/4 杯新鲜香菜，切碎
- 1/2 杯新鲜欧芹，切碎
- 1 茶匙切碎的墨西哥胡椒，去籽
- 1 条去骨凤尾鱼（可选）
- 1 汤匙蜂蜜
- 1 茶匙鲜榨柠檬汁
- 1/2 茶匙辣酱（可选）
- 1/2 杯橄榄油

步骤

1. 将烤箱或烤架预热至中火。

2. 将两瓣大蒜、迷迭香、盐和胡椒粉捣成糊状。

3. 将混合物涂抹到羊排上，静置 10~15 分钟。

4. 在食物搅拌机中，将薄荷、香菜、欧芹、剩余的大蒜、墨西哥胡椒和选好的无骨鱼混合搅拌至均匀。加入蜂蜜、柠檬汁和可选择的辣酱，然后短暂搅拌。随着机器的运转，慢慢加入橄榄油。加入盐、胡椒粉或辣酱调味。

5. 将排骨的一侧烤 4 分钟，烤至五成熟（三成熟烤 3 分钟）。排骨应距离火焰或烘烤器 4~5 英寸。

6. 将酱汁摆放在一边。

纯素食饭

这道墨西哥风味的菜包括煮熟的鸡肉或肉类，以补充蛋白质。这道菜可以支持肮脏的 MTHFR 基因、缓慢的 COMT 基因和缓慢的 MAOA 基因。那些 COMT 基因快速或 MAOA 基因快速的人应该添加一些鸡肉或其他豆类。那些 DAO 基因肮脏的人不应该使用番茄，也不要在调味料中使用酸橙汁。

四人份

- 3 汤匙椰子油，分成两份
- 1 汤匙切碎的洋葱
- 1.25 茶匙蒜末
- 1 杯生糙米
- 2.25 杯水，分成两份
- 1/2 茶匙孜然粉
- 3/4 杯林奇家庭调料
- 1 茶匙切碎的香菜（另加 2 茶匙可选配菜）
- 2 杯黑豆罐头，冲洗并沥干

- 1 茶匙粗海盐，分成两份
- 1/2 茶匙现磨黑胡椒粉，分成两半
- 3 杯压实切碎的唐莴苣、羽衣甘蓝或蒜蓉
- 3 个成熟的橙色或黄色西红柿，切成丁
- 2 个牛油果，去皮、去核并切成薄片

步骤

1. 在一个中号锅中，加入 1 汤匙油，并将洋葱炒至变软。加入 1/4 茶匙大蒜，炒 30 秒钟。

2. 在小火下，加入米饭和炒饭，搅拌直至变得不透明。加水和小茴香，盖上盖子约煮 30 分钟，或直到液体被吸收为止。

3. 在煮饭时，准备林奇家庭调料并加入 1 茶匙切碎的香菜。

4. 在小锅中用小火加热剩余的大蒜。不要使其变成褐色。

5. 在碗中，将一半的大蒜油与沥干的豆子混合。加入 1/2 茶匙盐和 1/4 茶匙胡椒。放置一边。

6. 清洗蔬菜，甩掉多余的水，然后仍在小火的情况下，在剩余的大蒜油中小火炒 5 分钟，直到熟透为止。用剩余的盐和胡椒粉调味。

7. 将米饭倒入四个大汤碗中。顶上依次摆放炒蔬菜、西红柿、牛油果和黑豆。将调料倒在蔬菜上面。用剩下切碎的香菜做装饰（可选）。

基础食谱

林奇家庭调料

- 1/4 杯核桃油、葡萄籽油或向日葵油
- 1~2 汤匙枫糖浆
- 1~2 汤匙苹果醋或番茄
- 2 汤匙鲜榨柠檬或酸橙汁
- 1~2 茶匙切碎的大蒜
- 1~2 茶匙切碎的鲜姜
- 1/4 茶匙现磨黑胡椒粉
- 1/8 杯水
- 将所有食材放入小玻璃缸或玻璃瓶中，并充分摇匀。此调料可以在冰箱中存放数周。

全部蔬菜准备

前面“午餐或晚餐”食谱部分中的大多数条目都提到了蔬菜的搭配。这只是一些建议。请遵循你的口味并可以替换为自己的选择。

用草药和香料炒蔬菜，例如，黄瓜和茴香配龙蒿，胡萝卜配孜然和肉桂，

花椰菜配咖喱，西葫芦配罗勒。

准备蔬菜的最快方法是煮菜和炒菜。烤蔬菜则需要更长的时间，但是可以在调味和烤制之前把蔬菜煮到半熟来缩短烹饪时间。

主菜式沙拉很简单方便。剩下的烤蔬菜也是一道可口的青菜沙拉。沙拉中不寻常的蔬菜，例如豆薯、防风草根、抱子甘蓝、甜菜和洋蓟，也是沙拉中有趣的配料。大米、土豆和谷类（例如小米、藜麦和苋菜）是结构的改进。简单的“绿叶沙拉”可以在颜色、形状、质地和口味上进行变化。尝试包括菊苣、莴苣菜、波士顿生菜、比伯生菜、红白菜、芝麻菜、菠菜、西洋菜、芥菜或小生菜的混合物。干果和坚果以及磨碎了的奶酪为沙拉增添甜味以及质感。

烤蔬菜

土豆、花椰菜、胡萝卜、洋葱、抱子甘蓝、芦笋、南瓜、大蒜和所有块根类蔬菜都是烧烤的理想选择。剩下的烤蔬菜可将其冷却至室温后制成美味的沙拉配料或小吃。

步骤

1. 将烤箱预热至 450 华氏度（约 232 摄氏度）。

2. 将蔬菜切成均匀的大小和形状。例如，将土豆切成两半，洋葱切成四等分，南瓜和胡萝卜切成 1 英寸的块。在蔬菜上刷油，烘烤时间会有所不同。

3. 为了节省时间，可以将硬菜（例如花椰菜、土豆、胡萝卜和南瓜）煮熟直至变嫩。

炒蔬菜

炒是一种快速烹饪蔬菜的方法，通常需要 3~7 分钟。关键是将蔬菜切成大小相等的小块，以确保它们同时完成烹饪。烹饪时间取决于蔬菜的种类，四季豆、西葫芦、蘑菇、芦笋、玉米粒和西红柿可以在短时间内煮熟，抱子甘蓝、西蓝花和花椰菜则需要很长的时间才能煮熟。可以先将密实的蔬菜（例如土豆和胡萝卜）蒸熟或在水中煮熟，以备煎锅使用。如果你要制作混合蔬菜，请首先添加需要烹饪时间最长的蔬菜。目的是保证每种蔬菜出锅时都能熟透。

步骤

1. 将蔬菜切成圆形、棍状或小块状。大小应统一。

2. 在大的煎锅中加入牛油果油。将锅加热到中高温度。

3. 当油开始闪闪发光时，先加入蒜末，再加入蔬菜。不要挤满锅。如果必要的话，可以分两批炒。反复翻转蔬菜并炒至松软。时间取决于蔬菜的种类。在出锅前一分钟，加入草药和香料，包括盐和胡椒粉等。

煮熟透的蔬菜

对于所有嫩绿叶的蔬菜，例如瑞士甜菜、菠菜、花椰菜、羽衣甘蓝、蒲公英叶、芥菜和西蓝花，这种烹饪方法效果很好。每人可以食用 2 杯紧密包装的青菜。（可根据需要增加以下配方。）

二人份

- 4 杯包装好的青菜
- 3 小瓣大蒜，切成薄片
- 2 汤匙酥油或牛油果油
- 1 汤匙鲜榨柠檬汁
- 粗海盐和现磨胡椒粉调味

步骤

1. 去除青菜上坚硬的茎，洗净叶子并用漏勺沥干。不要把它们放干。

2. 用小火在油中轻轻炒大蒜。注意不要让它变成棕色。将热量调至中度，然后添加绿色蔬菜，将它们放进油中，直到熟透为止。

3. 加入柠檬汁，然后放入盐和胡椒调味。

14
净化清单二：你的哪些基因需要深度净化

哇，我们又到这里了，该是进行第二个“净化清单”的时候了！现在你已经为基因提供了为期两周的健康饮食和规律的生活方式，那么让我们更深入地研究一下哪些基因需要更多的支持。

“净化清单一”是快速评估哪些基因变脏的好方法，你可以通过它确定要使用的食谱。“净化清单二”的目标是真正了解并确定你需要实施哪些其他的生活方式、饮食和环境变化，以及辅助性的补充。如果你没有完成“净化清单一”并进行至少两周的“沉浸与净化”，就无法对“净化清单二”进行操作。

请再次坦诚地填写这份问卷，并为每个基因分别计算一个分数。当你转到第十五章时，通过这些分数可以确定需要格外注意哪些基因，并了解如何对特定的肮脏基因进行“污点净化”。

请对照以下症状逐一检查，如果过去60天内经常出现这种现象，或者通常情况下它是正确的，请选中该框。

MTHFR

- ☐ 我运动后经常出现呼吸急促或脸红的症状。
- ☐ 有时候我会因运动而引起哮喘。
- ☐ 我的情绪经常在烦躁和沮丧之间波动。
- ☐ 我不能轻易忍受任何类型的酒精。
- ☐ 我经常感到疲倦和“中毒”。
- ☐ 我不是每天都吃绿叶蔬菜。
- ☐ 当我不生气或不难过时，我往往能够很好地集中注意力。
- ☐ 我有时很难入睡。
- ☐ 我在牙医或医生的办公室里使用过笑气（一氧化二氮），这让我感到非常恐怖。
- ☐ 当我感到烦躁时，我需要花很长时间才能冷静下来。
- ☐ 我有时候会铤而走险，但这通常不是我的风格。

DAO

- ☐ 吃完饭后我经常会感到烦躁、发热或发痒。
- ☐ 我不能容忍酸奶、开菲尔、巧克力、酒精、柑橘、鱼、酒（尤其是红酒）或奶酪。
- ☐ 我经常会四处走动。
- ☐ 我有湿疹、荨麻疹或牛皮癣等皮肤问题。
- ☐ 如果刮擦皮肤，我的皮肤上会出现红色条纹。

☐ 我不能忍受很多益生菌。

☐ 我患有小肠细菌过度生长。

☐ 我对很多食物过敏或有食物不耐症。

☐ 有时我的耳朵会耳鸣，尤其是进餐后。

☐ 我患有肠漏综合征、克罗恩病或溃疡性结肠炎。

☐ 我经常感到偏头痛或其他类型的头痛。

☐ 我经常流鼻涕、流鼻血。

☐ 吃完饭的几个小时内我无法入睡。

☐ 我患有哮喘或运动引起的哮喘。

COMT（慢速）

☐ 进食高蛋白食物后，我会感到烦躁。

☐ 我很容易生气，并且需要很长时间才能冷静下来。

☐ 我患有（或曾经患有）经前期综合征。

☐ 我是一个非常快乐、热情的人，但是也很容易被激怒。

☐ 我不太有耐心。

☐ 我一直能够专注和学习很长时间。

☐ 我从小就在晚上难以入睡，而且知道天花板的图案。

☐ 我的医生让我服用避孕药，以控制痤疮或大出血。

☐ 我有（或曾经有）子宫肌瘤。

☐ 咖啡因确实能唤醒我，但我必须注意不能喝太多，否则会变得烦躁。

- ☐ 我不喜欢冒险，我非常谨慎。

COMT（快速）

- ☐ 我很难集中精力。
- ☐ 我经常感到沮丧。
- ☐ 当我感到压力很大时，可以迅速地冷静下来。
- ☐ 我大多数时候都会保持冷静，但并不喜欢总是这样。
- ☐ 我是一个冒险家。我喜欢表演特技，因为在那之后我感觉很棒。
- ☐ 我是班上的“小丑”。当我使别人发笑时，我很享受这种感觉。
- ☐ 我发现自己经常烦躁不安，并且总是不断地运动。
- ☐ 我有时会用力捏自己，以至于感到很难受。
- ☐ 我感觉早上是一天中最困难的时刻。
- ☐ 我发现自己很容易沉迷于某些事物或活动，例如视频游戏、社交媒体、吸烟、饮酒、购物、吸毒、赌博等。
- ☐ 我对性爱不是很感兴趣。
- ☐ 上床睡觉的时候，头一碰到枕头我就睡着了。
- ☐ 咖啡因可以帮助我集中注意力。
- ☐ 我渴望高脂、高糖的食物，因为它们可以让我感觉更好。

MAOA（慢速）

- ☐ 我比较激进。
- ☐ 我需要花一段时间才能放慢脚步。
- ☐ 我可以专注很长时间。
- ☐ 我不沉迷于碳水化合物，当我不吃大量的碳水化合物时，我会变得没有那么烦躁。
- ☐ 吃奶酪、巧克力或喝酒时，我变得更易怒。
- ☐ 我需要很长一段时间才能入睡。
- ☐ 当我入睡时，我可以保持整夜好睡眠。
- ☐ 我的医生让我服用 SSRI（五羟色胺再摄取抑制剂）类抗抑郁药物，我感到非常烦躁。
- ☐ 褪黑素对我来说效果不好，它让我感到更加清醒和烦躁。
- ☐ 咖啡因会使我变得烦躁。
- ☐ 锂有助于平静我的心情。
- ☐ 5-HTP（一种氨基酸类物质）使我感到焦虑和烦躁。
- ☐ 肌醇可以刺激我。
- ☐ 我很自信。
- ☐ 我是男子汉。

MAOA（快速）

- ☐ 我从小就很难集中精力和注意力。

14. 净化清单二：你的哪些基因需要深度净化

- □ 我渴望吃奶酪、葡萄酒和巧克力，食用后会感觉好一些。
- □ 我渴望碳水化合物，它们可以缓解我沮丧的心情。
- □ 我很快可以入睡，但是睡眠质量不高。我需要吃一些点心才能重新入睡。
- □ 我患有自身免疫性疾病，例如格雷夫斯病、桥本氏甲状腺炎、多发性硬化症或活动性腹腔炎等。
- □ 我长期发炎。
- □ 冬天和长时间的黑暗会影响我的心情，有人告诉我，我可能患有季节性情感障碍。
- □ 我喜欢运动，它有助于我舒缓心情。
- □ 我是一个女人。
- □ 我总是很担心。
- □ 我总是感到沮丧和焦虑。
- □ 我执着于某些事。
- □ 我患有纤维肌痛、便秘或肠易激综合征。
- □ 褪黑素可以很好地帮助我入睡。
- □ 肌醇能够改善我的心情。
- □ 5–HTP 改善了我的情绪。
- □ 锂使我感到更加沮丧。
- □ 医生让我服用 SSRI 类抗抑郁药物，这确实对我有帮助。

GST/GPX

- ☐ 我对化学物质和气味很敏感。
- ☐ 蒸桑拿或大汗淋漓后，我感觉好多了。
- ☐ 即使我吃得很健康，也很容易发胖。
- ☐ 癌症在我家庭成员中很普遍。
- ☐ 当感到压力大时，我注意到自己会出现花白头发或白发。
- ☐ 我的头发很早就变白了。
- ☐ 我有高血压。
- ☐ 我刚受过感染。
- ☐ 我长期处于压力之下。
- ☐ 我患有自身免疫性疾病。
- ☐ 我患有慢性炎症。
- ☐ 我患有哮喘或呼吸困难，常常觉得氧气不足。
- ☐ 我通常会感到疲倦和“中毒”。

NOS3

- ☐ 我有高血压。
- ☐ 我得了心脏病。
- ☐ 我患有 1 型或 2 型糖尿病。
- ☐ 我感到手脚冰冷。
- ☐ 我患有哮喘。

☐ 我打鼾、通过嘴巴呼吸或出现睡眠呼吸暂停。

☐ 我注意到自己的记忆力越来越差。

☐ 我在怀孕期间患有先兆子痫。

☐ 我患有动脉粥样硬化。

☐ 我已经绝经了。

☐ 我的情绪很容易受周围事物的影响。

☐ 我不锻炼，也不爱走动。

☐ 我患有自身免疫性疾病。

☐ 我长期发炎。

PEMT

☐ 我已经绝经了。

☐ 我的雌激素水平偏低。

☐ 我有胆结石。

☐ 我不常吃绿叶蔬菜。

☐ 我很少吃鸡蛋或肉。

☐ 有人说我患有脂肪肝。

☐ 我患有小肠细菌过度生长。

☐ 我是素食主义者。

☐ 我已将胆囊摘除。

☐ 多年来，我从内到外全身都感到疼痛。

☐ 我不喜欢吃富含脂肪的食物。

☐ 我的症状始于怀孕中期，此后变得更糟。

☐ 我的孩子患有先天性出生缺陷。

☐ 母乳喂养让我感到身心疲惫。

评分（为每个基因单独打分，每个问题得 1 分）

- 0 分：非常棒！这个基因很干净！
- 1~4 分：这个基因需要引起注意，但很有可能是受到其他基因的影响而不是特定基因的问题。
- 5~7 分：这个基因有一点脏。给这个基因更多直接的关注将会获得很好的效果。同时注意其他基因对该基因的影响也很重要。
- 8 分：该基因肯定变脏了。花一些时间鉴定影响其功能的因素，并且关注其他得分较高的基因，因为其他基因也可能导致该基因变脏。

我的得分

MTHFR _____

DAO _____

COMT（慢速）_____

COMT（快速）____

MAOA（慢速）_____

MAOA（快速）_____

GST/GPX _____

NOS3 _____

PEMT _____

对单体型感到高兴

我们在第三章中提到的哈莉特、爱德华多和拉里莎分别确定了一个关键的肮脏基因。但是有时我们可以识别出一些肮脏基因的组合，这就是科学家所说的单体型。例如：

- MTHFR 基因和 NOS3 基因中的 SNPs 都使你罹患心血管疾病和偏头痛的风险增加，你可以通过饮食、运动和缓解压力来解决这些问题。另外，这两个基因在保存营养方面都比较节俭：拥有这种单体型，通常你需要更多的叶酸来修复 DNA，从而也需要更多的精氨酸来解决肌肉紧张和感染问题。
- 如果你的 MTHFR 基因、NOS3 基因和 COMT 基因中含有 SNPs，那么上述心血管问题和偏头痛会变得更加严重。而且随着 MTHFR 基因、NOS3 基因、COMT 基因和 GPX/GST 基因中 SNPs 的增加，你的风险也会进一步增强。如果你有这种单体型，你不必惊慌，但是需要确保遵循“净化基因的方法”，并为肮脏的基因提供所有需要的支持。再强调一次，好消息是你正在保存叶酸和精氨酸。此外，这种单体型会使你大脑里的化学物质停留更长的时间，从而使你获得更多的注意力和专注力。
- MTHFR 基因和 DAO 基因中的 SNPs 都会增加组胺的耐受性，

使你处于慢性或运动诱发的哮喘风险中。有了这种单体型，你需要格外小心，以免食物和环境中出现组胺，并需要选择有氧运动来增加肺活量。

- MTHFR 基因、DAO 基因、COMT 基因（慢速）和 MAOA 基因（慢速）中 SNPs 的单体型可以进一步增加对组胺的不耐受性，使你患慢性哮喘或运动性哮喘的风险更高。这也可能增加潜在的烦躁和焦虑情绪，需要你在饮食和运动上多加注意。但是，你的专注力却令人难以置信，人们想知道你为什么能集中精力这么长时间。
- MTHFR 基因和 COMT（慢速）基因中 SNPs 的单体型会增强攻击性、易怒性以及增加患与雌激素相关癌症的风险，这意味着你要在生活中缓解额外的压力。度假是克服这种单体型弊端的绝妙方法。好消息是你的效率非常高，可以圆满地完成工作。我是否说过你的皮肤看起来也很棒？
- MTHFR 基因、COMT（慢速）基因和 GST/GPX 基因中 SNPs 的单体型使你更有攻击性和易怒性，并使你处于易患与雌激素相关的癌症、帕金森病或多发性硬化症等神经系统疾病，以及一些心血管疾病（例如心脏病发作和高血压）的风险中。你可以使用“净化基因的方法”来克服这些风险，但需要腾出更多的时间来缓解压力。从好的方面来说，你的创造力和专注力很强。

- MTHFR 基因、COMT（慢速）基因、MAOA（慢速）基因和 GST/GPX 基因中的 SNPs 单体型进一步增加了易怒、患神经系统疾病和失眠的风险。一旦拥有它，你就拥有这些症状。你想出的解决方法并完成的事是不真实的。有人会说你是个天才！
- MTHFR 基因和 PEMT 基因中 SNPs 的单体型都增加了患妊娠并发症、胆囊疾病、小肠细菌过度生长和脂肪肝的风险。如果将 MTHFR 基因、PEMT 基因和 GST/GPX 基因组合起来，那么这些风险还会进一步增强。有了这种单体型，你就有充分的理由多吃肉和蛋！
- MTHFR 基因、PEMT 基因和 NOS3 基因中 SNPs 的单体型组合在一起会进一步增加患怀孕并发症、肝脏问题和心血管问题的风险。结合使用 MTHFR 基因、PEMT 基因、NOS3 基因和 GST/GPX 基因，风险会增加。好消息是，即使仅仅遵循了一部分“净化基因的方法”，你也不必担心这种风险。
- COMT（快速）基因和 MAOA（快速）基因中 SNPs 的单体型会增加患注意缺陷障碍、多动症、缺乏动力和感到沮丧的风险。从好的方面来说，朋友会说你是他们认识的人当中最冷静和随和的人。

了解这些以及许多其他可能的组合会让你过上更健康、更幸福的生活。再强调一次，“净化基因的方法”会使你充分利用自己的优势，同时最大限度地降低劣势。

终生进行“污点净化”

你的身体在不断变化，周围环境也在不断变化。也许你在工作中经历了两个月的压力期，现在正处于平静的时期。也许你度过了一个安静宜人的夏天，现在正准备迎接充满挑战的秋天。也许你对食物的口味发生了变化，或者由于你有时间采取“净化基因的方法”，身体健康状况出现了显著差异。

无论遇到什么情况，你的身体健康都将伴随自己一生。不要仅仅是完成本章中的调查表，进行完污点净化，就将这一切抛诸脑后了。我鼓励你每3~6个月就重新进行一次“净化清单二”（因为你要继续按照“净化基因的方法”生活），并将此问卷作为一生中需要进行污点净化的指南。这是我和我家人的生活方式，也是我鼓励患者的方式。下一章将为你详细介绍程序，这些也是让基因从现在开始保持干净的最佳工具。

15
污点净化：后两周

现在，你已经完成了“沉浸与净化”，并希望继续深入研究使其变得更加具体，同时还要继续保持这种对基因有益的饮食和生活方式。你看起来气色很好！

但是在你继续进行“污点净化”之前，我必须先问一句：在“沉浸与净化”阶段，你是否做了所有（我的意思是包括一切）的工作？如果你做了，则可以进行“污点净化”操作，同时继续遵循“沉浸与净化”的原则。如果你没有，那么“污点净化”的结果将是涌现出更多的污点。

为了对某个特定的基因进行“污点净化”，所有的基因都必须保持相当干净，就像你不能在牛仔裤整体保持干净之前就针对牛仔裤上的特定污点进行清洗一样。为了使身体保持整体清洁，你需要忠实地遵循“沉浸与净化”的方法。

记住，基因是一起——成群结队——发挥功能的。因此，如果你决定直接跳到本章，那么可能会感到沮丧。

进攻计划

在进行“污点净化”时，请牢记以下重要事项。

- 基因越干净，你就可以越快地降低补品的剂量或将其完全停止。
- 基因越脏，你就越需要从低剂量的营养物质开始，然后再逐渐增加并选择最适合自己的营养剂量。有时可能会发现自己需要高剂量的营养物质，但是不要在还没有努力做到这一点前就随便使用。当你感觉好点后，可以按照第十二章中所述的脉冲法则向下调整剂量。
- 如果需要有关本章中提到的任何内容或补充的更多信息，可以浏览我的个人网站 www.DrBenLynch.com。
- 如果发现只有一个肮脏的基因，请直接转到该基因部分，并遵循“污点净化”的方法。即使你仅为该基因打了 1 分，它也可能需要短而快速的“污点净化”。与往常一样，调整自己的感觉，并在使用补品时坚持遵循脉冲法则。
- 如果发现自己有多个肮脏的基因——事实上大多数人都是这种情况——你可能会假设应该先解决最肮脏的那个基因。但是，我发现这其实不是最有效的方法。相反，你可以按照以下顺序对基因进行“污点净化”。

15. 污点净化：后两周

- DAO
- PEMT
- GST
- COMT
- MAOA
- MTHFR
- NOS3

贯彻执行脉冲法则

正如我们在“沉浸与净化”一章中讨论的那样，重要的是实施脉冲法则以微调你的个人补品剂量。

让我再举几个例子来说明脉冲法则是如何为你提供帮助的。

经常感到沮丧的人需要服用补充甲基叶酸。过几天，他们就会感觉很棒！然后紧接着开始感到烦躁、暴躁和紧张，他们会体验到那种“跳出皮肤”的感觉。糟糕，在这种情况下，他们需要立即减少甲基叶酸的剂量。脉冲法则可以帮助他们在还没有出现这种跷跷板效应的情况下，就估算出需要服用多少剂量。因为你的身体总是处在变化之中，所以任何补品的“适用量”也总是在变化。

以下是一个第一次使用脉冲法则的示例，看看你能否找到出错的地方。

假设你有一个干净的DAO基因，并且需要开始用磷脂酰胆碱来支持肮脏的PEMT基因。你可以评估自己的感觉：轻微的焦虑、便秘和肌肉酸痛。你知道磷脂酰胆碱可能在以上方面帮助你。

你从早餐时服用一粒胶囊开始。开始的几天，你似乎都没有什么感觉，但是到了第四天，你就会发现自己变得更加平静，而且上厕所时要比平时好一些。在接下来的几天中，你的症状会逐渐改善，并且在大约第二十天时你的症状似乎基本消失了。你非常激动！继续服用磷脂酰胆碱，因为它对你非常有效。

到了第三十天，你记得在服用补品之前需要先调整一下。那天，你感觉到了变化：你意识到自己似乎有些沮丧。你伸手去拿瓶子，然后想："等等。我很焦虑，大约两个星期之后感觉很好，但是现在我感到很沮丧。我现在必须停止服用此补品。如果我感到需要，感到焦虑或便秘，或者我的肌肉受伤，我会再次服用它。"

你明白了吗？总体来说，你在这里表现出色，但是你犯了两个错误，这让你付出了代价。第一个错误发生在第二天，你感觉很棒！此时应该怎么做呢？正确的方法是立即停止服用磷脂酰胆碱，但你却继续服用。现在，你服用了过多的这种补品，这让你感到沮丧。第二个错误大约发生在第十天，你并不是每天都在调整剂量。你在第三十天的时候才想起来应该这样做。最后，你弄清楚了——感觉良好时应该停止服用，并在需要时再次恢复服用。

一开始，脉冲法则是一条学习曲线。与任何新事物一样，每天的实践将使它变得日常且容易执行。我相信你一定会熟练掌握它，并体会到它带来的巨大收益！

在进行“污点净化”的过程中，请确保适应你的感受。将脉冲法则的规律和补品结合应用，将大大改善治疗效果。

对 DAO 基因进行污点净化

肮脏 DAO 基因的生活方式

- 选择支持 DAO 基因的净化配方。
- 你可能需要寻找专业的医护人员来帮助你识别感染并治愈肠道泄漏。我们将首先尝试一些方法。
- 找一个专门从事内脏操作的专业医护人员可以改变游戏规则。让他专注于你的胆囊、肝脏和膈膜，修复肠道内的高组胺状态。

肠道中的高组胺

肠道中组胺含量过高可能是由多种原因引起的，如致病细菌、肠道渗漏等，每种原因都有其独特的解决方法。让我们逐一查看这些原因。

- 病原菌过度生长。
    - 芽囊原虫、幽门螺杆菌、艰难梭菌和其他细菌在生活中很常见。有趣的是，如果家中的某个人带有这种病原体，通常其他人也都会有。使用天然的抗菌剂，可以帮助消除病原体，但如果你压力大、胃酸不足、使用抗酸剂、服用抗生素或食用受污染的食物或水，它们可能会让你再次感染。有效的抗菌剂包括橄榄叶提取物、乳香胶、牛至油、艾草、苦楝树、黑胡桃、大蒜和牛胆汁。最好轮换着使用它们，而不是每天将它们混合在一起用。这有助于防止抗性的产生。

- 如果你有肠道病原体，实际上我们大多数人都这样，则在服用有效的抗菌剂时，应该感到胀气和腹胀。建议晚餐后从低剂量开始服用。这样一来，你就不太可能产生强烈的“绝种反应”，所有那些立即死亡的细菌会让你感到恐怖。而且，如果确实有常见的消亡反应（例如气体和腹胀），你将在睡着时感受到它，这比清醒时更容易。
- 以气体和腹胀为容忍度的指标。如果你服用一粒抗菌药物，并且感觉到没有任何气体或腹胀反应，请在第二天晚上增加剂量。如果仍然无法解决问题，请停止使用该产品，然后再换另一种产品。
- 布拉氏酵母是一种有益的酵母，有助于消除有害病原体。服用抗菌药一小时后即可服用。因为布拉氏酵母菌不会被抗生素杀死，所以它是一种很好的益生菌，可以与抗生素一起服用。你应该只服用 3~6 个月，然后停止。仅在开始服用抗生素或有特殊需要（例如肠道再感染）时再重新服用它。

- 如果你看不到结果，请参阅附录中的“实验室测试”部分，这些测试可以帮助你确定拥有哪些病原体，以及将杀死哪些病原体。
- 在消除病原体后，请用益生菌帮助恢复肠道。考虑先补充不含乳杆菌的混合物，例如双歧杆菌益生菌的混合物。与抗微生物药一样，晚餐后是服用益生菌的最佳时间。
- 如果你有严重的肠道问题，请咨询专业医护人员。

• 肠道渗漏和肠道发炎。不论是肠道渗漏综合征或溃疡性结肠炎，还是克罗恩病等炎性疾病都会导致 DAO 基因变脏。如果你正在承受压力，吃不耐受或过敏的食物和（或）病原细菌，酵母菌或寄生虫过度生长，那么这些疾病都不会治愈。

  - 在消除病原体之后，请考虑使用 L–谷氨酰胺粉来治愈小肠，这是 DAO 酶赖以生存的地方。如果你的小肠不健康，则可能需要对 DAO 酶的“家”进行改造。通过修复它生存的地方来帮助 DAO 酶。从 1 克谷氨酰胺粉开始。对某些人而言，这种补品可能增加烦躁感。如果你遇到这种情况，请停止服用几天，并服用一些镁、维生素 B_6 和烟酸。重新服用 L-谷氨酰胺时，请继续服用这些补品。

- 一个更有效的方法是选择将 L-谷氨酰胺、芦荟、锌肌肽和药用蜀葵根混合使用。

• 小肠细菌过度生长。小肠细菌过度生长与许多原因有关，包括抗生素的使用、抗酸剂的消耗、便秘、5-羟色胺低、胆汁流量低、精制食品饮食过多和益生菌补充过多，等等。确定小肠细菌过度生长的病因是必需的，否则可能在每次尝试治疗后症状立即重现。

- 小剂量牛胆汁有助于消除小肠中的有害细菌，同时可以帮助维持 DAO 基因。从晚餐时以 250 毫克的剂量开始服用。
- 请参阅 PEMT 基因的“污点净化”以使你的胆汁再次运动，这通常有助于消除小肠细菌过度生长症状。

• 过酸的系统。DAO 基因偏爱一些特定条件。如果你的肠道过酸，DAO 基因将无法正常工作。如果这是你的问题，则服用消化酶和甜菜碱盐酸盐将有助于支撑肮脏 DAO 基因。甜菜碱盐酸盐会触发你的胰腺分泌，这能够减少小肠中酸度的酶。只需随餐服用即可。

• 富含组胺的食物和饮料。减少饮食中的组胺消耗量，直到消化和肠道治愈为止。通过消除病原体并提供应有的营养物质治愈消化道后，你可能会发现自己可以再次食用含有组胺的食物。

- 饮料的选择尤为重要。饮料中或生产过程中产生的组胺会使你的DAO酶不堪重负，使你产生头痛、流鼻涕、皮肤发痒、感觉刺痛、出汗、心跳加快和易怒等症状。请重新评估你对以下饮料和酒水的消耗量。
- 果汁和柑橘。从你的饮食中大量减少或完全消除含有柑橘的饮料。
- 香槟和葡萄酒（尤其是红酒，但即使是白葡萄酒也可能成为问题的根源）。如果你对葡萄酒感到头痛，那么你可能受到亚硫酸盐敏感性影响，如第九章中所述。由于亚硫酸盐会影响维生素 B_1 的吸收，而维生素 B_1 是维持许多功能所必需的，因此也难怪它们会使某些人感到不适。如果你发现自己对亚硫酸盐敏感，请考虑服用补品钼。寻找不与氨结合的钼。常见的胶囊剂量范围是75~500 微克。如果你服用液态钼（每滴 25 微克），则可以进行实验以找出最适合你的钼剂量。许多人对亚硫酸盐敏感，也许他们自己并不知道。尽早尝试一些钼补品可能会带来一些不可思议的好处。请注意，任何补品都有潜在的副作用，更多并不一定更好。如果你长时间摄入过多的钼补品，则会增加尿酸含量水平并引起痛风等疾病。如果你开始发现任何不良影响，请停止服用钼，并添加 PQQ，它将有助于减少过多钼造成的副作用。

- 柠檬汁、番茄汁和可可饮料。这些也可以为你带来高组胺的负担。你也许可以忍受一盎司左右，并且随着摄入剂量的提高，你可能会发现自己越来越不耐受。不过，此时需要小心。症状可能迅速出现，从几秒钟到半小时不等。
- 富含组胺的食品没有饮料那么重要。有些人能够忍受少量此类食物，但如果吃得太多，他们可能会处于崩溃的边缘。症状可能会延迟，尤其是摄入食物时，因此记录食物日记很关键。CRON-O-Meter 或其他程序可以帮助你确定可以耐受的食物。

• 细菌增长缓慢会对组胺造成破坏。如果组胺处理的细菌生长不足是造成 DAO 基因变脏的原因，那么你需要服用益生菌来补充这些细菌，同时避免可能会导致病情恶化的益生菌。

- 双歧杆菌和植物乳杆菌益生菌的组合在帮助分解组胺方面效果极佳。
- 在恢复肠道之前，请避免使用乳酸菌益生菌（包括干酪乳杆菌和保加利亚乳杆菌）。

- 药物治疗。
  - 二甲双胍使 DAO 酶作用减慢，从而增加组胺含量。[1] 但是对开处方的人来说，停止用这种药物治疗可能不是一种好的选择。如果你是这些人中的一员，那么关键是要明白你可能因为药物而增加对组胺的耐受性，因此应减少摄入含组胺的食物和饮料。
  - 阿司匹林和其他非甾体抗炎药及水杨酸盐也有助于增加组胺的释放。[2] 与其依靠这些抗炎药，不如寻找减少炎症的自然方法。低剂量纳曲酮是一种处方药，很多人对此具有很好的耐受性。另外，由于炎症通常与慢性感染有关，因此应请医生进行检查。

DAO 基因的其他补品

- 铜。DAO 酶正常工作所需的主要营养物质是铜。考虑尝试一种包含这种营养物质的补品。大多数人可以很容易从食物中获得所需的全部铜，但是如果你很长一段时间以来一直服用锌补品，则可能造成铜缺乏症。如果你决定使用补品，请从低剂量开始，因为铜会引起发炎。以一顿饭为例，首先建议从 1 毫克铜开始，但前提是你的复合维生素中没有这种铜。
- 组胺阻滞剂。荨麻、木犀草素、菠萝蛋白酶和槲皮素的组合可以使组胺保持锁定状态而不会对你造成困扰。

- 维生素 C 和鱼油。这些营养物质有助于稳定肥大细胞（储存和释放组胺的细胞）。
- 细胞膜支持物。需要健康的细胞膜才能将组胺保留在单个细胞内。有关支撑细胞膜的方法，请阅读下面的“对 PEMT 基因进行污点净化”相关内容。
- 缓冲剂。如果你食用酸性食物或发生组胺反应，碳酸氢钠和碳酸氢钾便是你的救命稻草。简单地用过滤水服用 1~2 个胶囊，如果有益的话，效果通常是立竿见影的。

对 PEMT 基因进行污点净化

肮脏 PEMT 基因的生活方式

- 选择支持你 PEMT 基因的净化配方。
- 了解在怀孕和哺乳期间你将需要的其他支持。
- 绝经后可能还需要一些额外的支持。
- 考虑你的肝、胆和膈膜的内脏操纵。

支持低雌激素水平

- 如果绝经前的雌激素水平比较低，你需要向专业医护人员寻求帮助以平衡其含量。
- 雌激素偏低的常见原因：

- 高压力会消耗前体激素来产生皮质醇，而不是产生雌激素。
- 脂肪吸收不足，导致胆固醇含量偏低，进而造成雌激素水平降低。

PEMT 基因的补品

- 磷脂酰胆碱。磷脂酰胆碱可以支持你的细胞膜。请使用非转基因，不含大豆的形式，因为大豆是一种常见的过敏原。此外，大多数大豆是转基因生物。将液体磷脂酰胆碱存放在阴凉干燥的地方，而不要存放在冰箱中（这会使倒入更困难）。如果你不是严格素食主义者，也可以在明胶胶囊中找到磷脂酰胆碱。服用磷脂酰胆碱补品会导致情绪低落，因此请务必遵循脉冲法则并微调你的剂量。
- 肌酸。服用肌酸以保存 SAMe，以便有更多的 SAMe 来帮助制备所需的磷脂酰胆碱。

对 GST/GPX 基因进行污点净化

肮脏的 GST/GPX 基因的生活方式

- 选择支持你 GST/GPX 基因的净化配方。
- 以避免为主。清理环境，并限制你触碰、吸入或摄入化学物质。

- 桑拿、泻盐浴、锻炼或热瑜伽等出汗的方法，可帮助你的身体排出负担 GST/GPX 基因的工业化学物质。[3]
- 食用纤维有助于排毒，并能结合和清除异源生物素，它还可以促进支持排毒的有益细菌生长。
- 干刷皮肤和按摩是帮助排毒的绝佳方法。

GST/GPX 基因的补品

- 脂质体谷胱甘肽。这种易于吸收的补品形式有助于将谷胱甘肽直接递送到你的细胞中去，使它们可以与化合物结合，慢慢开始并发挥功能。我建议你间隔几天，考虑每周而不是每天服用几次谷胱甘肽。如果你发现它有帮助，请每天根据需要进行调整。
- 核黄素 / 维生素 B_2。你需要这种营养元素才能将受损的谷胱甘肽再生转化为有用的谷胱甘肽，否则，你的谷胱甘肽仍然会受损，并可能进一步损害细胞。[4]
- 硒。没有硒元素，你就无法使用谷胱甘肽来去除过氧化氢。你可以获得所有想要的谷胱甘肽，但是如果没有硒，该过程就会“卡住”。
- 排毒支持粉末。有多种可以支持排毒的产品。如果你使用粉状排毒补品，则可以将其添加到奶昔中，从而更方便快捷地享用早餐或午餐。

对慢速 COMT 基因进行污点净化

慢速 COMT 基因的生活方式

- 选择支持你慢速 COMT 基因的净化配方。
- 要充分意识到，当你承受压力时可能需要一些时间才能冷静下来。留出足够的时间从加剧因素中恢复。找到适合自己的方法：起身、进行呼吸运动和踏出室外是一些有用的策略。
- 每天早上进行激烈的活动，晚上进行一些平静的活动。锻炼、游戏和跳舞都可以刺激并干扰睡眠，这会让你第二天感觉很糟糕。采取行动并取得成功时，后续只需要进行调整即可！
- 你是一位思想家。寻找可以刺激大脑的活动，否则你会感到无聊。
- 当你在思考的时候，你需要进行一些能让自己平静的活动，例如远足、冥想、演奏或听音乐。
- 努力工作，努力玩耍。我知道你是个工作狂，你只要能将工作与假期保持平衡就可以了。如果不平衡，你最终会感到压力、恶化和疲倦。平衡过度劳累的倾向至关重要。你应该像规划工作日一样计划假期，在日历上标出假期。
- 确定你的日常压力源并尽可能多地消除压力源。日常压力源可能包括新闻、特定的“朋友”、漫长的通勤时间，以及可以委派给孩子或者专业人士的例行杂务（例如打扫房间、洗碗机装取东西、做饭等）。

- 睡眠对你来说是艰难的。你始终是一个夜猫子。晚上，你的工作做得最好，因为这时候安静，人们不会打扰你，工作效率令人难以置信。问题是第二天你就会感到筋疲力尽，这会使你变得更加激动。在早晨寻找你可以更好地进行工作的时间，例如在人们醒来之前。我知道现在这些听起来很糟糕，但是当你切换状态时，你会惊讶于自己的效率、健康状况和情绪的改变。
- 尝试放松而且健康的活动，例如按摩、泻盐浴和桑拿。尽管这些对每个人来说都是很棒的选择，但你确实需要它们，以便在游戏中脱颖而出，而不会精疲力竭！

支持慢速 COMT 基因

- 优化体重，因为体内脂肪是雌激素性质的。如果你无法减肥成功，那么有可能是 GST/GPX 基因变脏了。
- 使用邻苯二甲酸酯和其他化合物含量低的化妆品。购买有机农产品。使用环境工作组制作的清单来确定购买最重要的有机产品。
- 多吃甜菜、胡萝卜、洋葱、朝鲜蓟、十字花科蔬菜（西蓝花、花椰菜、羽衣甘蓝、抱子甘蓝、白菜等）。如果吃这些蔬菜让你感到胀气，请考虑服用矿物钼。

- 利用诸如蒲公英叶和萝卜之类的苦菜来支撑肝脏。
- 限制高儿茶酚类食物和饮料的摄入量，并监测咖啡因。
  - 正如我们知道的那样，绿茶、红茶、咖啡、巧克力和一些绿色香料（例如薄荷、欧芹和百里香）中都含有儿茶酚。你不必消除它们，只需了解它们如何影响你并在必要时加以限制即可，尤其是在经前期综合征发作或失眠时，你可能需要完全避免它们。如果你因失眠而挣扎，那么请在早上喝绿茶。如果你接近月经期并开始感到烦躁，那么请不要在此时喝太多绿茶，也许可以只是喝一杯，然后看看自己的感觉。你要了解，适度是关键。几乎不需要绝对避免。请注意聆听自己的身体。
  - 注意咖啡因的摄入量，它会使你感到烦躁并消耗镁。
- 限制过量的组胺。如果组胺含量很高，那么你将依靠甲基化循环来对其进行处理。通过阅读本章前面的“对DAO基因进行污点净化”来了解如何减少体内的组胺水平。
- 限制蛋白质摄入量。
  - 蛋白质提供酪氨酸，这是一种COMT酶需要的营养素。如果你给它很多酪氨酸，可能会减慢它的速度。如果你遵循高蛋白GAPS或古式饮食法，并且感到焦虑，那可能是因为你摄入了过多的酪氨酸，它可能导致你的多巴胺含量增加。

- 早餐时要吃大量蛋白质，午餐时要适量，晚餐时则要少吃一些。这样一来，你就可以很好地在白天集中精力“上班”，晚上则可以放松身心。

• 注意药物和补品。

- SSRI 和甲状腺药物可能会使你感到眩晕，因此请小心它们。如果你遇到失眠、烦躁、雌激素水平升高或组胺问题等副作用，请与你的医生联系。
- 类固醇会增加压力，从而增加对 COMT 基因的需求，并进一步降低它的速度。
- 酪氨酸可以令人兴奋，增加你的焦虑感，从而加重 COMT 酶的压力。睡前六个小时内不要服用任何含酪氨酸的补品。
- 甲基叶酸补品会增加一氧化氮，进而刺激多巴胺释放，并可能减慢你的 COMT 基因。在使用甲基叶酸之前，通常需要开放慢速的 COMT 基因。
- 左旋多巴会产生过多的多巴胺并推动 COMT 基因，再次减慢其速度。
- 生物同质性雌激素可以减慢你的 COMT 基因。
- 含雌激素的避孕药也会减慢你的 COMT 基因。

- 评估你的甲状腺功能。
  - 口服雌激素替代物可导致甲状腺功能减退。[5] 雌激素可以刺激一种称为甲状腺结合球蛋白（TBG）的产生，该蛋白质携带甲状腺激素。因此过多的甲状腺激素被束缚了，但是只有未结合的游离形式的甲状腺激素才能起作用。即使你血液中的甲状腺总体水平正常，系统中游离甲状腺的数量也可能太少。因此要评估甲状腺功能，仅仅检查 TSH（促甲状腺素）是不够的，而大多数医生都在这么做。你还必须检查游离 T4、游离 T3、反向 T3、甲状腺抗体和 TBG。
  - 雌激素并非唯一影响甲状腺功能的因素，因此，请务必查看附录，以找出需要进行哪些测试来评估自己的甲状腺。

慢速 COMT 基因的补品

- 调理素。请使用“沉浸与净化”（第十二章）中提到的调理素。
- 镁。缺乏镁元素的人数量惊人。正如“沉浸与净化”一章中所述，你应该从电解质中获取一些镁。如果你需要补品来达到镇静的效果，那么甘氨酸镁螯合物是一种很好的形式。它有助于缓解中度焦虑并支持肝脏功能。其他三种有效形式分别是牛磺酸镁、苹果酸镁和苏糖酸镁。
- 牛磺酸。如果你服用优质的镁补品，但仍不能使自己的镁含量足够高，那么可能的原因是牛磺酸的含量偏低，牛磺酸是一种有助于镁吸收的矿物质。牛磺酸水平低是由多种原因引起的，但是一个普遍的原因是肠道营养不良——肠道细菌的失衡。净化你的 DAO 基因，可以帮助解决此问题。请考虑咨询你的医生，通过全面的消化粪便分析来评估自己的消化功能。如果你能够平衡细菌的水平，那么也将同时支持牛磺酸水平，因此镁水平也将恢复正常。

- SAMe。这可能是一个非常有用的补品，但前提是你的甲基化循环运行良好。为了找出答案，请在睡前服用 250 毫克的 SAMe 胶囊。如果它可以帮助你入睡，那就太好了，请继续使用它。如果它使你的失眠情况恶化，则可能是甲基钴胺素和（或）甲基叶酸含量较低，或者你的甲基化循环可能被重金属、谷胱甘肽不足、过氧化氢或其他一些因素阻碍。如果失眠情况恶化，请停止服用 SAMe，直到甲基化循环周期恢复平衡为止。但是，与此同时，如果你现在非常清醒并且盯着天花板，则可以服用 50~150 毫克的烟酸来消除失眠症的影响。这将有助于分解刚刚使用的 SAMe，并将其从系统中清除。
- 磷脂酰丝氨酸。这种补品对睡眠很有帮助，尤其是与苹果酸镁、烟酸和维生素 B_6 结合在一起使用时。
- 肌酸。当你的身体制造肌酸时，它会消耗掉大部分的甲基供体——一种支持甲基化的营养元素。服用补充性肌酸时，你可以节省甲基供体和 SAMe，而让 SAMe 不受其他因素的影响，例如帮助你减慢 COMT 基因。肌酸帮助了许多无法服用甲基叶酸、甲基钴胺素或其他甲基供体的人。它对许多对补品敏感的人相对而言是安全的，并且耐受性良好。肌酸对自闭症儿童或说话迟钝的人治疗效果特别好。我们看到从未说过一句话的孩子通过补充肌酸后开始说话。服用肌酸时一定要喝一杯过滤水。我还经常建议用过滤后的水将肌酸和电解质混合放在水瓶或热水壶中，可以全天或者在运动前饮用。

- 磷脂酰胆碱。补充磷脂酰胆碱对保护 SAMe 有很大的作用，因为体内产生的磷脂酰胆碱就像肌酸一样会消耗大量的 SAMe。服用额外的磷脂酰胆碱会使你的身体利用更多的 SAMe 来支持 COMT 基因。请确保使用非转基因的、以向日葵为基础的补品。
- 吲哚–3–甲醇和 DIM（支持健康雌激素水平的混合物）。这些补品有助于分解雌激素，从而可以将它们从体内清除。通常它们是打包在一起发挥功能的。

对快速 COMT 基因进行污点净化

快速 COMT 基因的生活方式

- 选择支持你快速 COMT 基因的净化配方。

- 进行刺激或者需要大脑参与的活动。例如音乐演奏、跳舞、唱歌、参加辩论俱乐部、分组远足、参加团队运动，以及进行其他社交活动等都是不错的选择。选择能够让你保持专注的单人运动（例如网球或武术）也很不错。
- 早晨跑步或锻炼。这对你非常有用，它可以促进血液流动并立即增强多巴胺。每天早晨都尽可能地找到合适的方法来锻炼自己的身体，例如将车停在离办公室较远的地方，或者在开始工作前步行到咖啡厅喝杯咖啡或茶。考虑食用更多的浆果、绿茶和类黄酮来减缓雌激素和多巴胺的燃烧。
- 注意自己脾气的变化。你可能会发现自己有时会参与争论，或者注意到你的快速 COMT 基因倾向于煽动打架。打架能够造成多巴胺的飙升，如果 COMT 基因变快，多巴胺的上升会让你感觉更好。因此，让我们通过吃蛋白质而不是打架来提高多巴胺！丹尼尔·阿门博士几年前就向我指出了这一点。
- 具有自我意识。你可以轻而易举地从一件事情跳到另外一件事情。关键是将足够的时间投入到有意义的活动中，然后你才会有所作为。在一件事情上努力工作半小时左右，然后将注意力转移到另一件事上半小时，接着再回到之前的工作中去。通过这种方法，你就满足了自己多样性的渴望，同时也完成了这件事情。

- 上瘾？请注意，你可能会花过多时间在社交媒体、视频游戏、购物、电视和许多其他活动上。以此为警告信号，你需要使用本书中的方法来支持快速的 COMT 基因。

支持你的快速 COMT 基因

- 确保吸收了你需要的全部蛋白质。忠实地遵循“沉浸与净化”的方法。请参阅“对 DAO 基因进行污点净化”的内容以修复肠道。如果你在做完这些事情后仍难以吸收蛋白质，氨基酸混合物将会给你带来很大帮助。胶囊是最好的选择，因为氨基酸混合物的味道很糟糕。
- 确保每餐都摄取了足够的蛋白质。你需要充足的蛋白质来保持精力集中。
- 注意药物和补品。
    - SAMe。如果快速 COMT 基因由于你的新补品和生活方式而突然变慢，那么遵循脉冲法则服用一些 SAMe 可能会有所帮助。但是，请谨慎地选择使用该补品；每天服用可能会降低多巴胺和去甲肾上腺素，使你感到单调或沮丧。
    - 磷脂酰胆碱和肌酸。这些补品对你来说可能感觉不错，但是如果你发现自己变得比平时更加沮丧，那么可能需要评估蛋白质的摄入量并提高多巴胺水平。另请参见

"对 PEMT 基因进行污点净化"，以讨论磷脂酰胆碱的潜在副作用。

- 含雌激素的避孕药或与雌激素生物功能相同的激素。如果这类避孕药或与其生物功能等效激素可改善你的情绪和注意力，则雌激素可能减慢了你的快速 COMT 基因。请与医生讨论检查你的雌激素水平。

快速 COMT 基因的补品

- NADH（还原型辅酶）。如果你早上起床很慢，请考虑使用 CoQ10（一种辅酶）与 NADH。这两种化合物可以立即为你的线粒体提供燃料，使它们可以产生细胞能量 ATP。通常情况下，你的身体会经历一个漫长的过程来制造 NADH。采取这些步骤，你将可以完全绕过此过程。在你仍然躺在床上的时候，取一片药片，让它在舌头下溶解。这种方法可以逐渐地在几分钟之内唤醒你。如果想戒除咖啡因（咖啡或能量饮料），那么它也是一种很好的替代品。与咖啡因引起的兴奋和崩溃相比，带有辅酶 CoQ10 的 NADH 可提供清洁的持续能量。切勿起床后立刻进食，早上醒来请远离食物至少一个小时。
- 肾上腺皮质。如果你无法在早晨醒来，或者觉得整日疲倦，那么肾上腺皮质可以提供巨大的帮助。肾上腺皮质支持你的身体制造激素皮质醇的能力。那些有慢性压力的人皮质醇水平可能较低。肾上腺皮质有助于我们起床，因为皮质醇有助于我们早起。取一粒 50 毫克的胶囊，随早餐一起服用。这是一种有效的补品，因此一定要通过脉冲法则微调剂量。你可能会发现你一周只需要服用几次。

- 酪氨酸。这种补品是神经递质多巴胺、去甲肾上腺素和肾上腺素的前体，对你特别有用，尤其是在早上和下午时服用。但是请勿在睡前六个小时内服用。
- 5-HTP。虽然这种补品（神经递质血清素的前体）主要用于快速 MAOA 基因的患者，但对于快速 COMT 基因的患者也可能有所帮助。如果你的 MAOA 基因速度缓慢，请保持谨慎。较高的 5- 羟色胺水平会减慢 COMT 基因的速度，这就是为什么我建议拥有快速 COMT 基因和快速 MAOA 基因的人考虑使用 5-HTP。但是，如果你使用的是 SSRI，那么请不要同时服用 5-HTP。

对慢速 MAOA 基因进行污点净化

慢速 MAOA 基因的生活方式

- 选择支持你慢速 MAOA 基因的净化配方。
- 关于慢速 COMT 基因的建议可能也会让你感到受益匪浅，因为这两个慢速基因都会降低从系统中清除多巴胺和去甲肾上腺素的速度。

可能对慢速 MAOA 基因有不利影响的补品和药物

- SSRI。如果你遇到头痛、烦躁不安、失眠，请向医生咨询剂量是否过高，可能这些药物不适合你的基因。
- 睾丸素。补充这种激素会增加攻击性，尤其是在 MAOA 基因缓慢的人尤为明显。请医生重新评估你睾丸激素的剂量，并将其保持在医学上所需的最低剂量内。
- 甲状腺药物。这种类型的药物还可以增加 MAOA 基因缓慢者的攻击性和焦虑感。如果你遇到此类症状，请与医生商谈调整剂量。
- 色氨酸、5-HTP 和褪黑素。考虑停止使用这些补品。如果有问题，请与你的医生讨论。所有这些都给你的 MAOA 基因施加了压力，并使其速度减慢。
- 酪氨酸。这种补品会给你的 COMT 基因和 MAOA 基因造成负担，并使它们减慢速度，因此请减少剂量。请咨询你的医生是否必须服用它们。
- 肌醇。与乳清酸锂一样，肌醇有助于调节血清素。但是，使用此补品可能会无意中加重你的 MAOA 基因并减慢其速度。锂和肌醇的作用刚好相反，因此，如果你对其中一种反应较差，则对另一种应该反应良好。

慢速 MAOA 基因的补品

- 核黄素。建议服用 400 毫克的核黄素，以帮助缓解慢速的 MAOA 基因。
- 锂。建议服用 5 毫克乳清酸锂，这是一种补品，可帮助平息多余 5-羟色胺的活性。

对快速 MAOA 基因进行污点净化

快速 MAOA 基因的生活方式

- 选择支持你快速 MAOA 基因的净化配方。
- 明确潜在的诱发炎症的原因并努力消除它们。引起炎症的典型原因是饮食（请参见下一个要点）、睡眠差、压力大、接触化学物质和呼吸不当，关于此内容我们已经在“沉浸与净化”一章中进行了讨论。
- 确定发炎性食物过敏原和食物不耐症。实验室测试非常适合识别食物过敏，但不能准确地识别食物的耐受性。可以考虑采取排除饮食法以了解更多信息。
- 确保你没有过度训练。通过使用诸如 HRV4Training（监测身体状况的应用程序）或 ŌURA 环（监测身体状况的手环）之类的应用程序来测量心率变异性（HRV），进而评估你的运动状态。如果 HRV 下降很多，或者 ŌURA 程序建议你放轻松，那么请注意不要训练过度。

- 霉菌是造成 MAOA 基因问题的常见诱因。打电话给环境检查员来你家或办公室进行评估。另外，你的汽车、露营帐篷或者船上可能也有霉菌。
- 感染是另一个常见诱因。不过即使对专业医护人员来说，也很难发现它们。如果你在快速 MAOA 基因方面苦苦挣扎，请咨询擅长于治疗慢性感染的自然疗法医生或精通中西医结合功能的医生来确定你是否患有未确诊的感染。同时，继续“沉浸与净化”，然后尝试下文中建议使用的补品，它们可以在抵抗感染的同时为你提供支持。有关可以帮助你清除病原体的方法，请参见“对 DAO 基因进行污点净化”的内容。

快速 MAOA 基因的补品

- NADH。如果你早上起床较慢，建议将 NADH 与 CoQ10 搭配使用，这是对拥有快速 COMT 基因的人的建议。请你躺在床上，将药片放在舌头下溶解，数分钟之内你将被唤醒。如前所述，如果你想放弃咖啡因，那么这是一个不错的唤醒解决方案。
- 5–HTP。每天 50 毫克，这通常是快速 MAOA 基因的有效补品。如果几周后你仍然没有发现明显的改善，那么请尝试使用更大剂量的药物。如果你晚上不睡觉，请考虑使用缓释胶囊，它可以整晚为你持续提供少量的 5-HTP。但是，如果你使用的是 SSRI，那么请不要服用此补品。

- 肌醇。从小剂量开始服用，可以调节 5-羟色胺和改善情绪，并在耐受的情况下逐渐增加剂量。
- 褪黑素。此补品可能会帮助你晚上尽快入睡。
- 脂质体姜黄素。建议每天服用这种抗炎药 1~3 次。这有助于减慢我们前面讨论的色氨酸窃取速度，从而为快速 MAOA 基因保留更多的色氨酸。

对 MTHFR 基因进行污点净化

肮脏 MTHFR 基因的生活方式

- “沉浸与净化”部分应该包含关于这一基因的全部基础知识。
- 选择支持你 MTHFR 基因的净化配方。

甲状腺功能减退和肮脏的 MTHFR 基因

- 甲状腺功能减退会减慢你激活维生素 B_2 的能力，因此请向你的医生咨询评估甲状腺功能的方法。
- 通过减轻压力、支撑肾上腺、修复肠胃、避免使用化学药品、过滤饮用水、获得充足的睡眠并抵抗感染来支持甲状腺的功能。

- 有关其他方面的支持，请参见“对 DAO 基因进行污点净化”和“对 COMT 基因进行污点净化”。

MTHFR 基因的补品

- 核黄素 / 维生素 B_2。这是 MTHFR 基因需要维持正常工作的一种营养素。其活性最高的形式是核黄素-5- 磷酸（R5P）。对大多数人来说，每天 20 毫克的剂量通常就足够了；但是对某些人，尤其是那些患有偏头痛的人，则可能需要多达 400 毫克的剂量。
- L-5-MTHF 或 6S-MTHF。二者都是甲基叶酸的质量形式。许多人仅服用含有 400 微克 MTHF 的多种维生素就能很好地完成工作。如果你感觉服用完 400 微克后没有变化，请尝试更多剂量。但是请不要大幅度增加剂量，或者尝试加倍剂量。许多保健专业人员都是直接服用 7.5 毫克或者更高的剂量。虽然可能会在开始时产生好处，但很有可能在几天内引起严重的副作用。由于这种营养物质的药效非常强大，因此在实施脉冲法则时让其适应你的身体至关重要。另一个选择是使用脂质体 MTHF。这样，你可以调节剂量并将 MTHF 传递到细胞内。
- 如果你服用 5 毫克或更高剂量的甲基叶酸，而没有感到任何效果，则可能是以下原因造成的：

- 你有叶酸受体抗体，它们正在阻断叶酸受体。（有关确定测试是否正确的更多信息，请参见附录。）
- 你仍在摄取叶酸，并且它阻碍了你的受体。
- 你体内缺乏维生素 B_{12}，导致甲基叶酸被困住了，无法发挥功能。
- 你使用的是劣质补品，其中含有 D–甲基叶酸而不是 L–甲基叶酸。如果补品中未指定 L–甲基叶酸或 6S–甲基叶酸，则其中可能含有劣质的 D–甲基叶酸形式。你的身体并不能使用 D–甲基叶酸。请咨询补品生产商。
- 你的甲基化循环因其他原因而被阻塞，例如重金属、氧化应激、感染或药物。

注意：如果你感到焦虑、烦躁、流鼻涕、关节痛、失眠或有荨麻疹，则可能是服用了剂量过多的 MTHF 造成的。请立即停止服用，并保持每 20 分钟服用 50 毫克烟酸，直到副作用消失为止（最多 3 次）。但是，如果你的血压低至 90/60 或者更低，请当心：烟酸可能会进一步降低你的血压。[6]

对 NOS3 基因进行污点净化

肮脏 NOS3 基因的生活方式

- “沉浸与净化”部分应该可以净化你大部分的肮脏NOS3 基因。

- 选择支持你 NOS3 基因的净化配方。
- 保持 GST/GPX、PEMT、MTHFR、COMT、MAOA 和 DAO 基因的清洁，这样你的 NOS3 基因将可以自理。这就是为什么在所有的基因都变脏的情况下，NOS3 基因是你最后需要净化的一个基因。通常情况下，其他肮脏的基因会导致 NOS3 基因变得肮脏。一对一地解决它们，你就会看到效果。请不要着急。
- 即使只是每天轻快地散步，也请确保你正在做某种形式的运动。运动会刺激 NOS3 基因发挥功能。[7] 但是，请不要过度运动，因为过多的运动会使你的 NOS3 基因解耦联。如果运动后酸痛的时间长达一两天，则说明你做得太多了。
- 良好的呼吸对你也很重要。认真考虑每天做瑜伽、打太极拳和进行呼吸运动。调息法这一科学的呼吸方法对你来说是一个不错的选择。
- 蒸桑拿有助于刺激你的 NOS3 基因（尤其是每周进行两次），因此请尝试一下。不要拒绝它！

NOS3 基因的补品

如果你正在发炎，高半胱氨酸水平偏高或正在抵抗已知的任何类型的感染，建议你先降低高半胱氨酸水平并抵抗感染，然后再利用补品支持 NOS3 基因。此外，在处理 NOS3 基因之前，请确保净化其他肮脏的基因。

- 鸟氨酸、甜菜根粉或瓜氨酸。如果你的身体总体上很健康，则可能需要通过这些补品来提高精氨酸水平。（正如你在第十章中看到的，我不建议直接补充精氨酸。）
- PQQ。这是一种可以保持你体内的一氧化氮处在健康水平并防止其转变为超氧化物的必需品。如果你经常运动或在锻炼后经常感到明显的酸痛，那么请在锻炼后服用其中一种胶囊。患有纤维肌痛或慢性疲劳的人服用PQQ，则会做得很好。
- 脂质体维生素C和脂质体谷胱甘肽。这些补品有助于使你的一氧化氮保持健康的状态，并防止其转变为超氧化物。

现在该怎么办

也许你会这样说："我现在感觉好些了，但这还不是我期望的那样，现在该怎么办呢？"这是个好问题。

你已遵循了"沉浸与净化"的方法。你生活得很好。

你已经在"污点净化"部分进行了大量艰苦的工作。

然而，你还在继续挣扎。

如果是这种情况的话，我建议你咨询功能/综合执业医生，例如有执照的自然疗法医师、功能医学专业人士或环境医学专业人士。这些卫生专业人员致力于发现疾病的根源，而不是抑制疾病的症状。

（有关可用的实验室测试信息，请参阅附录。）

通过采用“净化基因的方法”，你在完成基本操作方面已经走了很长一段路。卫生专业人员将在这些基础上与你开展合作。现在，请与他一起进行更深入的挖掘，同时寻找隐性感染和隐性的化学暴露。

- 鉴定隐性感染。
    - 口。根管、患病的牙龈和喉咙都是常见的感染部位。如果牙龈出血、口臭或牙齿不好，则可能是由于口腔持续感染或其他地方的慢性感染，导致牙齿健康状况不佳。与生物学牙医（即采用全身疗法的牙医）合作来解决此问题。
    - 鼻子。你的鼻子经常感染。请医生擦拭鼻窦和鼻孔以检查是否有感染，特别是如果你患有任何类型的慢性鼻窦炎。
    - 消化道。即使你没有消化问题，也可能因细菌失衡而出现全身的症状。请卫生专业人员对你进行全面的消化和粪便分析以查找病因。
    - 血液。完成血液检查以发现你的免疫系统对各种病原体的反应能力，这将帮助你识别可能携带的任何病毒或细菌。
    - 尿。通过尿液分析可以明确复发的膀胱感染以及免疫系统标志物。

- 鉴定潜在的化学暴露源。
  - 口。如果你有很多旧填充物，则可能需要咨询生物牙医将其替换为毒性较小的物质。
  - 尿。你的肾脏是绝佳的过滤器。有大量的实验室测试可以通过尿液快速评估数百种化学物质含量，还可以识别重金属。一旦明确了污染物，就可以将它们清除。
  - 血液。血液检查可以识别重金属、一氧化碳和其他有问题的化合物，然后医生可以帮助你从体内清除它们。

到此为止，你已经取得了巨大的成就。通过与优质专业保健人员合作，进一步发现这些隐患，并逐渐消除它们，从而迈出了全新的一步。你正在充分发挥自己的遗传潜能！

总　结
基因健康的未来

本书涵盖的遗传学方法比当今医学中采用的方法更先进。你现在唾手可得的信息并不是“快速获得健康”的计划。这是一套可以使你受益终身的方法，可以在你需要扭转肮脏基因时使用它。

你的日常生活应该包括“沉浸与净化”的方法，这些并不是只进行两周后就可以停止的事情。你用了两周的时间来为“污点净化”做准备，并且在进行“污点净化”时也做了这些事情。现在，你已经完成了这两项工作，所以希望你每天继续执行“沉浸与净化”的方法。

是的，有时候你可能会吃得过多，或者熬夜看电影以及与朋友聚会。太棒了！尽情享受吧！这就是生活！你只需要知道已经弄脏的基因，并需要重新培育它们以恢复健康。好消息是，现在你知道应该怎么做了。

让我们面对这一事实。基因每天都会变得肮脏。它们每天都会积聚灰尘，有时还会变得更脏。现在你知道了应该如何使用“沉浸与净化”的方法每天“刷掉灰尘”，从而避免了春季的“大扫除”。

有时候即使实行“沉浸与净化”原则，生活中的巨大压力、伤害、有毒物质的接触，以及生活方式的改变也确实会污染你的基因。发生这种情况时，请根据需要重新使用“净化清单二”和“污点净化”即可。

关于 SNPs 的最新发现

科学家们不断地进行调查研究。随着时间的推移，会有越来越多的 SNPs 被发现，同时这也将为我们留下越来越多的出口。

很多人肯定会说道：“哇！那个 SNPs 造成了我所有的问题！我应该补充些什么呢？”

读完本书后，你将知道该如何回答此问题。你会说：“请看，SNPs 的存在历史与人类一样长。最重要的事情是生活方式、饮食习惯、思维方式和周围环境。没错，一个单一的 SNPs 绝对可以通过减慢或加快基因的速度来调控基因的功能。但是，即便是单一的工业化学品，例如汞或铝，也可以影响数百个基因，而且比单个 SNPs 甚至十几个 SNPs 的影响更大。”

我们需要做的是，了解 SNPs 和生活方式因素对我们遗传功能的综合影响。遗憾的是，我们大多数人还没有掌握这一至关重要的联系。大家都在毫无目的地服用甲基叶酸以修复其 MTHFR 基因的

SNPs，或服用磷脂酰胆碱以修复其 PEMT 基因的 SNPs。

请不要采用漫无目的的方法。

相反，你需要的是做出改变，从而减少基因必须完成的工作。请采用以下方法：

- 正确呼吸
- 深度睡眠
- 适度运动
- 通过吃东西来满足自己的身体，而不是自己的渴望
- 出汗
- 过滤空气
- 过滤水
- 享受应有的清洁度——没有化学气味
- 与亲人和朋友互动
- 体验生活

一切才刚刚开始

现在，你已经知道了基因变脏的方式和原因，并且拥有唾手可得的资源来净化它们，下一步就是采取行动。

你进行了为期两周的时间来为“污点净化”做准备，而且在进行“污点净化”的同时也进行了“沉浸与净化”。现在已经完成了这

两项工作，你需要继续执行“沉浸与净化”的原则。

如果你尚未采用“净化基因的方法”，请计划开始并实施“沉浸与净化”的方法。

今天？明天？或者下周五？

我期待听到你的结果和经验！

我一直致力于研究、写作、报告和创造新的资源，从而帮助大家更好地发挥遗传潜能。通过我的个人网站www.DrBenLynch.com，你可以了解到我的最新研究发现以及大量网站上的资源。

我热爱自己的工作，但这些在得到很好的实施之前是绝对没有任何意义的。

因此我很感谢你们。感谢每一个人为健康投入了宝贵的时间，并花时间学习如何优化生活。没有你们，我的工作将毫无意义。

某一天，我们的人生道路可能会出现交叉，也许它已经存在——社交网络上在线、亲自出席会议、乘坐飞机或远足时。如果你看到我，请打断我，并与我分享这些工作是如何帮助你或你的家人的。这就是我要努力进行这项研究的原因，像你这样的故事将会促使我前进。

同时也请与他人分享你的故事。许多人都在挣扎，你可能会从学到的知识中受益匪浅。你与他人聊天时，可能会想到“这个男人的COMT基因肯定很慢”或者“听起来她的MTHFR基因像是变脏了”，此时，请伸出援手，给这些人一些净化基因的技巧。他们可能会耐心倾听，也可能不会理睬。重要的是你已经伸出援手并试图提供帮助。我曾多次提供了帮助信息，但也遭到了多次反对。不过，我了解到，关键是在他们思想里播下种子。在几周或几年后，你曾经给过提示的某些人可能会拉着你说道："还记得你告诉我的有关基因的事情吗？我进一步研究了它，并且我的生活发生了改变。"

通过帮助他人发挥其遗传潜能，我们所有人都可以将世界变得更美好。不过，在你伸出援手帮助他人之前，希望你先伸出手并为自己戴上氧气面罩。今天是你开始净化肮脏基因的一天。你应该发挥自己的遗传潜能。请马上去行动！

致　谢

写书是一项艰巨的工作。事实上我有时候在想，这对我来说几乎是不可能的。在撰写这些章节之前，我尝试了很多次，但是都失败了。是我的支持团队改变了我的想法。转机始于我的朋友和同事彼得·阿达莫。彼得，如果没有你的介绍，本书将不会存在。

感谢贾尼斯·威勒里和雷切尔·克兰兹两位非常出色的女士。我从你们那里学到了技巧、耐心、动力、毅力、奉献精神和啦啦队精神。除了这些特征，你们俩帮助我将分散的思想整合成一本令人印象深刻的书籍，而且这将为许多人带来帮助。

感谢朱莉娅·帕斯托和哈珀·柯林斯对我的信任。从我们第一次电话交谈直到今天，你们都给我留下了非常深刻的印象。正是你们的指导、专业精神和技能使本书成为一本非凡的书。我真的永远感激不已。

感谢亚当·拉斯塔德，你一直在掌握“寻求健康”的方法，领导我们的团队并解放了我。你的技能和领导能力为我提供了极为重要的资产：时间。没有它，我就不会写作本书。

感谢在世界各地支持我的同事和朋友们，谢谢你们。我们都知道遗传学和表观遗传学领域是多么新颖，你们都是先驱者，我们都在互相学习。你们致力于帮助患者发挥其遗传潜能的努力令人感动。这项任务并不容易，没有任何参考资料。你们的洞察力、患者的经历以及对知识的渴望促使我创造了一个新的起点。我坚信本书将会让你们的艰巨（但有回报）的工作变得容易一些。

感谢我的患者们，你们让我在工作时得到了很多启发。有时候我的建议给你们带来痛苦。实际上正是那些时刻使我最大限度地接触到真相，弄清楚了原因。我们在一起相互学习，共同前进，并且变得越来越好。

感谢我的爸爸妈妈，小时候你们对我很严苛，现在我明白了为什么。强迫我自己弄清楚事情、独立自主，并在牧场上长时间地工作，这些都为我提供了所需的组织纪律和职业道德，这不仅使我能正常生活，而且让我具有能够坐下来写作本书的一切品质。谢谢你们。

感谢我的孩子们：塔斯曼、马修、西奥。从你们三个中的哪个开始说起呢？我那么爱你们。我爱你们鼓励我，我爱你们爱我，我爱你们理解父亲必须抽出一些时间不能陪伴你们，以便他可以帮助更多人（例如正在读本书的你）变得健康。这些年来，我从你们身上学到了很多东西。有了你们提供给我的知识，我就能为世界各地的人们提供帮助。谢谢你们。

致 谢

感谢我的妻子纳迪娅，我们分享了很多经验，其中有些是艰难的，但更多的是非凡的。为了写作本书我缺席了一些家庭假期，但我们仍然设法使它们变得生动有趣。感谢你给我自由的时间去潜心工作，并像我一样热心帮助他人以及忍受我疯狂的想法，例如“让我们现在就这样用餐”或者“我认为应该尝试X和Y，请停止Z”。我知道这些决定不仅影响我自己，而且影响家庭。通过这些实验，我学到了很多东西，现在我们将通过它们来帮助更多人。有一点是永恒的：我爱你和我们拥有的一切。

附　录

附录一　实验室测试

“净化基因的方法”是一项全面的计划。首先是“沉浸与净化”阶段，其次是“污点净化”阶段，应该可以显著地改善你的身心健康（有可能不能完全改善）。本书的优点在于，大多数人都可以使用书中的方法，而且无须医生指导进行特殊的实验室测试。你可以通过两个“净化清单”来评估自己的状态，并遵循“净化基因的方法”来优化自己的健康状况。

但是，如果你比较困惑，例如已经“净化”了三四个月，却看不到任何改善，或者改善的步伐如蜗牛般缓慢，那么你可能需要其他帮助。理想状态下，你应该寻找一位出色的综合医生或自然疗法医生来为你提供帮助，或者寻找一种与传统医生合作的方式来解决这些问题。无论哪种情况，你都需要进行实验室测试来评估自己的状态。

不幸的是，实验室测试可能有用，也可能在缺乏专业知识的医疗服务提供者手中浪费大量金钱和时间。如果你通过基准实验室的数据了解了自己的现状，那么将来进行的实验室测试可能会很有用，可以作为衡量你改善状况的标准。但是，大多数实验室测试的结果都是根据“健康状况不佳”人的平均范围来表示的！因此，你会发现许多实验室数据显示正常，然后常规医生坚持认为你的健康没有任何问题。请注意，你可能会出现许多有问题的症状（或者只是没有达到健康状态的顶峰），并且仍然可以保持正常的实验室数据。假如没有为你提供专业知识的人，你将无法依靠实验测试结果来确定需要处理的问题。

虽然某些特殊测试可能会很昂贵，但却会提供有用的信息，前提是你的专业医务人员知道如何解释结果。基础实验室通常是你最好的起点，因为它们可以为你提供一些基准信息并且价格合理。

不过在理想的情况下，你可能希望一次订购所有的实验室测试项目。这样的话你将获得综合的图谱，而不是散乱的演示文稿，而且这些结果还来自不同的日期。即使在一两周之内，你的结果也可能会受到前一天的饮食、压力以及其他因素的影响，这些因素虽然微妙，但却可以对你的实验室测试结果产生重大影响。另外，熟练的卫生专业人员是关键，因为他需要将所有发现汇总在一起并确定该现象的含义。不幸的是，在传统的医学博士中很少有人掌握这种医疗方法，但是越来越多的医学博士（包括我训练出的医学博士）以及许多自然疗法医生和功能综合医学提供者掌握了这种方法。

附　录

下面列出的是我推荐的实验室测试项目。对传统的专业医生来说，通常都不会要求我们进行下面大多数的测试，但是综合或自然疗法的医生会常规地命令测试者进行以下测试。我将在每种测试后用括号标注可以提供这些测试的实验室名称。附录的末尾将会提供这些实验室的名称和网站。

我首先列出了常规的实验室测试。然后，在附录的其余部分中，列出了全部需要进行的实验室测试（包括该总列表中的一些测试），这些测试对本书中涉及的每种肮脏基因都有特定的好处。

常规实验室测试

- 全血细胞计数，带显著性差异分析（CBC 差异）（Quest Diagnostics，LabCorp）
- 甲状腺组合：TSH，游离 T3，游离 T4，反向 T3，甲状腺抗体，TBG（Quest Diagnostics，LabCorp）
- 血清铁蛋白（Quest Diagnostics，LabCorp）
- 维生素 D：25-羟维生素 D_3 和 1, 25-二羟维生素 D_3（Quest Diagnostics，LabCorp）
- 脂质过氧化反应（Quest Diagnostics，LabCorp）
- 空腹血清胰岛素（Quest Diagnostics，LabCorp）
- 糖化血红蛋白（HbA1c）（Quest Diagnostics，LabCorp）
- 高敏 C 反应蛋白（hs-CRP）（Quest Diagnostics，LabCorp）

- 甲基丙二酸（Quest Diagnostics，LabCorp）
- 全反钴氨素[1]（拉尔博士实验室）
- 高级胆固醇面板（VAP）（Quest Diagnostics，LabCorp）
- 尿有机酸（Quest Diagnostics，LabCorp，Genova Diagnostics，Great Plains Laboratory）
- 红细胞（RBC）脂肪酸（Doctor's Data，Quest Diagnostics，LabCorp，Genova Diagnostics）
- 慢性感染小组：病毒、细菌、莱姆、寄生虫、霉菌（DNA Connexions, Full View test; LabCorp; Medical Diagnostic Laboratories）
- 全面的消化粪便分析［Genova Diagnostics, Doctor's Data, Diagnostic Solutions（GI-MAP）］

除上述项目外，你还可以进行专业的测试（如下所示），以帮助评估“七大巨星”中每一个的功能。但是，我的建议是从遵循“净化基因的方法”开始，首先是“沉浸与净化”阶段，其次进行“污点净化”，而不是将测试作为第一步。请记住，这些测试存在很大的问题，除非有熟练的专业医务人员来帮助你评估这些数据。如我们所见，返回的结果仅仅会表明你的值是否在“正常范围”内，但这些指示可能会极具误导性。

MTHFR

- 检查叶酸受体抗体。如果你想知道自己是否对叶酸受体有抗体，那么请进行这项测试。它可以提供良好的校正基线，从而帮助你监控治疗情况。如果你体内确实有抗体，那么补救方法是：治愈肠漏综合征；停止服用叶酸；停止食用牛奶乳制品，包括少量的可能隐藏在其他食物中的乳制品，例如煎蛋卷或烘焙食品；消耗食物和补品中的天然叶酸；并稳定你的免疫系统。（Iliad Neurosciences）

- 要求空腹检测血清高半胱氨酸。吃一顿正常的晚餐，接着在第二天早上吃早餐之前进行这项测试。然后大约一个月后再次跟进，请确保吃相同类型的晚餐，并在第二天早晨的同一时间抽血。这样，你可以获得更准确的比较值。（Quest Diagnostics，LabCorp）
- 测量血清叶酸。正如我在第五章中讲的那样，该测试不是很有价值，因为你可能（经常在不知不觉中）消耗了所有叶酸。但是，如果你的测试数值很高，则可能患有以下一种或多种疾病：小肠细菌过度生长，叶酸受体抗体、维生素 B12 含量偏低和（或）甲基化循环受阻。如果你的测试数值偏低，则需要补充亚叶酸或甲基叶酸等活性叶酸，同时增加天然甲基叶酸的摄入量，例如绿叶蔬菜等形式。（Quest Diagnostics，LabCorp）
- 测试未代谢的叶酸含量。该测试在撰写本书时尚不可用，但我正在努力推进实验室进行此项测试的开发。这将是真正的叶酸测试，不会把不健康的叶酸与健康的叶酸相混淆。

- 安排一个甲基化筛查测试。该测试将检测高半胱氨酸、半胱氨酸、甲硫氨酸、SAMe、S–腺苷同型半胱氨酸（SAH）以及SAM/SAH的比值。这将提供有用的校正基线，以了解体内甲基化循环的运行情况。它可能无法告诉你为什么该过程无法正常运行，但可以清楚地显示出它是否正确。（Doctor's Data）
- 检查内因子缺陷。如果你已经摄入大量维生素 B_{12} 但含量仍然很低，那么你体内针对胃细胞的抗体可能会从饮食中吸收这种重要营养物质。请使用内因子测试对此现象进行检查。[2]（Specialty Labs, Quest Diagnostics, LabCorp）

COMT

- 检查你的雌激素水平。利用雌激素分级分离的程序检测所有三种类型的雌激素及其成分。你还可以订购尿激素DUTCH测试，这对于雌激素的测定来说是相当准确的。DUTCH测试是查看COMT基因工作方式的一种最简单、最有效方法。如果邻苯二酚雌激素水平升高，则表明你的COMT基因不能正常工作。（LabCorp, Precision Hormones）
- 分析尿液神经递质或尿有机酸，从而评估神经递质的分解。如果高香草酸（HVA）含量偏低，则可能暗示多巴胺产量较低或分解速度较慢。（Great Plains Laboratory, Genova Diagnostics, Doctor's Data, Neuroscience）

- 测量酪氨酸含量水平。如果酪氨酸含量高，可能是因为你摄入了很多蛋白质或补充了酪氨酸。如果酪氨酸水平很高而且你感到焦虑，那么减少含酪氨酸的补品或减少蛋白质的摄入量可以极大地帮助到你。（每天蛋白质的摄入量应为每 2 磅体重约 1 克蛋白质。）如果酪氨酸水平偏低，则可能是因为你没有摄入足够的蛋白质或没有很好地吸收蛋白质。如果你摄入大量蛋白质，但酪氨酸含量仍然低，则可能需要支持消化系统。（Doctor’s Data, LabCorp, Quest Diagnostics）
- 通过对草甘膦、DTT（二硫苏糖醇）、邻苯二甲酸盐和其他环境化学品的测试，筛查干扰内分泌系统的化学品。有毒的化学物质（例如 GPL-TOX）含量测定可以帮助你确定减少内分泌干扰物的“身体负担”所需花费的精力。（Great Plains Laboratory）
- 测量细胞内 RBC 镁含量。镁缺乏症很常见，因此你应该检测细胞内镁元素的水平。没有牛磺酸就无法提高镁的含量，因此，如果你的实验室结果显示读数较低，则应同时添加这两种化合物。（Quest Diagnostics，LabCorp，Specialty Labs）

DAO

组胺含量水平的实验室测试非常具有挑战性，因为组胺的寿命只有一分钟的时间。与其依赖实验室测试来确定 DAO 基因怎么样，不如最好几天不吃含组胺的食物，并留意情况是否可以改善。然后通过吃一些富含组胺的食物并观察症状是否恢复来重新进行评估。研究表明，通过实验室测试来测定DAO酶的含量根本不可靠。

但是，你可以考虑以下一些相关的实验室测试。

- 测量尿中的组胺。这是反映你整体组胺状态非常好的一个标志，因为它可以检查你胃内容物中的组胺水平。如果升高，则可能是食物过敏或有感染的迹象。（Quest Diagnostics，LabCorp，Specialty Labs）
- 测量血浆组胺。该测试并不是最好的标志，因为摄入高组胺食物后几分钟之内，血液中的组胺水平即可恢复正常。如果此测试表明你的血浆组胺水平升高，这可能是有用的信息。如果情况不是这样，而且你认为自己有组胺方面的问题，则可能需要在进食半小时后重新进行测试。（Quest Diagnostics，LabCorp）
- 进行全面的消化粪便分析。此测试将可以帮助你检测增加组胺的病原细菌。如果发现这种病原体的水平很高，则需要减少这种微生物的含量，同时通过特定的益生菌来补充其他类型的细菌，从而保持微生物群系的平衡。（Doctor's Data, Genova Diagnostics, Diagnostic Solutions [GI-MAP]）
- 鉴定食物过敏原。免疫反应有两种类型，IgE（血清免疫球蛋白E）和IgG（血清免疫球蛋白G）。引发IgE反应的过敏往往会造成严重的问题，例如过敏反应，因此，如果你有IgE反应，自己可能已经知道。你可能更希望测试IgG反应，但进行这两项测试都是非常有必要的。（US BioTek）

MAOA

- 进行尿有机酸测试从而评估5–HIA（5–羟吲哚乙酸）的含量。如果5–HIA水平偏高，则说明你体内的5–羟色胺燃烧速度过快。如果5–HIA水平偏低，则表明你的身体可能无法很好地分解血清素，或者体内的血清素构建素（例如色氨酸和维生素B_6）含量水平也较低。（Great Plains Laboratory, Genova Diagnostics）
- 测定色氨酸含量水平。如果尿液或血液中色氨酸水平很高，则可能意味着你正在消耗大量碳水化合物，或者无法将色氨酸转化为血清素。缓慢的MAOA基因可能导致出现这种无法处理的现象。（Quest Diagnostics，LabCorp，Great Plains Lab，Genova Diagnostics）
- 评估维生素B_6。如果维生素B_6水平偏低，则制造血清素的能力会下降，从而使MAOA基因变脏。维生素B_6不足是导致尿液中黄尿酸和犬尿喹啉酸浓度升高的原因之一。你可以通过尿有机酸测试来测量这些化合物，从而推断出维生素B_6的状态。（Quest Diagnostics，LabCorp，Great Plains Lab，

Genova Diagnostics）

- 评估维生素 B_2。如果你的维生素 B_2 水平偏低，则支持 MAOA 基因的能力会降低，结果可能导致该基因会变慢。如果你没有足够的核黄素，尿液中的己二酸酯、辛二酸酯和丙二酸乙酯等化合物的含量可能会增加，这一结果则表明维生素 B_2 缺乏。（Quest Diagnostics，LabCorp，Great Plains Lab，Genova Diagnostics）

请注意，炎症或感染可能是导致 5–HIA、色氨酸、维生素 B_6 或维生素 B_2 含量低的原因之一。色氨酸还可以通过另一种称为 IDO1（除 MAOA 之外）的酶移动，该酶在压力、感染和发炎时会增加。这三个因素（压力、感染和炎症）耗尽了你体内的色氨酸，使你看起来具有更快的 MAOA 基因，而实际上，由于色氨酸的缺乏，导致你的 MAOA 基因不能很好地发挥作用。

检查的方法是进行尿酸有机酸测试（请参见上面有关维生素 B_6 测试的建议）。寻找高水平的喹啉酸盐和犬尿酸盐。（Great Plains Laboratory）

GST/GPX

谷胱甘肽水平需要由专业医务人员进行测量，以了解你的身体对自由基的处理情况并评估你抗氧化能力的总体状态。基本上，谷胱甘肽水平含量越高，你就越健康，而较低的谷胱甘肽水平与不健康的身体状况有关。

- 测量 RBC 谷胱甘肽过氧化物酶。该标记物可以根据异生物素或过氧化氢的水平来表明 GST 的工作情况。这可能是一个昂贵的测试，但却很难找到。（Genova Diagnostics）
- 评估脂质过氧化反应。测试结果可以表明细胞膜的损伤程度。（Quest Diagnostics，LabCorp）
- 测量 RBC 谷胱甘肽。这将有助于确定红细胞中的谷胱甘肽水平。（Doctor's Data, Genova Diagnostics）
- 评估尿液中有机酸标记物对核黄素缺乏的影响。[3] 这一结果将确定你是否可以回收谷胱甘肽。下列任何一种酸的含量水平升高都可能造成核黄素缺乏：琥珀酸、富马酸、2- 氧代戊二酸或戊二酸。（Quest Diagnostics, LabCorp, Genova Diagnostics, Great Plains Laboratory）
- 评估硒的含量。这可以通过验血完成。硒含量过多有毒，硒含量过少则意味着缺乏关键的辅因子，因此需要保持平衡。我见过静脉注射各种营养素（包括硒）后硒含量水平过高的现象。确保医生没有给你太多药物，而且你也不会通过补品服用过多药物。（Quest Diagnostics，LabCorp）

NOS3

如果你的家族有心血管疾病史，或者有迹象表明你的 NOS3 基因较脏，那么密切关注实验室测定数值很重要。

- 你的高半胱氨酸含量数值约为 7 左右。
- 你的脂质过氧化物含量应该比较低。
- 你的 Lp（a）（一种炎症性胆固醇）以及 hs-CRP 应该保持在正常范围内。（Quest Diagnostics，LabCorp）

检查细菌、病毒和霉菌感染也是关键，因为任何感染都会消耗精氨酸并增加患心血管疾病风险。你可能还记得之前提到的，需要精氨酸来支持 NOS3 基因。

以下是一些要考虑的实验室测试。

- 测量血液中的氨基酸含量。这将检测你的精氨酸、鸟氨酸和瓜氨酸的水平，以便明确 NOS3 基因是否具有其运行所需的全部营养。（Quest Diagnostics，LabCorp，Doctor's Data，Genova Diagnostics，Great Plains Laboratory）
- 评估你的 ADMA。这可能是一项昂贵的测试，但是如果 ADMA 水平提高了，则可以清楚地表明你的 NOS3 基因运行不正常。（Genova Diagnostics, Mayo Clinic, Cleveland Heart Lab）
- 检测你的高半胱氨酸含量。如果高半胱氨酸水平升高，则可以认为你的 NOS3 基因效果不佳。（Quest Diagnostics，LabCorp）
- 检测你的脂质过氧化物含量。同样，如果它的水平提高了，则可以断定你的 NOS3 基因运行不正常。（Quest Diagnostics，LabCorp）

- 考虑全面的消化粪便分析。此测试用来评估你的微生物群系中是否存在以下细菌：粪链球菌、肠球菌、芽孢杆菌、铜绿假单胞菌、嗜盐杆菌、螺旋藻和可能的梭状芽胞杆菌。如果存在这些细菌，则它们会消耗你的精氨酸，导致短缺，也可能会损害 NOS3 基因。[Diagnostic Solutions（GI-MAP），Genova Diagnostics, Doctor's Data]
- 评估空腹胰岛素含量。如果空腹胰岛素水平提高了，则你的 NOS3 基因可能不得不额外付出更多努力。造成的结果是它可能不是制造一氧化氮（有益），而是制造超氧化物（有害）。（Quest Diagnostics，LabCorp）
- 评估血清亚硝酸盐和血清硝酸盐含量。检测你的亚硝酸盐和硝酸盐含量。在发炎、感染或心血管有问题期间，这些值可能很高或很低，因此评估它们可能会有用。（Quest Diagnostics）
- 测定雌激素水平。如果雌激素水平偏低（通过 DUTCH 测试评估），则你的 NOS3 基因可能无法很好地发挥作用，因此你需要弄清楚如何对其进行支持。如果它们的含量升高，则你的 NOS3 基因可能会工作得很辛苦；在这种情况下，你需要减少它们的含量。（Precision Hormones）
- 安排睡眠研究。如果你打鼾或经常感到疲倦，请考虑进行睡眠研究。评估晚上的睡眠状态和呼吸方式可以挽救你的生命。睡眠呼吸暂停很常见。造成这种疾病的原因很多，但首先你需要考虑是否患有该疾病。在家中进行睡眠测试是一个不错的选择，[4]虽然它不像实验室测试那样彻底，但是价格也通常不是那么昂贵。（NovaSom, for home test kits）[5]

PEMT

- 进行血清胆碱测试。如果血清胆碱水平偏低，你就会明白努力工作产生胆碱会给 PEMT 基因带来压力。（Quest Diagnostics，LabCorp）
- 测定肌酸磷酸激酶（CPK）含量。当你体内缺乏磷脂酰胆碱时，该化合物含量水平会升高，因此测量 CPK 是评估肌肉膜损伤和肌肉、心脏或大脑潜在伤害的有效的方法。（Quest Diagnostics，LabCorp）
- 评估 DHEA-S。该化合物通常含量较少。实际上，这种缺乏会导致肌肉无力。[6]［Quest Diagnostics，LabCorp，Precision Hormones（DUTCH test）］
- 测定你的 ALT（谷丙转氨酶）含量。这是一种肝酶。含量增多，表明磷脂酰胆碱水平需要提高。[7]（Quest Diagnostics，LabCorp）
- 评估脂质过氧化物。如果这些含量升高，则说明细胞膜已被破坏，你的身体需要更多的磷脂酰胆碱。（Quest Diagnostics，LabCorp）
- 测定 TMAO（氧化三甲胺）含量。如果 TMAO 水平升高，可能是由于补充了胆碱或磷脂酰胆碱。订购全面的消化和粪便分析测试，以确定究竟发生了什么。如果这些含量水平很高，请避免使用乳制品。较高的 TMAO 水平与不良的代谢控制（可能导致糖尿病）和肾脏疾病有关。[8]（Cleveland Heart Lab）

- 测定 GGT（谷氨酰转肽酶）含量。这是脂肪肝的早期标志。[9]（Quest Diagnostics，LabCorp）
- 使用脂肪肝指数计算器。开发该工具的目的是帮助你尽早发现脂肪肝，这对你和健康专业人员都是非常有用的。[10]（Quest Diagnostics，LabCorp）
- 进行小肠细菌过度生长呼气测试。这可以帮助确定你是否患有小肠细菌过度生长。（Commonwealth Laboratories）
- 检测你的空腹胰岛素水平。这是检查你的新陈代谢的最佳方法。如果你的空腹胰岛素水平升高，则需要进行重大的生活方式、生活环境和饮食变化的调整。
- 通过高级胆固醇筛查测试（例如 VAP）检测 LDL（低密度脂蛋白）和 HDL（高密度脂蛋白）胆固醇以及甘油三酸酯含量水平。胆碱缺乏的人通常还会显示血液中 LDL 胆固醇的浓度降低。[11] PEMT 基因肮脏的进一步迹象包括低 HDL 和高甘油三酸酯。（Quest Diagnostics）
- 测定雌激素含量。因为你的 PEMT 基因会受雌激素含量的影响，所以低水平的雌激素会减慢 PEMT 基因的功能，除非你的 SNPs 会导致肮脏的 PEMT 基因对雌激素没有响应。高雌激素会消耗 SAMe，这意味着身体将会变得无法制造磷脂酰胆碱。[Precision Hormones（DUTCH test）]

• 测定高半胱氨酸含量水平。高半胱氨酸水平高于 7 可能表明存在甲基化循环问题，影响了 SAMe 的含量水平和磷脂酰胆碱的产生。（Quest Diagnostics, LabCorp）
• 评估 SAM/SAH 的比率以及 SAH 含量水平。这些可以展示出你的甲基化循环如何运作，以及 PEMT 基因是否受到不利影响。（Doctor’s Data）
• 测定叶酸和维生素 B_{12} 含量水平。如果你体内缺乏这两种维生素，则甲基化循环将无法正常运行，并且 PEMT 基因也会受到影响。（Quest Diagnostics，LabCorp）
• 通过评估 LPS 识别细菌感染。 LPS 水平升高表明存在细菌感染，这会影响你的甲基化循环，进而影响 PEMT 基因的功能。（Medical Diagnostic Laboratories, DNA Connexions, Quest Diagnostics, LabCorp, Specialty Labs）
• 检测病毒感染，尤其是肝炎（A、B 和 C）、柯萨奇病毒和巴尔二氏。这些病毒会增加氧化应激反应和炎症，从而影响你的甲基化循环周期，并进一步影响 PEMT 基因的功能。（Medical Diagnostic Laboratories, DNA Connexions, Quest

Diagnostics, LabCorp, Specialty Labs）

实验室网站

Cleveland Heart Lab: http://www.clevelandheartlab.com

Commonwealth Laboratories: http://commlabsllc.com

Diagnostic Solutions: https://diagnosticsolutionslab.com

Direct Labs: http://www.directlabs.com

DNA Connexions: http://dnaconnexions.com

Doctor's Data: https://www.doctorsdata.com

Dr. Lal PathLabs: https://www.lalpathlabs.com

Genova Diagnostics: https://www.gdx.net

Great Plains Laboratory: https://www.greatplainslaboratory.com

Iliad Neurosciences: http://iliadneuro.com

LabCorp: https://www.labcorp.com

Mayo Clinic: http://www.mayoclinic.org

Medical Diagnostic Laboratories: http://www.mdlab.com

Precision Hormones (DUTCH test): https://dutchtest.com

Specialty Labs: http://www.specialtylabs.com

Quest Diagnostics: http://www.questdiagnostics.com/home.html

US BioTek: http://www.usbiotek.com

附录二　基因检测与评估

如果你想了解有关自己祖先的更多信息，有多种方法供你选择。但是，如果你关注的是与健康相关的遗传学，那么本附录中列出的公司是你最好的选择。它们提供基因检测并帮助评估结果。

检　测

首先介绍基因检测的选项。

- Genos Research（https://genos.co）。截至 2017 年 4 月，该公司的 DNA 测试量是 23andMe 公司的 50 倍。它们还可以让你访问原始数据。总体而言，该公司的表现非常出色。但是，该公司不会检测 DNA 的调控序列区域：控制基因打开或关闭方式的区域。相反，他们只会检测你的整个外显子组，其位于 DNA 的调控序列区域之间。将调控序列区域加入检测很重要，因为某些基因（例如 PEMT）的关键 SNP 就位于调控区域中。
- 23andMe（https://www.23andme.com）。该公司提供两种检测选项：有健康报告和无健康报告。如果你想要得到他们对数据的分析意见，健康报告将很有用。但是，可以花较少的钱仅获取你的数据，然后使用基因评估工具（见下文）进行分析。

- Courtagen（http://www.courtagen.com）。该公司提供适用于分析各种情况的专业平台，例如自闭症、癫痫发作或线粒体疾病。保险可能涵盖此项测试。
- GeneSight（https://genesight.com）。如果你对精神药物的反应不佳，GeneSight 将提供一个有用的平台。保险可以承保。
- Arivale（https://www.arivale.com）。该公司提供全面的基因和实验室测试，并配有健康教练来指导你。费用很昂贵，但你可以得到全方位的服务，而不是在没有使用方法指导的情况下仅仅获得实验室检测结果。
- Pathway Genomics（https://www.pathway.com）。该公司提供了许多不同的基因检测选项，包括公司健康计划。保险可能涵盖它们的实验室测试费用。
- DNAFit（https://www.dnafit.com）。该公司提供针对健身、运动表现和总体健康状况量身定制的测试。
- uBiome（https://ubiome.com）。该公司可以对你的微生物群系 DNA 进行评估，这一点很吸引人，因为微生物群系的基因数量要比人类的基因多 1~150 倍，并且对健康有巨大的影响。该公司还可以专门检查你的喉咙、耳朵、鼻子和皮肤的微生物群系。

评　估

正如我在第一章中解释的那样，基因检测结果通常会造成巨大的困惑。你将会收到各种各样的信息，包括一些无关的或矛盾的建议，例如“服用大量维生素 XYZ 对 SNPs A 产生反应；避免维生素 XYZ 对 SNPs B 产生反应；服用适量的维生素 XYZ 对 SNPs C 产生反应”。这种情况下你应该怎么做呢？

答案可能来自新开发出的一类公司，这些公司可以帮助你评估检测结果并将其转化为具体的、可行的计划。以下是为满足这一需求而涌现的三家公司（其中一家是我创办的）。

- StrateGene（www.strategene.org）。这是我开发并持续运营的公司。我们利用图解说明为临床相关 SNPs 提供了一种综合的方法。如你在本书中学的，不仅需要了解自己拥有哪些 SNPs，还需要了解这些基因如何受到你的生活方式、饮食习惯、环境和营养物质的影响。StrateGene 提供了此类相关信息。你购买该产品后还可以访问私人脸书以获得持续的社区和支持。
- Opus23（https://www.datapunk.net/opus23）。该公司仅对健康专业人士开放。它是由杰出的自然疗法专家彼得·阿达莫博士开发的，同时他也是《吃对血型》（*Eat Right 4 Your Type*）一书的作者。Opus23 提供了一套功能强大的工具，可以对来自 uBiome 或 23andMe 患者的原始数据进行深入挖掘。请考虑将其推荐给你的医生。

- Promethease（https://promethease.com）。该网站提供在线 DNA 报告工具，它可以利用你的原始遗传数据来评估 SNPs。它提供了许多 SNPs 信息，但没有讨论基因如何受到你的生活方式、饮食习惯或周围环境的影响。其结果可能是压倒性的；它们关注的是疾病的预测，而不是为你提供可操作的健康信息。除 StrateGene 之外，我建议使用此工具，但只有当你情感上做好准备接收此类信息时才可使用。

附录三　霉菌和室内空气质量检测

霉菌是一个非常重要的问题，需要引起更多人的关注。如果你是一名慢性病患者，但病情一直没有好转，霉菌很可能是造成你疾病的原因。请评估你的房屋、汽车、办公室、船里面以及任何你花费大量时间待着的其他地方的霉菌。

我有一位患有慢性阻塞性疾病的病人，她的症状一直没有消失。她是一位老师，所以最终我召集了检查员来评估她的学校。原来，这座建筑被霉菌污染了，以至于不得不拆除！我本来只是想解决她的淤血问题，但事实证明，我帮助了成千上万的人。所以请检查霉菌，以及其他许多常见的室内空气污染物，包括氡气、一氧化碳、尘螨和甲醛（仅举几例）。

一个好的开始方法是平常在家中使用模具测试套件，可以在当地的五金店或在线购买（请参阅以下建议）。如果这样做不起作用，再请专业人员进行评估。一旦发现了霉菌，就需要专业人士进行补救。

以下是一些有关霉菌和室内空气质量的有用资源。

- DIY Mold Test。这是一个易于使用的测试套件，你可以首先利用它来评估是否发霉。可以得到它的渠道很广（例如，五金店和 www.amazon.com），并且附赠专家电话咨询服务。
- 美国肺脏协会（www.lung.org）。该协会是学习室内空气潜在问题和解决方案的好资源。[1]
- 室内空气质量协会（http://www.iaqa.org/find-a-pro）。这个包罗万象的组织专注于空气质量和解决室内环境问题，包括建造、改建、调查、学校污染、暴风雨破坏和霉菌等。
- 全国霉菌修复和检查员协会（https://www.namri.org/index.php）。无论你是寻找信誉良好的霉菌去除公司，还是想广泛地了解关于去除霉菌的知识，全国霉菌修复和检查员协会都会为你的住宅或商业物业提供重要的信息。

注 释

第一部分 你能控制自己的基因吗

1. *[Diet] reshaped their genetic destiny:* Wolff, G. L., et al., "Maternal epigenetics and methyl supplements affect agouti gene expression in Avy/a mice," *FASEB Journal,* August 1998, http://www.fasebj.org/content/12/11/949.abstract.

1. 净化你的肮脏基因

1. *[Air, water, food] … 129 million industrial chemicals:* "CAS Registry: The gold standard for chemical substance information," *CAS: A Division of the American Chemical Society,* accessed April 2017, http://www.cas.org/content/chemical-substances.

2. *About twenty thousand genes:* Ezkurdia, I., et al., "Multiple evidence strands suggest that there may be as few as 19,000 human protein-coding genes," *Human Molecular Genetics,* 16 June 2014, https://www.ncbi.nlm.nih.gov/pmc/articles/PMC4204768.

3. *More than ten million known genetic polymorphisms (SNPs):* "Genetics home reference: Your guide to understanding genetic conditions," *US National Library of Medicine,* 4 April 2017, https://ghr.nlm.nih.gov/primer/genomicresearch/snp.

4. *Decreased risk of colon cancer:* Xie, S. Z., et al., "Association between the MTHFR C677T polymorphism and risk of cancer: Evidence from 446 case-control studies," *Tumour Biology,* 17 June 2015, https://www.ncbi.nlm.nih.gov/pubmed/26081619.

5. *Increased risk of stomach cancer:* Xie, S. Z., et al., "Association between the MTHFR C677T polymorphism and risk of cancer: Evidence from 446 case-control studies," *Tumour Biology,* 17 June 2015, https://www.ncbi.nlm.nih.gov/pubmed/26081619.

6. *Serious long-term problems:* Wood, J. D., "Histamine, mast cells, and the enteric nervous system in irritable bowel syndrome, enteritis, and food allergies," *Gut,* April 2006, https://www.ncbi.nlm.nih.gov/pmc/articles/PMC1856149.

7. *Born with over two hundred chemicals:* "Body burden: The pollution of newborns," *Environmental Working Group,* 14 July 2005, http://www.ewg.org/research/body-burden-pollution-newborns.

8. *Avoid the worst offenders:* "EWG's 2017 shopper's guide to pesticides in produce," *Environmental Working Group,* April 2017, https://www.ewg.org/foodnews/summary.php.

9. *Incredibly focused and determined:* Tsai, A. J., et al., "Heterozygote advantage of the MTHFR C677T polymorphism on specific cognitive performance in elderly Chinese males without dementia," *Dementia and Geriatric Cognitive Disorders,* 13 October 2011, https://www.ncbi.nlm.nih.gov/pubmed/21997345.

2. 基因的秘密：科学课上没有教过你的那些事儿

1. *Genes that contribute to cancer:* Tost, J., "DNA methylation: An introduction to the biology and the disease-associated changes of a promising biomarker," *Molecular Biotechnology,* January 2010, https://www.ncbi.nlm.nih.gov/pubmed/19842073.

2. *Burning fat instead of storing it:* Podlepa, E. M., Gessler, N. N, and Bykhovski, Via, "The effect of methylation on the carnitine synthesis," *Prikladaia Biokhimiia i Mikrobiolgiia,* March–April 1990, https://www.ncbi.nlm.nih.gov/pubmed/2367349.

3. *Burn fuel as efficiently as possible:* Wenyi, X. U., et al., "Epigenetics and cellular metabolism," *Genetics and Epigenetics,* 25 September 2016, https://www.ncbi.nlm.nih.gov/pmc/articles/PMC5038610; Donohoe, D. R., Bultman, S. J., "Metaboloepigenetics: Interrelationships between energy metabolism and epigenetic control of gene expression," *Journal of Cell Physiology,* September 2012, https://www.ncbi.nlm.nih.gov/pmc/articles/PMC3338882.

4. *The 2.5 million that die every second:* "How many cells do we have in our body?" *UCSB Science Line,* 2015, http://scienceline.ucsb.edu/getkey.php?key=3926.

5. *Pain, fatigue, inflammation, and fatty liver:* Sanders, L. M., and Zeisel, S. H., "Choline," *Nutrition Today,* 2007, https://www.ncbi.nlm.nih.gov/pmc/articles/PMC2518394.

6. *[Nausea, vomiting, or gallbladder issues] ... poor methylation:* Jarnfelt-Samsioe, A. "Nausea and vomiting in pregnancy: A review," *Obstetrical & Gynecological Survey,* July 1987, https://www.ncbi.nlm.nih.gov/pubmed/3614796; Pusi, T., and Beuers, U., "Intrahepatic cholestasis of pregnancy," *Orphanet Journal of Rare Disease,* 29 May 2007, https://www.ncbi.nlm.nih.gov/pmc/articles/PMC1891276.

7. *[Birth defects] results of a methylation deficiency:* Blom, H. J., et al., "Neural tube defects and folate: Case far from closed," *Nature Reviews Neuroscience,* September 2006, http://pubmedcentralcanada.ca/pmcc/articles/PMC2970514; Imbard, A., Benoist, J.-F., Blom, H. J., "Neural tube defects, folic acid and methylation," *International Journal of Environmental Research and Public Health,* 17 September 2013, https://www.ncbi.nlm.nih.gov/pmc/articles/PMC3799525.

8. *Methylation also produces creatine:* Bronsan, J. T., Da Silva, R. P., and Bronsan, M. E., "The metabolic burden of creatine synthesis," *Amino Acids,* May 2011, https://www.ncbi.nlm.nih.gov/pubmed/21387089.

9. *Muscular aches and pains:* Onodi, L., et al., "Creatine treatment to relieve muscle pain caused by thyroxine replacement therapy," *Pain Medicine,* 12 April 2012, https://academic.oup.com/painmedicine/article-lookup/doi/10.1111/j.1526–4637.2012.01354.x.

10. *To clear harmful chemicals and excess hormones:* Dawling, S., et al., "Catechol-O-methyltransferase (COMT)-mediated metabolism of catechol estrogens: Comparison of wild-type and variant COMT isoforms," *Cancer Research,* 15 September 2001, https://www.ncbi.nlm.nih.gov/pubmed/11559542.

11. *Methylation also affects your ability:* Prudova, A., et al., "S-adenosylmethionine stabilizes cystathionine ß-synthase and modulates redox capacity," *Proceedings of the National Academy of Sciences,* 9 March 2006, http://www.pnas.org/content/103/17/6489.full.

12. *Methylation helps your immune system:* Lei, W., et al., "Abnormal DNA methylation in CD4+ T cells from patients with systemic lupus erythematosus, systemic sclerosis, and dermatomyositis," *Scandinavian Journal of Rheumatology,* 2009, https://www.ncbi.nlm.nih.gov/pubmed/19444718.

13. *Atherosclerosis (hardening of the arteries) and hypertension:* Zhong, J., Agha, G., and Baccarelli, A. A., "The role of DNA methylation in cardiovascular risk and disease," *Circulation Research,* 8 January 2016, http://circres.ahajournals.org/content/118/1/119.

14. *Helps prevent DNA errors:* Bluont, B. C., et al., "Folate deficiency causes uracil misincorporation into human DNA and chromosome breakage: Implications for cancer and neuronal damage," *Proceedings of the National Academy of Sciences,* 1 April 1997, https://www.ncbi.nlm.nih.gov/pubmed/9096386.

15. *Folic acid is unnatural:* Bailey, S. W., and Ayling, J. E., "The extremely slow and variable activity of dihydrofolate reductase in human liver and its implications for high folic acid intake," *Proceedings of the National Academy of Sciences,* 22 July 2009, http://www.pnas.org/content/106/36/15424.long.

16. *Folic acid blocks methylation:* Christensen, K. E., et al., "High folic acid consumption leads to pseudo-MTHFR deficiency, altered lipid metabolism, and liver injury in mice," *American Journal of Clinical Nutrition,* March 2015, https://www.ncbi.nlm.nih.gov/pubmed/25733650.

17. *Take folate [instead of folic acid]:* Lynch, B., "Folic acid and pregnancy: Is folic acid the right choice?" *YouTube,* 7 September 2016, https://www.youtube.com/watch?v=tnVRv0zGsFY&t=603s.

18. *Requiring U.S. manufacturers to "enrich" the following foods:* "Folate," *National Institutes of Health,* accessed April 2017, https://ods.od.nih.gov/factsheets/Folate-HealthProfessional.

19. *The wrong amount of exercise:* Reynolds, G., "How exercise changes our DNA," *Well,* 17 December 2014, https://well.blogs.nytimes.com/2014/12/17/how-exercise-changes-our-dna/?_r=1.

20. *Poor sleep:* Kirkpatrick, B., "The Epigenetics of sleep: 3 reasons to catch more zzz's," *What Is Epigenetics,* 3 March 2015, http://www.whatisepigenetics.com/the-epigenetics-of-sleep-3-reasons-to-catch-more-zzzs.

21. *When your body is under stress:* Bing, Y., et al., "Glucocorticoid-induced S-adenosylmethionine enhances the interferon signaling pathway by restoring STAT1 protein methylation in hepatitis B virus-infected cells," *Journal of Biological Chemistry,* 30 September 2014, http://www.jbc.org/content/289/47/32639.full.

3. 你的基因档案怎么样

1. *Affects estrogen metabolism:* Cussenot, O., "Combination of polymorphisms from genes related to estrogen metabolism and risk of prostate cancers: The hidden face of estrogens," *Journal of Clinical Oncology,* August 2007, http://ascopubs.org/doi/full/10.1200/JCO.2007.11.0908.

5. 甲基化大师

1. *Decreased risk of colon cancer:* Xie, S. Z., et al., "Association between the MTHFR C677T polymorphism and risk of cancer: Evidence from 446 case-control studies," *Tumour Biology,* 17 June 2015, https://www.ncbi.nlm.nih.gov/pubmed/26081619.
2. *More than one hundred SNPs:* "MTHFR[all]," *National Center for Biotechnology Information, U.S. National Library of Medicine,* accessed April 2017, https://www.ncbi.nlm.nih.gov/clinvar/?term=MTHFR[all].
3. *[Italian diets] support healthy methylation:* Wilcken, W., et al., "Geographical and ethnic variation of the 677C>T allele of 5,10 methylenetetrahydrofolate reductase (MTHFR): Findings from over 7000 newborns from 16 areas worldwide," *Journal of Medical Genetics,* 2003, http://jmg.bmj.com/content/40/8/619.
4. *Disorders that researchers have associated with MTHFR SNPs:* "Genopedia: MTHFR," *Center for Disease Control and Prevention,* accessed April 2017, https://phgkb.cdc.gov/HuGENavigator/huGEPedia.do?firstQuery=MTHFR&geneID=4524&typeSubmit=GO&check=y&typeOption=gene&which=2&pubOrderType=pubD.
5. *Cobalamin/B_{12} [foods]:* "Vitamin B_{12}," *Oregon State University Linus Pauling Institute's Micronutrient Information Center,* accessed April 2017, http://lpi.oregonstate.edu/mic/vitamins/vitamin-B12#food-sources.

6. 专注与放松，柔和与平静

1. *Catechols are compounds found in:* "COMT gene," *Genetic Home Reference,* 11 April 2017, https://ghr.nlm.nih.gov/gene/COMT#resources.
2. *Methylphenidate may increase:* Miyazak, I., and Asanuma, M. "Approaches to prevent dopamine quinone-induced neurotoxicity," *Neurochemical Research,* 4 September 2008, http://link.springer.com/article/10.1007/s11064-008-9843–1; Sadasivan, S., et al., "Methylphenidate exposure induces dopamine neuron loss and activation of microglia in the basal ganglia of mice," *PLOS One,* 21 March 2012, http://journals.plos.org/plosone/article?id=10.1371/journal.pone.0033693; Espay, A. J., et al., "Methylphenidate for gait impairment in Parkinson disease," *American Academy of Neurology,* 5 April 2011, https://www.ncbi.nlm.nih.gov/pmc/articles/PMC3068005.
3. *Adderall can also generate dopamine quinone:* German, C. L., Hanson, G. R., and Fleckenstein, A. E., "Amphetamine and methamphetamine reduce striatal dopamine transporter function without concurrent dopamine transporter relocalization," *Journal of Neurochemistry,* 23 August 2012, https://www.ncbi.nlm.nih.gov/pmc/articles/PMC3962019.
4. *Two common reasons for magnesium deficiency:* Janett, S., et al., "Hypomagnesemia induced by long-term treatment with proton-pump inhibitors," *Gastroenterology Research & Practice,* 4 May 2015, https://www.ncbi.nlm.nih.gov/pubmed/26064102; Kynast-Gales,

S. A., and Massey, L. K., "Effect of caffeine on circadian excretion of urinary calcium and magnesium," *Journal of American College of Nutrition,* October 1994, https://www.ncbi.nlm.nih.gov/pubmed/7836625.

5. *[Damage from] dioxins:* Liu, J., et al., "Variants in maternal COMT and MTHFR genes and risk of neural tube defects in offspring," *Metabolic Brain Disease,* 4 July 2014, https://www.ncbi.nlm.nih.gov/pubmed/24990354.

6. *Hugs raise dopamine:* "The power of love: Hugs and cuddles have long-term effects," *NIH News in Health,* February 2007, https://newsinhealth.nih.gov/2007/february/docs/01features_01.htm.

7. 食物过敏

1. *DAO enzyme, which is found in most organs:* "AOC1 gene (protein coding)," *Gene Cards,* accessed April 2017, http://www.genecards.org/cgi-bin/carddisp.pl?gene=AOC1#expression.

2. *Ways to track down this dirty gene:* "AOC1 gene (protein coding)," *Gene Cards,* accessed April 2017, http://www.genecards.org/cgi-bin/carddisp.pl?gene=AOC1#expression.

3. *[DAO causing] irritable bowel disorders:* Xie, H., He, S.-H., "Roles of histamine and its receptors in allergic and inflammatory bowel diseases," *World Journal of Gastroenterology,* 21 May 2005, https://www.ncbi.nlm.nih.gov/pmc/articles/PMC4305649.

4. *Copper … turnip greens:* "Copper," *Oregon State University Linus Pauling Institute's Micronutrient Information Center,* accessed April 2017, http://lpi.oregonstate.edu/mic/minerals/copper.

8. 情绪波动与对碳水化合物的渴望

1. *Neurotransmitters will be more stable:* Fernstrom, J. D., et al., "Diurnal variations in plasma concentrations of tryptophan, tryosine, and other neutral amino acids: Effect of dietary protein intake," *American Journal of Clinical Nutrition,* September 1979, https://www.ncbi.nlm.nih.gov/pubmed/573061.

2. *MAOA is involved in processing neurotransmitters:* "Genopedia: MAOA," *Center for Disease Control and Prevention,* accessed April 2017, https://phgkb.cdc.gov/HuGENavigator/huGEPedia.do?firstQuery=MAOA&geneID=4128&typeSubmit=GO&check=y&typeOption=gene&which=2&pubOrderType=pubD.

3. *[Hydrogen peroxide can lead to] neurological problems:* Balmus, I. M., et al., "Oxidative stress implications in the affective disorders: Main biomarkers, animal models relevance, genetic perspectives, and antioxidant approaches," *Oxidative Medicine and Cellular Longevity,* 1 August 2016, https://www.ncbi.nlm.nih.gov/pubmed/27563374.

4. *Tryptophan … asparagus:* "Foods highest in tryptophan," *Self Nutrition Data,* accessed April 2017, http://nutritiondata.self.com/foods-011079000000000000000.html?maxCount=60.

9. 排毒困境

1. *[Dirty GST related to] increased inflammation:* Luo, L., et al., "Recombinant protein glutathione S-transferases P1 attenuates inflammation in mice," *Molecular Immunology,*

28 October 2008, https://www.ncbi.nlm.nih.gov/pubmed?cmd=search&term=18962899&dopt=b.

2. *[Dirty GST related to] overweight/obesity:* Chielle, E. O., et al. "Impact of the Ile105Val polymorphism of the glutathione S-transferase P1 (GSTP1) gene on obesity and markers of cardiometabolic risk in young adult population." *Experimental and Clinical Endocrinol and Diabetes.* 2017 May;125(5):335–341. https://www.ncbi.nlm.nih.gov/pubmed/27657993.

3. *Discolor and damage your hair:* Wood, J. M., et al., "Senile hair graying: H2O2-mediated oxidative stress affects human hair color by blunting methionine sulfoxide repair," *FASEB Journal,* 23 February 2009, https://www.ncbi.nlm.nih.gov/pubmed/19237503.

4. *Many types of GST gene:* "GST," *Gene Cards,* accessed April 2017, http://www.genecards.org/Search/Keyword?queryString=%22GST%22.

5. *Protecting you against chemical and oxidative stress:* Ziglari, T., and Allameh, A., "The significance of glutathione conjugation in aflatoxin metabolism," *Aflatoxins—Recent Advances and Future Prospects,* 23 January 2013, https://www.intechopen.com/books/aflatoxins-recent-advances-and-future-prospects/the-significance-of-glutathione-conjugation-in-aflatoxin-metabolism.

6. *Easier to achieve your optimal weight:* Crinnion, W., "Clean, green, and lean: Get rid of the toxins that make you fat," *Amazon,* accessed April 2017, https://www.amazon.com/Clean-Green-Lean-Toxins-That-ebook/dp/B00DNKYI8E/ref=tmm_kin_swatch_0?_encoding=UTF8&qid=&sr=.

7. *When glutathione levels drop:* Kut, J. L., et al., "Regulation of murine T-lymphocyte function by spleen cell-derived and exogenous serotonin," *Immunopharmacology & Immunotoxicology,* 1992, https://www.ncbi.nlm.nih.gov/pubmed/1294623.

8. *Damaged glutathione … contributes to further damage:* Mulherin, D. M., Thurnham, D. I., and Situnayake, R. D., "Glutathione reductase activity, riboflavin status, and disease activity in rheumatoid arthritis," *Annals of the Rheumatic Diseases,* November 1996, https://www.ncbi.nlm.nih.gov/pubmed/8976642; Taniguchi, M., and Hara, T., "Effects of riboflavin and selenium deficiencies on glutathione and its relating enzyme activities with respect to lipid peroxide content of rat livers," *Journal of Nutritional Science and Vitaminology,* June 1983, https://www.ncbi.nlm.nih.gov/pubmed/6619991.

9. *Selenium … brazil nuts:* "Selenium," *National Institutes of Health,* accessed April 2017, https://ods.od.nih.gov/factsheets/Selenium-HealthProfessional.

10. *Lungs need adequate hydrogen sulfide:* Wang, P., et al., "Hydrogen sulfide and asthma," *Experimental Physiology,* 10 June 2011, https://www.ncbi.nlm.nih.gov/pubmed/21666034.

11. *[Fiber] binds to xenobiotics:* Stein, K., et al., "Fermented wheat aleurone induces enzymes involved in detoxification of carcinogens and in antioxidative defence in human colon cells," *British Journal of Nutrition,* 28 June 2010, https://www.ncbi.nlm.nih.gov/pubmed/20579402.

12. *Lots of choices [to sweat]:* Genuis, S. J., et al., "Blood, urine, and sweat (BUS) study: Monitoring and elimination of bioaccumulated toxic elements," *Archives of Environmental Contamination and Toxicology,* 6 November 2010, https://www.ncbi.nlm.nih.gov/pubmed/21057782.

注 释

10. 心脏问题

1. *Ended up having a stroke:* Loscalzo, J., et al., "Nitric oxide insufficiency and arterial thrombosis," *Transactions of the American Clinical and Climatological Association,* 2000, https://www.ncbi.nlm.nih.gov/pmc/articles/PMC2194373/pdf/tacca00005–0216.pdf.

2. *Angiogenesis:* Adair, T. H., and Montani, J. P., "Overview of angiogenesis," *Angiogenesis,* 2010, https://www.ncbi.nlm.nih.gov/books/NBK53238.

3. *If you don't have healthy angiogenesis:* Lee, P. C., et al., "Impaired wound healing and angiogenesis in eNOS-deficient mice," *American Journal of Physiology,* October 1999, https://www.ncbi.nlm.nih.gov/pubmed/10516200; Soneja, A., Drews, M., and Malinski, T., "Role of nitric oxide, nitroxidative and oxidative stress in wound healing," *Pharmacological Reports,* 2005, https://www.ncbi.nlm.nih.gov/pubmed/16415491.

4. *Essential hypertension:* Kivi, R., "Just the essentials of essential hypertension," *Health Line,* 21 December 2015, http://www.healthline.com/health/essential-hypertension#overview1.

5. *At risk for cardiovascular disease.* Guck, T. P., et al., "Assessment and treatment of depression following myocardial infarction," *American Family Physician,* 15 August 2001, http://www.aafp.org/afp/2001/0815/p641.html.

6. *Blood flow and blood vessel formation:* "NOS3," *Gene Cards,* accessed April 2017, http://www.genecards.org/cgi-bin/carddisp.pl?gene=NOS3&keywords=NOS3.

7. *Can lead to blood clots:* Loscalzo, J., et al., "Nitric oxide insufficiency and arterial thrombosis," *Transactions of the American Clinical and Climatological Association,* 2000, https://www.ncbi.nlm.nih.gov/pmc/articles/PMC2194373/pdf/tacca00005–0216.pdf.

8. *Issues result from a dirty NOS3:* Burke, T., "Nitric oxide and its role in health and diabetes," *Diabetes in Control,* accessed April 2017, http://www.diabetesincontrol.com/wp-content/uploads/2015/10/nitric-oxide.pdf.

9. *Diabetic complications are the result:* Giacco, F., and Brownlee, M., "Oxidative stress and diabetic complications," *Circulation Research,* 29 October 2010, https://www.ncbi.nlm.nih.gov/pmc/articles/PMC2996922; Katakam, P. V., et al., "Insulin-induced generation of reactive oxygen species and uncoupling of nitric oxide synthase underlie the cerebrovascular insulin resistance in obese rats," *Journal of Cerebral Blood Flow and Metabolism,* May 2012, https://www.ncbi.nlm.nih.gov/pubmed/22234336.

10. *[Potential for] congenital heart defect:* Feng, Q., et al., "Development of heart failure and congenital septal defects in mice lacking endothelial nitric oxide synthase," *Circulation,* 13 August 2002, https://www.ncbi.nlm.nih.gov/pubmed/12176963; Liu, Y., et al., "Nitric oxide synthase-3 promotes embryonic development of atrioventricular valves," *PLOS One,* 29 October 2013, https://www.ncbi.nlm.nih.gov/pubmed/24204893.

11. *Most common birth defect in humans:* Liu, Y., and Feng, Q. "NOing the heart: Role of nitric oxide synthase-3 in heart development," *Differentiation,* July 2012, https://www.ncbi.nlm.nih.gov/pubmed/22579300.

12. *[Dirty NOS3] contributing to more than four hundred conditions:* "Genopedia: NOS3," *Center for Disease Control and Prevention,* accessed April 2017, https://phgkb.cdc.gov/HuGENavigator/huGEPedia.do?firstQuery=NOS3&geneID=4846&typeSubmit=GO&check=y&typeOption=gene&which=2&pubOrderType=pubD; "NOS3," *Mala Cards,* accessed April 2017, http://www.malacards.org/search/results/NOS3.

13. *Erectile dysfunction:* Musicki, B., and Burnett, A. L., "eNOS function and dysfunction in the penis," *Experimental Biology and Medicine,* February 2006, https://www.ncbi.nlm.nih.gov/pubmed/16446491.

14. *Contributor to high blood pressure:* Kirchheimer, S., "Sniffing out high blood pressure risk," *WebMD,* 18 February 2003, http://www.webmd.com/hypertension-high-blood-pressure/news/20030218/sniffing-out-high-blood-pressure-risk#1.

15. *BH4, which your body:* Coopen, A., et al., "Depression and tetrahydrobiopterin: The folate connection," *Journal of Affective Disorders,* March–June 1989, https://www.ncbi.nlm.nih.gov/pubmed/2522108; Liang, L. P., and Kaufman, S. "The regulation of dopamine release from striatum slices by tetrahydrobiopterin and L-arginine-derived nitric oxide," *Brain Research,* 3 August 1998, https://www.ncbi.nlm.nih.gov/pubmed/9685635.

16. *Recurrent miscarriage, congenital birth defects, and preeclampsia:* Leonardo, D. P., et al., "Association of nitric oxide synthase and matrix metalloprotease single nucleotide polymorphisms with preeclampsia and its complications," *PLOS One,* 28 August 2015, https://www.ncbi.nlm.nih.gov/pubmed/26317342.

17. *[Heart disease increases] after menopause:* "Hormone replacement therapy and your heart," *Mayo Clinic,* 09 July 2015, http://www.mayoclinic.org/diseases-conditions/menopause/in-depth/hormone-replacement-therapy/art-20047550.

18. *Cardiovascular risk increases:* Hayashi, T., et al., "Effect of estrogen on isoforms of nitric oxide synthase: Possible mechanism of anti-atherosclerotic effect of estrogen," *Gerontology,* 15 April 2009, http://www.karger.com/Article/Abstract/213883.

19. *[Statins] support NOS3:* Cerda, A., et al., "Role of microRNAs 221/222 on statin induced nitric oxide release in human endothelial cells," *Arquivos Brasileiros de Cardiologia,* March 2015, https://www.ncbi.nlm.nih.gov/pmc/articles/PMC4386847.

20. *Serious side effects [of statins]:* "Side effects of cholesterol-lowering statin drugs," *WebMD,* accessed April 2017, http://www.webmd.com/cholesterol-management/side-effects-of-statin-drugs#1.

21. *Don't seem to work well if your NOS3 is dirty:* Hsu, C. P., et al., "Asymmetric dimethylarginine limits the efficacy of simvastatin activating endothelial nitric oxide synthase," *Journal of the American Heart Association,* 18 April 2016, https://www.ncbi.nlm.nih.gov/pubmed/27091343.

22. *Nitroglycerin resistance:* Münzel, T., et al., "Effects of long-term nitroglycerin treatment on endothelial nitric oxide synthase (NOS III) gene expression, NOS III-mediated superoxide production, and vascular NO bioavailability," *Circulation Research,* 7 January 2000, https://www.ncbi.nlm.nih.gov/pubmed/10625313.

23. *Smokers don't typically have success with nitroglycerin:* Haramaki, N., et al., "Long-term smoking causes nitroglycerin resistance in platelets by depletion of intraplatelet glutathione," *Arteriosclerosis, Thrombosis, and Vascular Biology,* November 2001, https://www.ncbi.nlm.nih.gov/pubmed/11701477.

24. *If your NOS3 is uncoupled:* Daiber, A., and Münzel, T., "Organic nitrate therapy, nitrate tolerance, and nitrate-induced endothelial dysfunction: Emphasis on redox biology and oxidative stress," *Antioxidants & Redox Signaling,* 10 October 2015, https://www.ncbi.nlm.nih.gov/pubmed/26261901.

25. *"Stealing" it from other genes, including NOS3:* Pernow, J., and Jung, C. "Arginase as a potential target in the treatment of cardiovascular disease: Reversal of arginine steal?" *Cardiovascular Research,* 1 June 2013, https://www.ncbi.nlm.nih.gov/pubmed/23417041.

26. *Bacteria in your microbiome:* Cunin, R., et al., "Biosynthesis and metabolism of arginine in bacteria," *Microbiological Reviews,* September 1986, http://europepmc.org/backend/ptpmcrender.fcgi?accid=PMC373073&blobtype=pdf.

27. *It didn't work:* Giam, B., et al., "Effects of dietary l-arginine on nitric oxide bioavailability in obese normotensive and obese hypertensive subjects," *Nutrients,* 14 June 2016, https://www.ncbi.nlm.nih.gov/pubmed/27314383.

28. *[BH4 to] support NOS3 and nitric oxide production:* Vásquez-Vivar, J., et al., "Altered tetrahydrobiopterin metabolism in atherosclerosis: Implications for use of oxidized tetrahydrobiopterin analogues and thiol antioxidants," *Arteriosclerosis, Thrombosis, and Vascular Biology,* 1 October 2002, https://www.ncbi.nlm.nih.gov/pubmed/12377745.

29. *Others found no benefit:* Mäki-Petäjä, K. M., et al., "Tetrahydrobiopterin supplementation improves endothelial function but does not alter aortic stiffness in patients with rheumatoid arthritis," *Journal of the American Heart Association,* 19 February 2016, https://www.ncbi.nlm.nih.gov/pubmed/26896473.

30. *How your body uses arginine:* Förstermann, U., and Sessa, W. C. "Nitric oxide synthases: regulation and function," *European Heart Journal,* April 2012, https://www.ncbi.nlm.nih.gov/pmc/articles/PMC3345541.

31. *Level of BH4 decreases:* Smith, Desirée E. C., et al., "Folic acid, a double-edged sword? Influence of folic acid on intracellular folate and dihydrofolate reductase activity," *Semantic Scholar,* accessed January 2017, https://pdfs.semanticscholar.org/d934/683d6176b469ff636c4e202b8f99f6bb7217.pdf.

32. *Sleep apnea [and NOS3]:* Badran, M., et al., "Nitric oxide bioavailability in obstructive sleep apnea: Interplay of asymmetric dimethylarginine and free radicals," *Sleep Disorders,* 2015, https://www.ncbi.nlm.nih.gov/pmc/articles/PMC4438195.

33. *You'll end up with elevated levels of homocysteine:* Selley, M. L., "Increased concentrations of homocysteine and asymmetric dimethylarginine and decreased concentrations of nitric oxide in the plasma of patients with Alzheimer's disease," *Neurobiology of Aging,* November 2003, https://www.ncbi.nlm.nih.gov/pubmed/12928048.

34. *High ADMA levels ... including dementia:* Selley, M. L., "Increased concentrations of homocysteine and asymmetric dimethylarginine and decreased concentrations of nitric oxide in the plasma of patients with Alzheimer's disease," *Neurobiology of Aging,* November 2003, https://www.ncbi.nlm.nih.gov/pubmed/12928048.

35. *[Dementia and] heart disease:* Brunnström, H. R., and Englund, E. M. "Cause of death in patients with dementia disorders," *European Journal of Neurology,* April 2009, https://www.ncbi.nlm.nih.gov/pubmed/19170740.

36. *If oxidative stress is present:* Kirsch, M., et al., "The autoxidation of tetrahydrobiopterin revisited," *Journal of Biological Chemistry,* 24 April 2003, http://www.jbc.org/content/278/27/24481.abstract; Vásquez-Vivar, J., "Tetrahydrobiopterin, superoxide and vascular dysfunction," *Free Radical Biology and Medicine,* 21 July 2009, https://www.ncbi.nlm.nih.gov/pmc/articles/PMC2852262.

11. 细胞膜与肝脏问题

1. *In fact, without a membrane:* Reisfeld, R. A., and Inman, F. P., eds., *Contemporary Topics in Molecular Immunology* (New York: Springer, 2013), 173.

2. *[Phosphatidylcholine] for several important roles:* Vance, D. E., Li, Z., and Jacobs, R. L., "Hepatic phosphatidylethanol-amine n-methyltransferase, unexpected roles in animal biochemistry and physiology," *The Journal of Biological Chemistry,* 16 November 2007, http://www.jbc.org/content/282/46/33237.full.pdf; "Choline," *Oregon State University Linus Pauling Institute's Micronutrient Information Center,* accessed April 2017, http://lpi.oregonstate.edu/mic/other-nutrients/choline.

3. *Helps package and move triglycerides:* "Choline," *Oregon State University Linus Pauling Institute's Micronutrient Information Center,* accessed April 2017, http://lpi.oregonstate.edu/mic/other-nutrients/choline.

4. *That could be a cause of cancer:* Gerl, R., and Vaux, D., "Apoptosis in the development and treatment of cancer," *Carcinogenisis,* February 2005, https://academic.oup.com/carcin/article/26/2/263/2476038/Apoptosis-in-the-development-and-treatment-of.

5. *The higher her risk of breast cancer*: Zeisel, S. H., and da Costa, K. A., "Choline: An essential nutrient for public health," *Nutrition Reviews,* November 2009, https://www.ncbi.nlm.nih.gov/pmc/articles/PMC2782876.

6. *Dirty PEMT contribute to fatty liver:* Song, J., et al., "Polymorphism of the PEMT gene and susceptibility to nonalcoholic fatty liver disease (NAFLD)," *FASEB Journal,* August 2005, https://www.ncbi.nlm.nih.gov/pubmed/16051693.

7. *Neural tube defects, such as spina bifida:* Shaw, G. M., et al., "Choline and risk of neural tube defects in a folate-fortified population," *Epidemiology,* September 2009, https://www.ncbi.nlm.nih.gov/pubmed/19593156.

8. *Decreased memory and more learning disabilities:* Boeke, C. E., et al., "Choline intake during pregnancy and child cognition at age 7 years," *American Journal of Epidemiology,* 15 June 2013, https://www.ncbi.nlm.nih.gov/pmc/articles/PMC3676149; Wu, B. T., et al., "Early second trimester maternal plasma choline and betaine are related to measures of early cognitive development in term infants," *PLOS One,* 2012, https://www.ncbi.nlm.nih.gov/pubmed/22916264.

9. *Most pregnant women in the United States are choline-deficient:* Zeisel, S. H., and da Costa, K. A., "Choline: an essential nutrient for public health, *Nutrition Reviews,* November 2009. https://www.ncbi.nlm.nih.gov/pubmed/19906248; Zeisel, S. H., "Choline: Critical role during fetal development and dietary requirements in adults," *Annual Review of Nutrition,* 2006, https://www.ncbi.nlm.nih.gov/pmc/articles/PMC2441939.

12. 沉浸与净化：前两周

1. *Organically grown foods … more nutritional content:* Aubrey, A., "Is organic more nutritious? New study adds to the evidence," *NPR,* 18 February 2016, http://www.npr.org/sections/thesalt/2016/02/18/467136329/is-organic-more-nutritious-new-study-adds-to-the-evidence.

2. *Fruits and vegetables are those to avoid if not buying organic:* "All 48 fruits and vegetables

with pesticide residue data," *Environmental Working Group (EWG),* accessed April 2017, https://www.ewg.org/foodnews/list.php.

15. 污点净化：后两周

1. *[Metformin] increasing histamine:* Yee, S. W., et al., "Prediction and validation of enzyme and transporter off-targets for metformin," *Journal of Pharmacokinetics and Pharmacodynamics,* October 2015, https://www.ncbi.nlm.nih.gov/pubmed/26335661.

2. *[Aspirin and other NSAIDs] ... increased histamine release:* Matsuao, H., et al., "Aspirin augments IgE-mediated histamine release from human peripheral basophils via Syk kinase activation," *Allergology International,* December 2013, https://www.ncbi.nlm.nih.gov/pubmed/24153330; Pham, D. L., et al., "What we know about nonsteroidal anti-inflammatory drug hypersensitivity," *Korean Journal of Internal Medicine,* 5 March 2016, https://www.ncbi.nlm.nih.gov/pmc/articles/PMC4855107/pdf/kjim-2016-085.pdf.

3. *[Sweating] helps your body expel:* Genius, S. J., et al., "Blood, urine, and sweat (BUS) study: Monitoring and elimination of bioaccumulated toxic elements," *Archives of Environmental Contamination and Toxicology,* August 2011, https://www.ncbi.nlm.nih.gov/pubmed/21057782.

4. *[Damaged glutathione] can contribute to further cell damage:* Mulherin, D. M., Thurnham, D. I., and Situnayake, R. D., "Glutathione reductase activity, riboflavin status, and disease activity in rheumatoid arthritis," November 1996, https://www.ncbi.nlm.nih.gov/pubmed/8976642; Taniguchi, M., and Hara, T., "Effects of riboflavin and selenium deficiencies on glutathione and its relating enzyme activities with respect to lipid peroxide content of rat livers," *Journal of Nutritional Science and Vitaminology,* June 1983, https://www.ncbi.nlm.nih.gov/pubmed/6619991.

5. *[Oral estrogen] can lead to hypothyroidism:* Mazer, N. A., "Interaction of estrogen therapy and thyroid hormone replacement in postmenopausal women," *Thyroid: Official Journal of the American Thyroid Association,* 2004, https://www.ncbi.nlm.nih.gov/pubmed/15142374.

6. *Further lower your blood pressure:* Bays, H. E., and Rader, D. J., "Does nicotinic acid (niacin) lower blood pressure?" *International Journal of Clinical Practice,* January 2009, https://www.ncbi.nlm.nih.gov/pmc/articles/PMC2705821.

7. *Sauna ... stimulating your NOS3:* Sobajima, M., et al., "Repeated sauna therapy attenuates ventricular remodeling after myocardial infarction in rats by increasing coronary vascularity of noninfarcted myocardium," *The American Journal of Physiology-Heart and Circulatory Physiology,* August 2011, https://www.ncbi.nlm.nih.gov/pubmed/21622828.

附录一 实验室测试

1. *Holotranscobalamin:* "Vitamin B_{12}, active; holotranscobalamin," *Dr. Lal PathLabs,* accessed April 2017, https://www.lalpathlabs.com/pathology-test/vitamin-b12-active-holotranscobalamin.

2. *Intrinsic factor test:* "Intrinsic factor blocking antibody," *Specialty Labs,* accessed April 2017, http://www.specialtylabs.com/tests/details.asp?id=568.

3. *Riboflavin deficiency:* "Organix profile interpretive guide," *Genova Diagnostics,* 2014, https://www.gdx.net/core/interpretive-guides/Organix-IG.pdf.

4. *At-home sleep testing:* "Home sleep test and sleep apnea sleep study testing," *American Sleep Association,* accessed April 2017, https://www.sleepassociation.org/home-sleep-test-sleep-apnea-testing.

5. *NovaSom, for home test kits:* "AccuSom at home sleep testing," *NovaSom,* accessed April 2017, http://www.novasom.com.

6. *[Low DHEA-S and] muscle weakness:* Stenholm, S., et al., "Anabolic and catabolic biomarkers as predictors of muscle strength decline: The InCHIANTI study," *Rejuvenation Research,* February 2010, https://www.ncbi.nlm.nih.gov/pmc/articles/PMC2883504.

7. *[Elevated ALT and] phosphatidylcholine levels:* Vance, D. E., "Phospholipid methylation in mammals: From biochemistry to physiological function," *Biochimica et Biophysica Acta.,* June 2014, https://www.ncbi.nlm.nih.gov/pubmed/24184426.

8. *[High TMAO and] kidney issues:* Mueller, D. M., et al., "Plasma levels of trimethylamine-N-oxide are confounded by impaired kidney function and poor metabolic control," *Atherosclerosis,* December 2015, https://www.ncbi.nlm.nih.gov/pubmed/26554714.

9. *[GGT as] early marker of fatty liver:* Bayard, M., Holt, J., and Boroughs, E., "Nonalcoholic fatty liver disease," *American Family Physician,* 1 June 2006, http://www.aafp.org/afp/2006/0601/p1961.html.

10. *[Fatty liver calculator as] aid for you and your health professional:* "Fatty liver index (FLI) of Bedogni et al for predicting hepatic steatosis," *Medical Algorithms Company,* accessed April 2017, https://www.medicalalgorithms.com/fatty-liver-index-fli-of-bedogni-et-al-for-predicting-hepatic-steatosis.

11. *[Choline deficiency and] reduced blood concentrations of LDL cholesterol:* "Choline," *Oregon State University Linus Pauling Institute's Micronutrient Information Center,* accessed April 2017, http://lpi.oregonstate.edu/mic/other-nutrients/choline.

附录三　霉菌和室内空气质量检测

1. *Problems and solutions for your indoor air:* "How to know if your air is unhealthy," *American Lung Association,* accessed April 2017, http://www.lung.org/our-initiatives/healthy-air/indoor/at-home/how-to-know-if-your-air-is-unhealthy.html.